数字化转型系列

工业数字化本质

数字化平台下的业务实践

沈黎钢 ◎著

BACK TO BASICS OF
INDUSTRIAL DIGITIZATION

图书在版编目（CIP）数据

工业数字化本质：数字化平台下的业务实践 / 沈黎钢著．—北京：机械工业出版社，2024.3

（数字化转型系列）

ISBN 978-7-111-75415-2

Ⅰ．①工⋯　Ⅱ．①沈⋯　Ⅲ．①工业技术－数字化　Ⅳ．① T-39

中国国家版本馆 CIP 数据核字（2024）第 059092 号

机械工业出版社（北京市百万庄大街 22 号　邮政编码 100037）

策划编辑：王　颖　　　　　　责任编辑：王　颖　单元花

责任校对：孙明慧　刘雅娜　　责任印制：常天培

北京机工印刷厂有限公司印刷

2024 年 5 月第 1 版第 1 次印刷

170mm × 230mm · 16 印张 · 292 千字

标准书号：ISBN 978-7-111-75415-2

定价：89.00 元

电话服务　　　　　　　　　　网络服务

客服电话：010-88361066　　机　工　官　网：www.cmpbook.com

010-88379833　　机　工　官　博：weibo.com/cmp1952

010-68326294　　金　书　网：www.golden-book.com

机工教育服务网：www.cmpedu.com

Preface 前　言

2022 年 11 月，G20 峰会的成功召开为当前世界发展指明了方向，峰会以“共同复苏、强劲复苏”为主题，聚焦全球卫生基础设施、数字化转型、可持续的能源转型三大优先议题。这明确了数字化转型在世界范围内的重要地位和影响，全世界都在往该方向迈进。

2023 年 2 月，中共中央、国务院印发了《数字中国建设整体布局规划》，指出建设数字中国是数字时代推进中国式现代化的重要引擎，是构筑国家竞争新优势的有力支撑。加快数字中国建设，对全面建设社会主义现代化国家、全面推进中华民族伟大复兴具有重要意义和深远影响。

2023 年 10 月 25 日，国家数据局正式挂牌成立，其重要职能之一就是推动工业数字化转型，这标志着我国坚定推行数字中国战略毫不动摇。

本书的目的是：在数字中国的国家战略和宏观政策指引下，推动我国数字化转型更好地落地，帮助企业“强身健体”，增强核心竞争力。

谈及本书的写作缘由，主要基于以下因素[㊀]。

1）当前，我国正在引领世界范围内的数字化转型，我国的探索已经进入“无人区”，已经没有其他国家的先进做法可供参考了。

2）目前尚没有对工业数字化转型的明确定义，实事求是地说，当前工业数字化转型还处于初始阶段。

3）市面上大部分工业数字化转型知识都是由 IT 人员撰写的，IT 人员不太懂制造的业务逻辑，而数字化项目通常却是由 IT 部门挂帅。由不懂业务逻辑的部门

㊀ 读者可参考作者的《数字化转型底层思维故事》和《变革的力量：制造业数字化转型实战》。

去推动数字化转型，失败风险很大。

作者是机械工程及自动化专业出身，是一位在制造业精耕细作了20年的工程师，有专业实践方法论的工业逻辑（体系化的业务底层运行规则），长期亲历工业数字化转型实战，深知工业数字化转型的底层逻辑。

作者在前两本书里曾提出，企业中以关键绩效指标（Key Performance Indicator，KPI）衡量的业务流是由运营体系有效支撑的，比如制造业的丰田制造体系（Toyota Production System，TPS）、施耐德制造体系（Schneider Production System，SPS）、美的业务体系（Midea Business System，MBS）、丹纳赫业务体系（Danaher Business System，DBS）等。这些世界500强和中国500强企业凭借优秀的管理思路和制度保障各级员工都执行一个运营体系，从而能够高效高质量地开展生产制造，以优异的质量（Q）、最低的成本（C）和最快的交付（D）向用户提供最好的产品。

工业数字化转型的本质正是要把这种优秀的管理思路和制度固化到数字化平台中。如何鉴定这些管理思路和制度在固化到数字化平台之前是否合理，其实属于业务层面。业务的执行要用数据来评估，而且还要是真实的数据。

本书将重点阐述数字化平台下的业务实践，即进入工业数字化转型的深水区，探索工业数字化转型的本质。只有理解工业数字化转型并践行工业数字化转型，才能最终戴上工业数字化转型的“皇冠”。

本书介绍的数字化评估模型是基于《智能制造能力成熟度模型》（GB/T 39116—2020）和作者长久以来在工业企业里的实践，不做枯燥的说教。

本书的评估模型不针对研发创新阶段，研发创新阶段的评估思路可以借鉴该评估模型的思想，但是作者不建议研发创新阶段的评估像制造运营端那么细致、严格。因为太严格、太细致，反而会扼杀研发创新的活力。作者曾亲历世界先进企业的研发，知晓研发的KPI项目少。KPI项目少，才能静下心来仔细思考，无须担心自身的KPI影响收入，心态就会比较平和，创造力自然就出来了。

本书仅为探讨工业数字化本质起抛砖引玉的作用，如有不妥之处，请读者指正。

沈黎钢

2023年4月17日于苏州

Preamble 导　言

在数字化时代，当你作为一名首席信息官（Chief Information Officer，CIO）进行战略目标体系化分解时，当然要基于年度数字化评估标准来分解业务，并为其在数字化平台中设定自动取数规则，让数字化平台可以基于后台的取数规则，自动得出业务评估的结果。

年度评估标准有一维的、二维的，甚至还有多维的。维度越多，评估的复杂度就越高。但是评估标准复杂了，评估准确率不一定高，两者不是正比关系。工业制造领域毕竟不是研发领域，需要设定多个维度进行高通量筛选，从而获得最优解。工业制造领域需要大道至简，践行工程师实践思维，故其年度评估采用一维或者二维表格即可。一维年度评估表见表 1。

表 1　一维年度评估表

某核心业务	年度评估分数				
	1	2	3	4	5

分数解释参考《智能制造能力成熟度评估方法》(GB/T 39117—2020)：1 分 = 规划级，通俗来说是年度评估不合格，企业总经理需要自查自责；2 分 = 规范级，通俗来说是待改进，给予一年的时间改进，下一年度评估若还是 2 分，没有达到 3 分，部门负责人也需要自查自责甚至申请离职；3 分 = 集成级，通俗来说可以正常拿年终奖，一般来说达到 3 分，在制造业已经属于较高水平了，后续章节阐述的数字化平台的 KPI 取数规则，基本都是根据年度 3 分的评估标准来定义的；4 分 = 优化级，通俗来说可以和评估团队商定几年评估一次，不再一年一次；

5 分 = 引领级，通俗来说是作为标杆向社会传播或向同行企业推广的最佳实践。

二维年度评估表见表 2。《智能制造能力成熟度评估方法》就是二维的。这个表格在实践中通常叫作模型，即要在企业里抽取出共性的核心业务，以核心业务为牵引，设定核心业务的评估办法。评估的前提是合理地抽取出共性的核心业务，这也是工作的难点。为什么要建立模型呢？因为在数字化时代，企业需要结构化分析，没有模型就无法分析、无法评估，进而也无法开发数字化平台。

表 2　二维年度评估表

某核心业务拆解	年度评估分数				
	1	2	3	4	5
子业务 A					
子业务 B					
子业务 C					

提取出核心业务后（核心业务在 GB/T 39117—2020 中是设定年度评估权重的，企业设定权重可借鉴），企业运营必然要把核心业务拆解到可评估的执行程度。拆解的方式以制度为基础，进行层层递进式拆分，并以 1 ～ 5 分来评估进阶程度，从线下的执行方式进阶到线上的执行方式。从这种评估方式来看，我们可以明确知道任何业务只有在线下执行到位了，才有可能把其规则固化到数字化平台，否则会把不良的业务规则固化到数字化平台，危害巨大。这再一次印证了作者反复强调的观点——数字化转型就是把优秀的管理思路和制度固化到数字化平台。

一维模型和二维模型没有绝对的优劣，适合企业的就是最好的。我们从表 2 中可以看出，二维模型的颗粒度更细，自然比一维模型的管理更精细，也就是更“精益化”。但是，再怎么精益，事情都是由人做的，任何人都会有纰漏，颗粒度细化是必要的，但没必要细化到员工的每一分每一秒。

企业设定了年度评估标准，就有了数字化平台的 KPI 基石。鉴于数字化转型就是把优秀的管理制度和思路固化到数字化平台，我们拆解一层，什么是优秀的管理思路呢？管理分跨部门的管理和部门内部的管理，这是基于第一性原理（本书指用科学的分析法逐层展开一个目标）的逻辑框架法来拆分的。

在数字化时代，数字化的业务蓝图天然是跨部门、跨阶段的，目的是用数字化手段破除部门墙，所以在数字化平台的 KPI 取数中，首要的是取涉及跨部门的KPI，其逻辑关系如图1所示。本书各个章节阐述的数字化平台取数，坚持的原则是尽量跨部门。当然，纯粹的部门内部管理数字化平台也需要KPI，因为在部门层级，还是要把自己部门产生的数据传递到其他部门，终究不是孤立的。

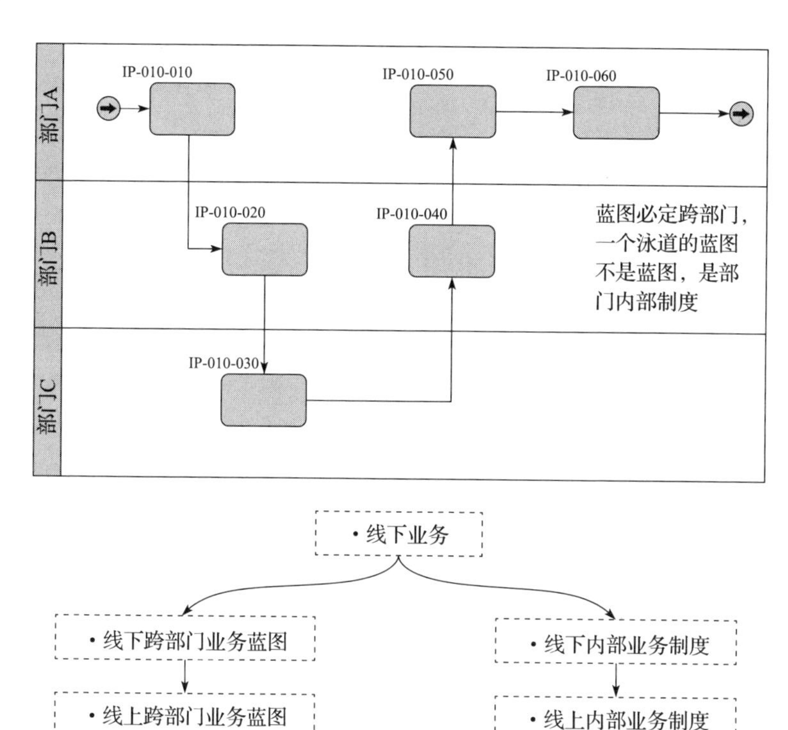

图1　数字化平台取数跨部门KPI与线下业务的逻辑关系

制造业的数字化转型本质上是转变管理思路，基于该思路，我们应用第一性原理拆分本书的章节逻辑树，从体系上展示逻辑的严谨性。以第一性原理拆分制造业的数字化转型体系，得出了图2所示的本书篇章结构。

关于制造业的第一性原理，简单叙述如下。

所谓第一性原理，就是从原理出发，一步步往前推演，直到找出适合该问题的解决方法（有1个或者*N*个）。第一性原理思维是一种“追本溯源”的思考方式，万事都要找到根本性问题，也可以叫作本质思考法。

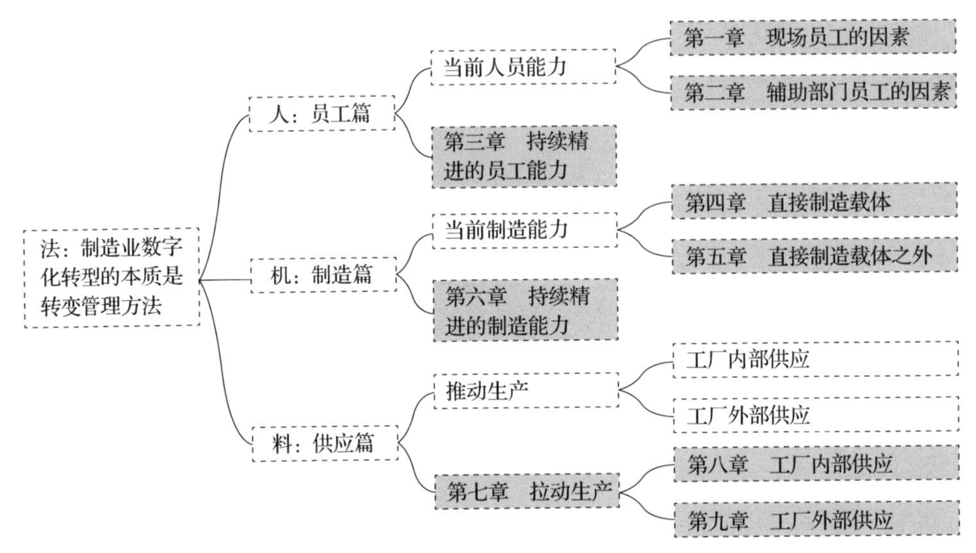

图 2　以第一性原理拆分制造业的数字化转型体系得出本书篇章结构

追本溯源法是从问题出发，一步步分析问题背后的原因，直到找出最终原因（有 1 个或者 *N* 个）。

由此可见，第一性原理思维和追本溯源思维是不同的，一个是从问题出发推演出根本原因，一个是从原理出发推演出解决方法。

1）制造工厂要想解决一个问题，常识上会从 4M1E（Man= 人、Machine= 机、Material= 料、Method= 法、Environment= 环）维度去拆分，这几个维度加起来是一个整体。数字化转型转变的是管理，管理就是各种方法论，简称“法”。企业的制造端要高质高效地制造一个产品，需要从人、机、料的维度展开，加上需要“法”这个约束条件，那就是“人之法”“机之法”“料之法”，就有了本书的三个篇章，即员工篇、制造篇、供应篇。

2）员工篇的拆分方式使用了第一性原理的流程法，拆分成当前需要的人员能力和基于当前状态的需要持续精进的能力，两者互相不隶属，但加起来是一个整体。该拆分基于基本的常识，即企业要在当前的基础上构建面向未来的能力，才能永续经营。任何企业的制造体系都是一个持续精进的体系。

3）当前人员能力的拆分使用了第一性原理的逻辑框架法，拆分成现场员工的因素和辅助部门员工的因素，现场和辅助部门互相不隶属，但加起来是企业的所有员工。所有员工的能力到位，才能把制造业数字化转型做好。这仍然是一个常识。数字化转型要坚持工业常识是必须谨记的原则。至此，员工篇的三章就出来了，用工业常识就拆分出了符合逻辑的章节。

4）制造篇的拆分方式与员工篇用了完全一样的方法，作者不再重复，请读者自行思考为什么是一样的，以提升阅读本书的效果。

5）供应篇的拆分使用了第一性原理的逻辑框架法，拆分成拉动生产和推动生产。这两种方式仍然是工业界的常识。无论是流程制造业还是离散制造业，对拉动生产的追求都是孜孜不倦的，因为拉动生产可以实现均衡化供料，不多不少刚刚好，是典型的精益生产方式。精益生产当然也是当前工业界的常识。追求拉动生产是我们的天然动力，但是与拉动生产相对应的，就是推动生产。在当下，企业并不能完全杜绝推动生产，比如完全定制化的产品就是按订单物料来推动生产的，物料即使不多也需要推动。故本书拆分出了拉动生产和推动生产两个子项，还特意把拉动生产用一章来描述。不把推动生产当作一章来描述的原因：一方面是为了避免造成推动生产也是常态的印象，另一方面是把部分推动生产嵌入拉动生产一起讲解了。

6）拉动生产的拆分使用了第一性原理的逻辑框架法，供应分为厂内和厂外，互相不隶属，但加起来是整个供应体系。这同样也是基本的常识。现在市面上存在大量供应链管理（Supply Chain Management，SCM）平台就体现了第一性原理的逻辑。

总结一下，本书阐述的制造业的年度数字化评估用三篇展开，围绕产品的关键维度，如图 3 所示。

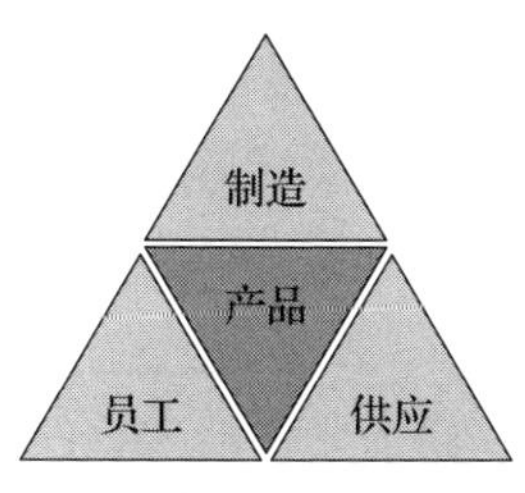

图 3　产品的关键维度

1）员工篇：除非企业是完全的无人工厂，否则一定会有人。有人，必定会有面向当下和面向未来的卓越员工建设。

2）制造篇：制造企业必定要在生产现场做出具体产品。在数字化时代，制造出来的产品好不好？是否有评估标准？

3）供应篇：配套现场的产品制造。外围的一切辅助部门都要围绕产品制造高效运作，这是高效运营的范畴。

按照第一性原理拆分成三个维度即可，无须创造更多的维度把简单的事情复杂化，大道至简才能深入人心。

Contents 目 录

制造篇

供应篇

员 工 篇

在数字化时代，数字化平台存在的价值是辅助员工提高效率，不可主次倒置，也不能把两者并列。这是本书的开篇是员工篇的缘由。

人是有主观能动性的，动力十足的时候，可以把一件事情做到完美，动力不足的时候，可以随便应付一件事情。但工厂追求的是稳健的产品输出，为了产品的稳健，会制定各种各样的规则。有的规则细化到员工的每一个步骤、每一分、每一秒……

制定了各种各样的规则，若没有人执行，就毫无用处，即使是数字化平台对此也束手无策。

所以，规则是要有的，只是规则要符合人性才能执行得下去。在数字化平台里设定规则，也要符合人性。在数字化时代，企业要如何制定规则呢？有的管理者既想无为而治，又想军令如山，如何才能达成呢？在没有数字化平台的情况下，怎样设定线下的规则呢？线下的规则如何转化成线上的自动 KPI 取数规则呢？

员工篇将用三个章节来充分阐述和人强相关的关键业务应该如何设定线下的数字化衡量指标。

第一章 Chapter 1

现场员工的因素

第一节　制造工时

1. 工时简述

制造工时是把一台产品从无到有做出来所花费的时间。在实际工作中，根据实际生产情况，工时必须被分解为以下几项，否则无法精确计算。

增值时间（Useful Time，UT)，指生产线操作人员在操作过程中，那些可真正产生价值且客户愿意为此价值付费的操作时间。例如，员工只是把螺丝拧入螺纹孔中所花费的时间就是增值时间。

设计时间（Design Time，DT)，指所有增值时间加上生产设计环节中不能真正产生价值但又必要的操作时间（如取料、自检等的操作时间)。DT=UT+ 必要的非增值时间。例如，当员工在拧一颗螺丝时，取螺丝和螺母必然要花费时间，该时间本质上不增值，但是又不得不花费，这就是必要的非增值时间，而投入专门的取料机械手是减少非增值时间的有效办法。由此引申出一个专业术语设计效率（Design Coefficient，KD）= UT/DT，该效率体现了生产线设计水平的高低，当 UT 无限接近 DT 时，代表生产线的最高设计水平。

运行时间（Operation Time，OT)，指生产线操作人员完成一个实际操作的所有时间（包括生产中的浪费，如换系列、画报表、清洁、调整、在线培训、生产会议、返工等)。例如，当员工拧了一半螺丝，停下来到休息区喝水，然后走回工位继续操作拧完螺丝。这个拧螺丝动作从头到尾所花费的时间为完成这个操作的运行时间，OT=DT+ 无效浪费时间。在生产管理中，无效浪费时间越少越好，由此引申出一个专业术语生产效率（Efficiency Coefficient，KE）= DT/OT，该效率体现了生产线管理水平的高低。一位优秀的生产主管，必然想方设法地减少无效浪费时间。KE 是生产部门必须承担的绩效考核指标。

实际时间（Time Spent，TS），指生产线操作人员和辅助生产的操作人员完成一个实际操作所花费的时间（如检验物料花费的时间、调机员花费的时间等）。例如，当员工在拧一颗螺丝时，发现扭力扳手扭矩太小，于是通知了设备人员来把扭力调节到正常范围，调节花费的时间 +OT 即为 TS。由此，引申出一个专业术语运营效率（Support Cofficient，KS），KS=OT/TS，该效率体现了辅助部门对生产一线部门的支持水平。当 KS 无限接近 1 时，代表企业的辅助部门完全协助了生产一线部门。

工业效率（Industrial Efficiency，IE）从宏观上显示了整个企业的运作效率，IE=UT/TS。通常，标杆企业的 IE 也只有 40% ～ 50%。若要使 UT 接近 TS，则只有非标定制化的产品实现了完全无人化的操作、无人化供料、无人化组装、无人化调机、无人化检验等才有可能，现有状态几乎无法实现。然而，在装备主导型企业（人的因素足够少）则有希望可以实现，比如纺织厂、印制电路板厂等。工时瀑布图充分展示了上述时间的关系，如图 1.1 所示。

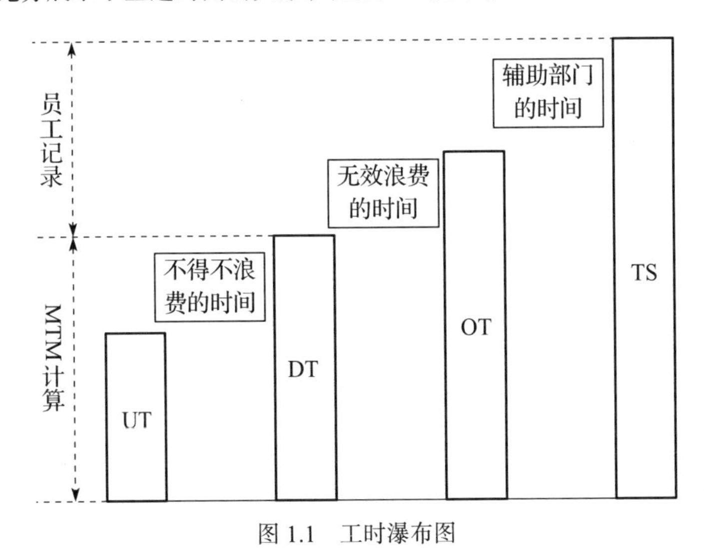

图 1.1 工时瀑布图

注：MTM 是 Methods Time Measurement 的缩写，译为“时间测量法”。

2. 工时的准确性

工时在企业里极其重要，和人强相关，除非该企业是一家计件制企业。在数字化时代，各个智能化装备都是上下无缝对接的，时间的不准确将直接导致后续一系列配合部门的工作异常。因此工时的准确性是第一要务，准确的工时可带来准确的生产计划、准确的物料配送、准确的制造成本、准确的客户交期和准确的生产效率等，关系到各个业务环节的数据准确性。

3. 工时的负责方

通常情况下，新产品在释放量产前，由研发制造工程师负责。如果企业没有配备研发制造工程师，那么由制造端的工艺工程师负责是合理的。

在新产品释放量产后，由制造端的工艺部内部的时间测量法（Methods Time Measurement，MTM）工程师负责。MTM 是一个权威的存在，工时由 MTM 工程师发布出来后，其他部门不得怀疑，需要彻底执行。执行后，若有偏差，再行反馈。

4. 工时的年度总体目标

在新品释放量产后，标杆企业会设定年度工时降低 5% 的指标，在该指标的指引下，工艺工程师需要常态化地推动工时改进项目。

5. 工时的年度数字化评估

询问 MTM 工程师如何进行制造工时的测定，由相应录像分析的证据展示。录像分析的有效性包括：有工时的步骤拆分，有二维工时表单，可查询 MTM 工程师是否及时更新工时数据给工艺工程师。

工时的年度数字化评估涉及以下内容：

- 工时是否有逐年降低的趋势，有无把计件制改为计时制的推进项目。
- 财务人员对工时降低是否出具了企业认可的财务节约。
- 工艺工程师是否把最新的工时给到计划人员下单，计划人员是否收到工时表。
- 询问生产线的员工是否了解工时，核对作业指导书上的步骤工时，审核员查看员工操作花费的时间是否和作业指导书上的工时一致。
- 工艺工程师执行了哪些改善降低了工时，需要到生产现场实际查看，并询问操作员工该改善是否真实有效，员工是否满意。
- 是否有相应的流程显示了工时及时更新。

按照前述二维衡量方式，工时可以拆分为以下四个维度来进行评估。

（1）时间标准

1 分评定：工艺部建立了产品工时并跟踪了产品交期。

2 分评定：所有产品有正确的时间测量方法，已经完成了时间分析。UT、DT 在工位层级已经测定。80% 以上的产品创建了 UD、DT，至少每年更新一次。

3 分评定：UT、DT 使用了 MTM 方法进行创建，覆盖了大于 80% 的产品。

4 分评定：UT、DT 使用了 MTM 方法进行创建，覆盖了 100% 的产品。使用 MTM 方法设计生产线和制程改进。

5 分评定：生产效率大于 90%。

（2）MTM 能力

1 分评定：工厂知晓 MTM 是一个权威业务。

2 分评定：工厂有专门负责生产时间标准的人员，工厂可以聘请外部专家制定时间标准。

3 分评定：至少有一名 MTM 专家经过国家 MTM 协会认证或企业内部专家的资格认证。MTM 专员必须每三年重新验证一次。

4 分评定：至少有两个 MTM 专员参加过培训，有国家 MTM 协会发资格证书或企业内部的资格证书，工艺 & 制程工程师已经完成了 MTM 培训，操作员工的操作培训是基于 MTM 分析定下的操作方法。

5 分评定：工厂自行完成了 MTM，工厂的 MTM 专家被认证为 MTM 内部培训师，可以培训新的 MTM 专员，工厂在过去 5 年内都有一个认证过的 MTM 专员。

（3）时间差异监控

1 分评定：有流程规定需要常态化地监控工时。

2 分评定：时间瀑布图清楚定义了制造标准时间，部装单元（产品部件装配区）有 KE、部门单元有 KS 且正确计算。

3 分评定：部装单元的 KE 有浪费柏拉图分析，在部装单元可以计算出 KD。

4 分评定：监控了标准 TS 和实际 TS 之间的差异，对差异采取了至少每月一次的改进行动。

5 分评定：有例子展示标准时间的精确度大于 98%。

（4）时间的改进

1 分评定：工时的改善由制度驱动。

2 分评定：工时的利益相关方知晓工时的减少不对自身的绩效有消极作用。

3 分评定：KD、KE、KS 常态化地持续改善。

4 分评定：若有可能，在相似的产品和制程上，和企业里的兄弟单位工厂一起执行相同的标准，有过去 12 个月的工时节约趋势。

5 分评定：若有可能，在相似的产品和制程上，和企业里的兄弟单位工厂一起执行相同的标准，有过去 24 个月的工时节约趋势。

6. 如何在“制造工时”的年度数字化评估要求中找到数字化平台中的取数规则

上述内容已经明确说明了工时的年度数字化衡量方式，基于这个难度逐级递增的衡量方式，我们该如何选取关键指标进入数字化平台呢？如何避免指标太多导致不是关键指标呢？这是业务的深度解读和提升，和数字化平台关系不大，平台只能实现自动取数并计算出结果的功能。

数字化平台的跨部门业务流是部门层级的，不是工程师级别的。工程师在部门里面执行任务，所以 KPI 是针对部门的考核，不是工程师级别的考核。

（1）时间标准维度

时间标准强调的是工时对产品的覆盖率，因此需要在数字化平台取数工时覆盖率。工时覆盖率：以当前时刻标准产品的种类名称为牵引，在系统中查询到含有完整工时的产品类型数量除以当前标准产品在数字化平台的总计产品类型数量。

在数字化平台中需要明确完整工时的定义。一台机器的完整工时分为零件制造工时、部装工时、总装工时，完整的工时需要这三个之和。再向上一步追溯的话，需要工艺人员在维护工艺路线时，把工时数据关联上物料号。因此，当数字化平台检测到没有维护好工时，这个工时覆盖率会显示“无法计算”。

理论上，工时覆盖率要达成 100%，一下子就达到了 4 分标准。当没有达成 100% 时，也可以展示为 3 分或者 2 分。平台的开发要基于最高原则向下等级分数兼容，规则是一定的，只是数量的多寡导致了百分比的波动。

我们为什么仅仅计算标准产品的工时，而不计算非标准产品的工时，是有原因的。企业对外宣称自己的产品完全为客户非标定制是无可厚非的。定制化产品的零部件大部分其实是标准的，如图 1.2 所示。这是市场行为，当我们回归到产品层面，会发现所谓的非标定制产品所用的零部件中 99% 都是常规使用的标准零部件，1% 是客户定制的非标零部件。比如现在流行的，在高档耳机上刻名字。除了刻名字是私人定制的，耳机的其他部分是一个彻头彻尾的标准产品。

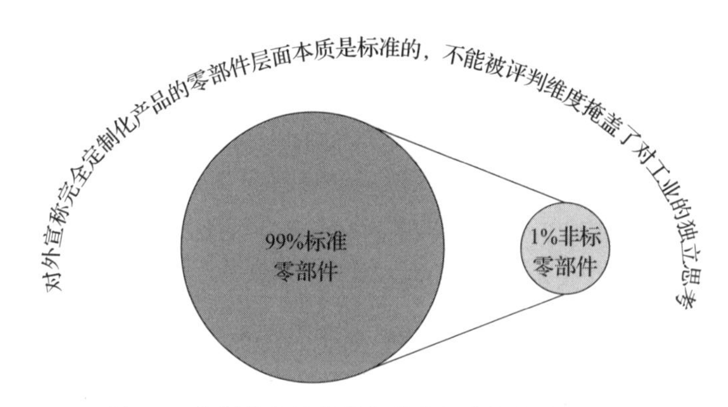

图 1.2　定制化产品的零部件大部分其实是标准的

所以，工业产品的输入工时是由工艺部门鉴定后的标准零部件工时。为 1% 非标零部件花费大量时间去获得真实的时间，在工业制造领域是极其没有价值的事情。

那么这 1% 非标零部件时间到底由谁来负责呢？由项目经理在数字化平台里维护并负责。当然该工时的获得也可以请工艺人员帮忙。

（2）MTM 能力维度

年度评估表强调的是有专门的且有资质的 MTM 人员。专门的工时人员的培养是极其严谨的事，因为关系到企业的制造成本。这是纯粹的技术人员培养的事情，而数字化平台无法承载太多的技术能力产生的过程，故管理好技术能力的结果就可以。因此该项在数字化平台里的取数规则不重要。若要查询，去企业的人事部门查询资质证明即可，无须在数字化软件开发一个专门的数字化管理模块，毕竟 MTM 人员是少量的。

（3）时间差异监控维度

需要看到目标和实际之间的差距并有相应的弥补差距的对策，这是重点。基于工时瀑布图，工时并不是工艺部门一个部门的事情，工艺部负责的是 UT 和 DT。在这两者之外的时间需要由生产管理人员自行记录，基于差异而制定对策。对策的制定是千变万化的，数字化平台并不能判定这千变万化的对策到底减少了多少时间，还是要依赖人的判断。因此，该维度不适合线上取数，应该由专业人士进行专门判断。再次强调，数字化转型用到的数字化平台是管理提升平台，不是技术平台。

（4）时间的改进维度

年度评估表的重点是要看到工时有逐步降低的趋势，因此前述工时每年降低 5% 的总体目标就可以直接采用，用工时降低率这个 KPI 即可。如何在数字化平台中取数呢？企业可以自行选择以下方法。

1）总体工时降低率：[1-(当年 1—12 月的标准产品的工时之和 / 去年 1—12 月的标准产品的工时之和)] × 100%，工时的覆盖率要达成 100%。

2）瓶颈工时降低率：若有生产线，那么生产线的产能由瓶颈工位决定。即使总体的工时降低后，若瓶颈工位的工时没有降低，产能还是不会增加。总体工时降低率对产能增加没有贡献，数字化平台里的 KPI 取数规则是 1-(某生产线的当年瓶颈工时 / 某生产线的去年瓶颈工时)，若要计算所有生产线，计算平均值即可。

3）单工位部装及零部件工时降低率：是没有生产线的单元式单人制生产，取数规则是：1-(该零部件在当年度 ERP 里的工时 / 该零部件在去年 ERP 里的工时）。若工厂是一个智能化水平比较高的工厂，那么取数就可以直接从制造执行系统（Manufacture Execution System，MES）报工的工时来计算，更加精准。

工时是极其庞大的体系，工时覆盖率、工时的年度降低率适合在数字化平台里取数 KPI，要强调并不是所有的年度数字化衡量标准都适合在数字化平台里取数。技术深度太深的，就不建议取数，人的因素需要占据主导，就如上述 MTM 能力。再次印证了数字化转型的真谛就是把优秀的管理思路固化到数字化平台。注意管理是重点，数字化转型中用到的平台对技术的承载是非重点。

第二节　作业指导书

1. 作业指导书简述

作业指导书是员工操作的规范，为确保正确地做出产品，需要有人、机、料、法、环的信息及执行到细节的步骤。作业指导书分概要作业指导书和分解作业指导书（细化）两个层级。概要作业指导书示意图如图 1.3。

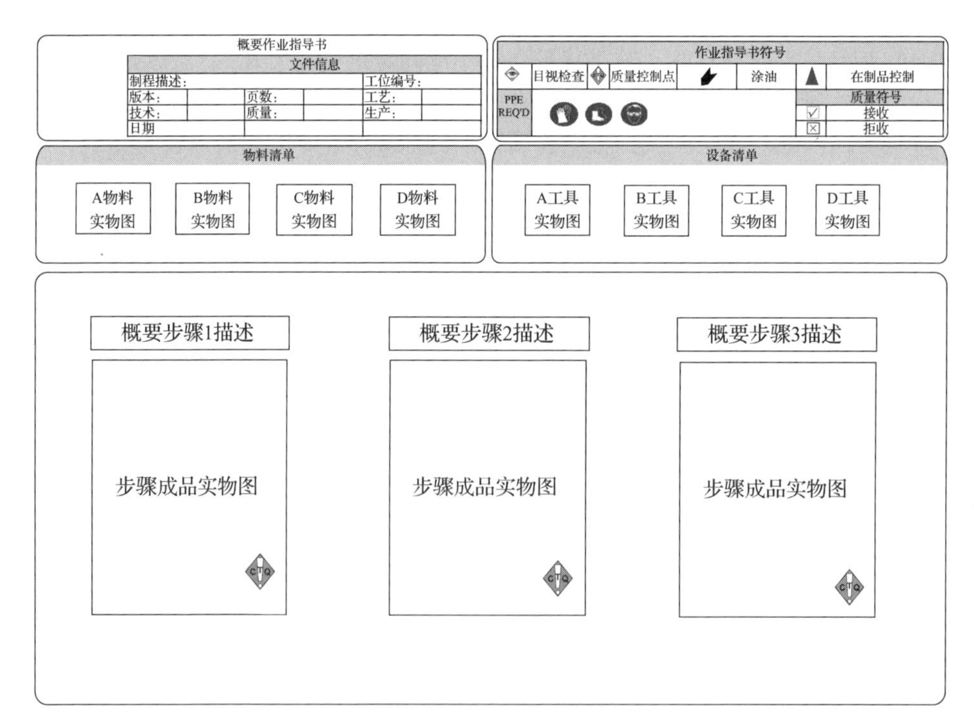

图 1.3　概要作业指导书示意图

分解作业指导书（细化）如图 1.4 所示。

分解作业指导书

文件信息					
制程描述:				工位编号:	
版本:		页数:		工艺:	
技术:		质量:		生产:	

作业指导书符号							
	目视检查		质量控制点		涂油		注意点
防护用品				质量符号			
				✓	接收		
				☒	拒收		

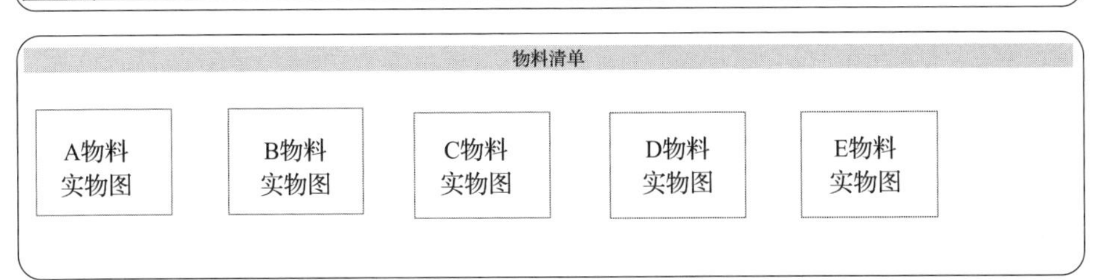

物料清单

A物料实物图 B物料实物图 C物料实物图 D物料实物图 E物料实物图

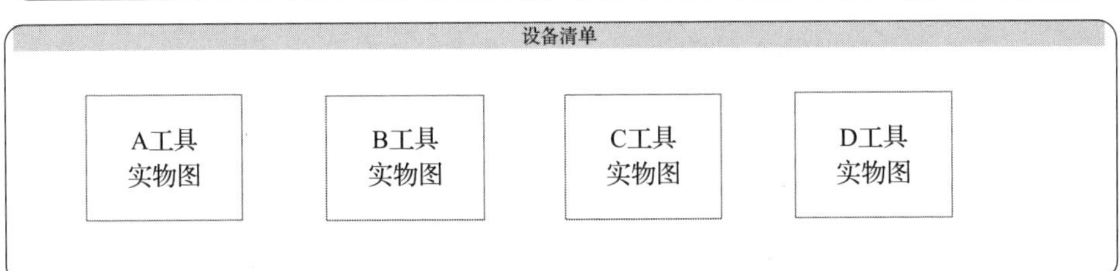

设备清单

A工具实物图 B工具实物图 C工具实物图 D工具实物图

成品物料清单

版本升级及修改记录			
版本	编写人	编写日期	更改描述
01			原始版
02			更改格式
03			更改防护用品

步骤	工时	关键点	图例	理由	符号	
					标志符号	符号说明

图 1.4 分解作业指导书（细化）

任何非标产品均由标准零部件 + 非标零部件构成，因此非标产品作业指导书必须由标准作业指导书 + 定制化产品 / 项目说明构成。

非标产品作业指导书随项目，由项目设计工程师提供给生产主管，生产主管分发到工位上。

GB/T 28282—2012《计算机辅助工艺设计 系统功能规范》中的计算机辅助工艺设计（Computer Aided Process Planning，CAPP）就是结构化（结构化就是把线下的非结构化文档，如 Word 文档、图片等转换为线上的结构化数据，结构化数据是计算机可以识别的语言，可用于与其他系统的集成，下文的结构化都是这个意思）工艺。

作业指导书的目的是确保制程稳健，满足规范且可控。员工可以根据作业指导书的内容制作出正确的产品而不需要再有额外的培训师协助。

践行追求细节（Down to Detail，D 2 D）的理念，每个步骤都有据可查，细化到每个步骤都有相应的规范。规范内容是做什么、为什么做、如何做、完成后的效果等。

作业指导书的每一个步骤均是后续制程失效模式（Process Failure Mode and Effects Analysis，PFMEA）的输入源，需要可视化、专业化地展示操作步骤。许多制造企业的普遍做法是制定一个概要型的、纲领性的、技术难度大的工艺规范，完全无法指导一线生产。生产线需要的是每一个步骤的操作规范都可用于指导一线操作人员。这种做法非常不合理，亟待改变。

对于管理人员而言，需要理解编写、执行、改进作业指导的重要性，作业指导书体现了企业践行“员工承诺”和“先进质量计划”。

作业指导书在行业中有优秀模板，读者可以参考作者的另外两本图书（见前言脚注），以获得详细解读。

2. 数字化时代的作业指导书

作业指导书在数字化时代已经进化为产品制造的中枢，不再仅仅是给操作人员的操作说明，更是涉及了产品制造的方方面面。因此，作业指导书若不准确，后续的一系列业务都乏善可陈。

数字化工艺对于企业的数字化转型非常重要。数字化工艺就是反向拆解线下优秀作业指导书并写入数字化平台，被拆解的工艺信息可以在平台中跨部门流转，所以当企业的线下作业指导书不优秀时，就做不好数字化工艺，就会沦落为在线手工。

虽然数字化工艺非常重要，但是也要理性思考。数字化工艺是其他关键业务的技术源头示意图如图 1.5 所示。

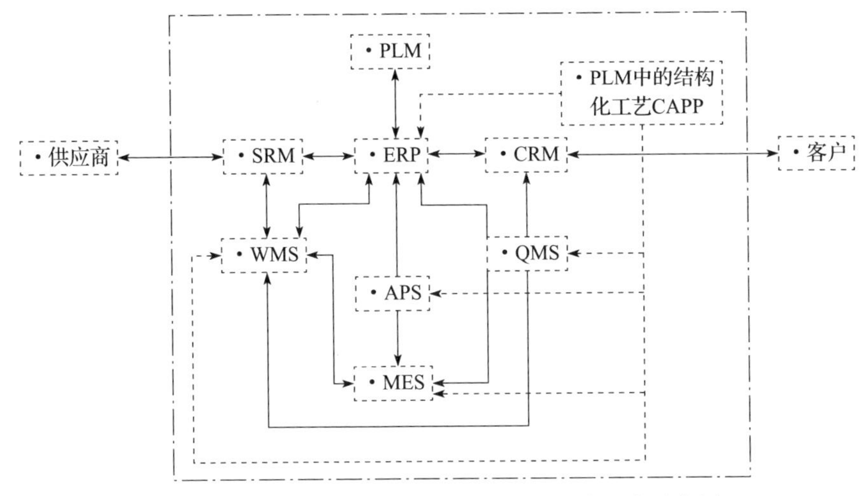

图 1.5　数字化工艺是其他关键业务的技术源头示意图

图 1.5 显示了从工艺发源地到各个业务部门的信息传递。从产品生命周期管理（Product Lifecycle Management，PLM）到 ERP，工艺做的主要事情是承接了设计物料生产清单，也叫产品结构或配方，输出了制造物料生产清单。

从 PLM 到高级计划和排程（Advanced Planning and Scheduling，APS），工艺做的主要事情是鉴定了瓶颈工位的工时，创建了约束条件，用于执行高级排程。

从 PLM 到仓库管理系统（Warehouse Management System，WMS），工艺做的主要事情是建立了物料在工位和仓库的连接，实现了精益生产的点对点配料。

从 PLM 到 MES，工艺做的主要事情是推动了作业指导书实时推送到工位上，指导操作人员做出正确的产品。

从 PLM 到质量管理系统（Quality Management System，QMS），工艺做的主要事情是指明了工位的关键质控要求，为后续的质量监督提供了源头。

3. 作业指导书的负责方

在产品释放量产前，作业指导书的负责方是研发制造工程师。在产品释放量产后，作业指导书的负责方是工艺工程师。

4. 作业指导书的年度总体目标

对产品制造做出了不仅限于生产部门的正确指导。没有因作业指导书的不良导致的不良费用转嫁到工艺部。

5. 作业指导书的年度数字化评估

按照 PDCA（Plan= 计划、Do= 执行、Check= 检查、Action= 改进）环循的要求，任何一项事务必须要有检查的环节，因此年度审核必不可少。需要审核员走访现场，在不受刻意引导下，可以参考作业指导书做出一个正确产品。被审核对象是工艺经理、主管、工程师、生产主管和随机挑选的操作人员。审核需要关注有没有因为作业指导书的问题导致的效率丧失、设备不良率、退货、报废、返工等不良。员工参与是否充分，不能听从操作人员不假思索地说出操作没有问题。需要根据作业指导书，观察操作人员是否正常操作，所谓听其言观其行。

将质量警示写入作业指导书审核范围，因为质量警示本质上是 3N（No accepting，No manufacturing，No transferring，不接收、不制造、不传递不合格品）作业指导书。质量警示用于在某段时间内提示、警告作业人员或者相关部门的人员注意避免一些问题，需要该问题的图片和详细的描述，描述清楚怎样避免发生这种问题。质量警示是一种处理问题的临时措施，适用于比较紧急的情况——正式的控制文档未能马上发布，如作业指导书、工序检查表等还没有发布，或者仍在寻找根本原因和防止再发生的措施。因为这些工作都需要比较长的时间才能够完成，但是生产一线需要继续作业，所以就需要该临时的、清晰的指导文件。

（1）概要作业指导书评定

1 分评定：概要作业指导书悬挂在工位上，安全、健康、环境风险、质量要点均有效显示。每两月更新一次。

2 分评定：概要作业指导书按大类步骤描述以保证操作步骤易于追踪，包含了质量方面的关键点。每月更新一次。

3 分评定：概要作业指导书可视化且易于理解。全工厂均采用标准化的格式，比如符号、标识等。每半月更新一次。

4 分评定：概要作业指导书 100% 可视化，按大类步骤展示，放置在员工面前，查看文件无须翻页、无须身体扭转（包含质量警示文件）。

5 分评定：所有的概要作业指导书内容均全部可视化，即使用了数字化的作业指导书。

（2）分解作业指导书评定

1 分评定：有培训记录证明操作员工接受了分解作业指导书培训。每两月更新一次。

2 分评定：按步骤将作业指导书分解到每个步骤和要求，格式和内容构成是标准化的，每个操作人员必须遵从分解作业指导书操作。每月更新一次。

3 分评定：分解作业指导书包含操作的所有细节，比如工作步骤、步骤工时、关键点、可视化、符号和符号的解释。每半月更新一次。

4 分评定：分解作业指导书放置于操作人员易于阅读的位置且设计成可轻松使用的。设备的分解作业指导书 80% 以上是标准格式的。

5 分评定：分解作业指导书持续改善，操作人员非常满意，使用了数字化的作业指导书。

（3）员工参与评定

1 分评定：有培训记录证明操作人员参加了概要作业指导书培训。

2 分评定：概要作业指导书由标准化格式和内容构成，操作人员易于遵从。质量警示张贴在风险区。

3 分评定：概要作业指导书的格式和位置反映了人机工程学的要求，并且易于查看和阅读。有标准的方法用于对操作人员进行作业指导书培训。

4 分评定：操作人员参与了作业指导书的制定。

5 分评定：有证据显示作业指导书的改善带来了质量和效率上的提升。有证据显示操作人员参与了作业指导书的更新，有流程告知其如何参与。

（4）质量评定

1 分评定：概要作业指导书张贴在工位上，含质量警示、偏差、关键制程参数、报废和返工流程等。

2 分评定：操作人员知晓发生问题时必须遵守问题汇报流程，以确保获得的帮助是可靠和及时的。质量警示必须有截止日期，张贴后不超过 30 日。

3 分评定：标准的质量警示张贴在风险工位上，没有张贴失效的质量警示。在制程更新时，有流程保证更新作业指导书。

4 分评定：有任何的制程审核、制程失效模式分析、控制计划、关键质量点、客户投诉等 8D（Eight Disciplines Problem Solving，8 个方面的问题分析）报告等的执行，作业指导书必须要更新。

5 分评定：在生产线上常态化地播放历史问题记录，有效地减少了质量风险、重复问题、客户缺陷。

6. 如何在“作业指导书”的年度数字化评估要求中找到数字化平台中的取数规则

基于作业指导书的年度评估，数字化平台的 KPI 如下：

1）年度评估模型要求日常需要看到文件更新，那么在数字化平台可以设定作业指导书的及时更新率。

2）年度评估模型要求分解作业指导书展示了所有的操作步骤、所有的关键要点等，那么在数字化平台可以设定作业指导书完整度衡量。

3）年度评估模型要求员工要很容易看着作业指导书操作，那么在数字化平台可以设定作业指导书的有效指导率。

4）年度评估模型要求操作人员要注意关键点，质量巡检员要检查关键点，可以设定有效监督率。

5）技能波动率在作业指导书年度评估模型中未提及，但是员工稳定的技能就是基于作业指导书的熟练掌握，否则技能水平自然是下降的，所以在数字化平台中可以设定技能波动率。

6）前述的作业指导书年度评估模型要求操作人员参加作业指导书编制，那么在数字化平台可以设定及时协同率。

这六大指标在数字化平台里到底应如何计算呢？每家企业都有自身的特色，可以参考以下方式，找到适合自身企业的计算方法。

1）作业指导书及时更新率：某产品有多份作业指导书，即使只有一份在半月内更新一次，也符合要求，即某产品即使只有一份作业指导书更新，就等于某产品的作业指导书按时更新完成，作业指导书及时更新率＝已经更新的产品总数／总产品数量 ×100%，在系统中抓取数据。

2）作业指导书完整度：基于 CAPP 的规则，软件自动判断输入的结构化类型是否完整或者表格是否完整，少参数即该份作业指导书不完整，作业指导书完整度＝完整的作业指导书的数量／总计作业指导书数量 ×100%。

3）有效指导率：基于已经在系统中根据工位难度设定的工位复训周期，系统自动抓取复训后的培训记录，有效指导率＝当前时刻已经完成的复训数量／当前时刻所有的复训数量 ×100%。

4）有效监督率：在开机运行时，自动化设备抓取作业指导书的关键点，有效监督率＝关键点已经被自动检查的数量／总的设备自动检查的数量 ×100%；在 QMS 中导入所有的作业指导书上规定的人工检查的关键点，在生产线运行时，从系统中设定的巡检表格抓取是否有巡检员把信息输入系统，计算公式为输入系统里的关键点之和／所有人工检查的关键点之和。

5）技能波动率：基于作业指导书的培训，对操作人员的技能等级进行了上下波动，前提是操作人员资质的产生过程已经在系统中建好。在一段时间内，以周为单位，看到技能波动小于 20%，请预先参考第三章第二节，以技能分数的波动来衡量，技能波动率：1−（当周技能分数／上周技能分数）×100%。波动率分单个员工技能波动率和所有员工技能波动率。单个员工技能波动率是实际技能分数围绕设定的技能上下波动，所有员工技能波动率是单个员工技能波动率的求和平均值。

6）及时协同率：在发布结构化工艺时，系统强控要提交工艺人员对操作人员的培训记录，否则不予发布，及时协同率 = 当前时刻数字化平台抓取到已经提交了培训记录的结构化工艺的数量 /（待发布 + 已发布的结构化工艺数量之和）× 100%。

以上关于作业指导书在数字化平台的 KPI 取数，有多个维度，企业需要基于自身的情况判断需要从哪个维度去加强，不能照搬以上 6 个维度。通常情况下，KPI 的指标不要超过 3 个，原则上还要是跨部门的 KPI 才有意义，自身部门的 KPI 线下管理也是正常的手段。

第三节　高效的生产和质量追踪

1. 高效的生产和质量追踪简述

高效的生产和质量追踪专注于以下 3 个方面：

1）生产快速有效性的追踪。生产快速有效性是指根据计划要求，时刻追踪生产过程，以便按时生产出合格的产品。

2）生产质量不良的快速处理是指一旦在生产线发现零部件不良、测试不良、功能不良等，如何迅速给出短期围堵措施而不至于整条生产线停线。

3）生产不良的快速处理是指除去质量不良，生产不良主要集中在安全、设备、缺料、拥堵、缺工、过量生产、窝工、过度搬运、加工浪费、库存爆仓、动作异常等，这些异常需要快速处理。

2. 高效的生产和质量追踪的数字化方式

当数字化转型上升到国家层面，以举国之力来推动数字化转型时，高效的生产和质量追踪的方式将借助数字化的辅助手段，更快地减少信息传递的延迟。例如，由于安灯系统的存在，一旦产生了制造问题，现场员工只要按一下不良按钮，工程师立即会收到相关信息，第一时间赶赴现场处理。背后有安灯系统在默默计时，推动高效处理问题。若没有按时处理完成，安灯系统还对问题进行升级。若生产现场的员工暂时离开岗位时，需要扫描 MES 二维码，在返回岗位时需要再次扫描了开工二维码。这期间的时间损失就可以被记录下来，供生产主管考虑如何提升生产效率。

3. 高效的生产和质量追踪的负责方

生产部和质量部是第一责任人，至于分解下来的任务，企业各个相关部门需要全力配合。在数字化时代，利用高效的数字化平台是有效的方式。

4. 高效的生产和质量追踪的年度总体目标

生产效率稳步上升，由哪些子效率来保证？下面逐一解释。

生产快速有效性的追踪的衡量：按时交付（On Time Delivery，OTD）、生产效率、设备综合效率（Overall Equipment Effectiveness，OEE）。

OTD 是指以 1 条生产线或 1 台机器为单位，衡量每班开始时所定义的目标的实现情况的一个指标。生产主管需要每日提交生产日报表（见表 1.1），作为每天成果的总结，为进一步改善建立基础数据。生产主管需要提交详细的红绿时间分析，相应的非增值的代码要准确，以便检视理论产能和实际产能之间的误差并给予相应的对策。每日产出率（On Time Delivery Rate，OTDR）= 实际产量 / 计划产量 ×100% 是衡量的指标。

表 1.1　生产日报表

生产线	产品代码	生产日期	时间区间	工位 1 损失时间	工位 *N* 损失时间	计划产量	实际产量	不良数量	不良代码
A	A01	2023.5.10	8 点—9 点	5 分钟	10 分钟	20 台	10 台	2 台	T01
			9 点—10 点						
			10 点—11 点						
			11 点—12 点						
			13 点—14 点						
			14 点—15 点						
			15 点—16 点						
			16 点—17 点						
B	B01	2023.5.10							

KE 是指在生产线级别衡量设计时间和实际操作时间之间的差距的指标。每个工位和整条生产线的效率均需要准确记录，每个工位的效率均需要张贴出来以解决效率不平衡，进而扩大到追求整条生产线的平衡率。

OEE 是指在机器层面衡量机器的增值时间和计划生产时间之间的差距的指标。OEE 由设备部门负责完成。理论上，生产线的瓶颈是设备而不是人员组装工位，故设备效率的高低及准确性决定最终生产效率的高低，除非生产线均为手动操作。

生产质量不良快速处理的衡量：缺陷需要由生产线巡检（In Process Quality Control，IPQC）记录在案，制造不良率（Manufacture Defect Rate，MDR）、制造质量不良（Manufacture Quality Defect，MQD）、工程设计不良率（Engineering Defect Rate，EDR）是考核项，需要有常态化的柏拉图来追踪改善的趋势。

对生产不良的快速处理的衡量主要依靠日常高效管理，安灯系统是主要的衡量方式。

1）每个员工均需要有主人翁意识，贯彻“我的工作，由我保证”。当发生不良时，员工知晓如何第一时间反馈问题。

2）有反馈机制，员工第一时间知道在哪里反馈、如何反馈。

3）每日早会，而不是一开始就开工。在早会上，生产主管宣布今日产量、昨日生产问题如何解决。早会需要“短平快”，时间一般不超过 5min。

4）在早会上，围绕关乎生产的计划、质量、技术、设备、工艺、采购等问题，每个责任部门的责任人需要负责专门的事务并承诺完成日期，要记录问题的及时完成率，用于月度绩效考核。

5）有生产不良清单的记录，每个员工工位有简单易用的记录设备。若有 MES 系统，输入 MES。并非是自动化程度高的生产线才配置 MES，手动装配线一样可以配置 MES，操作人员在执行前后扫描，一样可以确认相关信息，只是没有 MES 抓取设备信息而已。

6）安灯系统是快速处理问题的有效措施。某安灯系统的运作流程如图 1.6 所示。

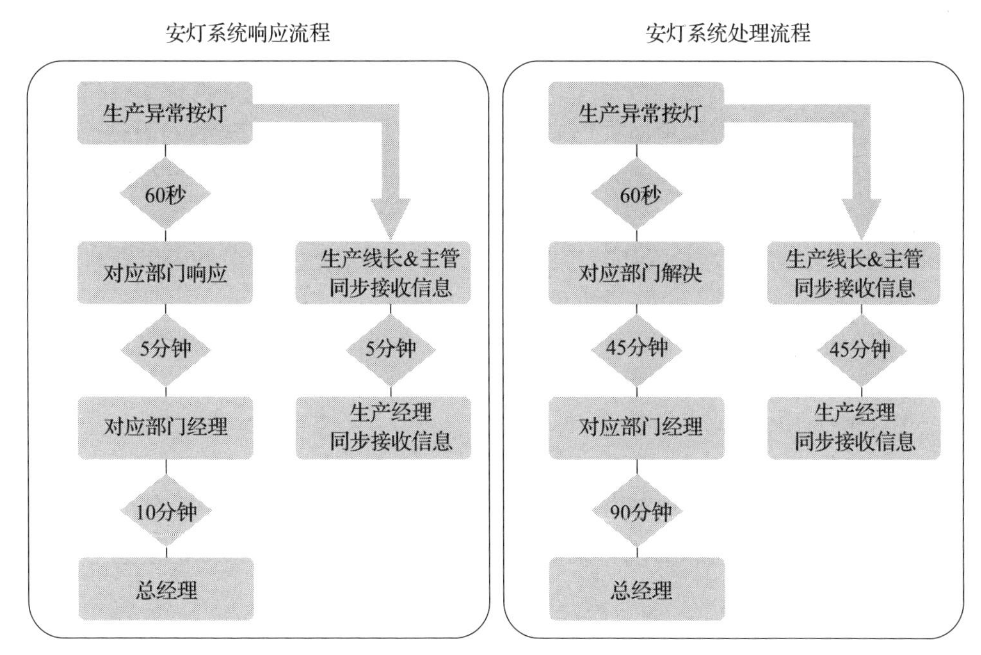

图 1.6　某安灯系统的运作流程

5. 高效的生产和质量追踪的年度数字化评估

企业无论是离散制造业还是流程制造业，还是二者兼有，高效生产和质量追踪是每时每刻都要做的事情。有些企业表面上一直在倡导极限制造，实际执行下来都是人海战术，看起来也是每时每刻都在做，实际上这种方式在年度评估里是通不过的。

评定分 3 个维度：生产追踪、质量不良的处理、制造不良的处理。

（1）生产追踪评定

1 分评定：当班开始时，已经定下当班的产量目标，已经传达到生产单元或部门。新的质量警示和客户问题已经讨论清楚。

2 分评定：定义了每小时的产量目标。基于产品的运行时间，每个产品的生产周期都需要追踪。任何员工都可以轻易地理解追踪状态。

3 分评定：利用标准的红绿视觉效果，对增值 / 非增值生产时间进行可视化跟踪。

4 分评定：70% 以上的红色时间有合理的理由，操作人员在班会上解释清楚。

5 分评定：有非增值降低和效率上的持续改进，如工业效率、设备净利用率的提升。

（2）质量不良的处理评定

1 分评定：有清楚定义的缺陷类型，以便操作人员准确反馈质量不良；在不到一周的时间内处理完报废和返工的零部件。

2 分评定：缺陷、报废、返工在操作单元和辅助部门级别进行持续跟踪，并按小时（或按合理的事件周期）进行记录；每天对报废和返工过程进行处理。

3 分评定：绘制完成制程质量的柏拉图，当班的质量对策需要执行；报废和返工花费的成本计算清楚。

4 分评定：纠正措施必须防止报废或返工的再次发生；报废和返工在当班结束时处理完毕。报废和返工花费的成本需要下降。

5 分评定：纠正措施完成后不会再次发生，每班处理若干次报废和返工。

（3）制造不良的处理评定

1 分评定：操作人员每班追踪机械问题、缺料、能源失误等制造不良。

2 分评定：每小时或以合理的周期追踪制造不良。

3 分评定：基于追踪结果，对当班制造不良制定并执行改进对策。

4 分评定：改进对策必须根据项目计划按时执行完毕。再发放的防止对策必须确认有效。

5 分评定：有例子证明再次发生的同类型制造不良大幅度减少或消除。

6. 如何在“高效的生产和质量追踪”的年度数字化评估要求中找到数字化平台中的取数规则

（1）生产追踪维度

从总体的评分等级中可以看出，生产追踪维度无外乎产出率和效率。产出率在数字化时代比较好计算，这是粗犷式管理企业用的最直接的办法，背后仅仅用计件制来支撑即可，当然计时制下也可以计算产出率。

1）产出率：某产品当前一段时间内的实际产成品数量 / 当前一段时间内的计划生产数量 ×100%。企业只要有 ERP 就会在制订计划的时候定下了目标，至于实际做多少，需要企业在入产成品库时扫描产品条码入库。这样就记录了实际数量。产出率可以由数字化平台计算出来，比较简单。人也可以计算，只是要避免做了一个表面上的数字化平台，即在网页上留了一个输入实际数量和计划数量的栏位，以在线手工输入的方式来计算产出率。

2）效率：真正的效率必须基于工时来计算。效率再细分一层，又可以分解为生产效率、设备利用率、设备净利用率等。在数字化平台里，有人操作的生产效率必须基于在工艺路线中已经维护了准确的设计工时，而运营工时必须由生产线来提供，那么就必须在系统里输入了不良代码，每个不良代码对应的时间损失必须由生产主管记录并输入平台。输入时间损失的方式是人工输入，除非是无人工厂。人工输入要求生产主管时刻关注生产现场的方方面面、不得离岗，对生产主管要求较高。在数字化项目实施期间，若不良代码的名称就叫“时间损失”，这一个代码 T01= 时间损失，那么这个数字化项目是极其粗犷的，应该有各种结构化的分类。这种分类在数字化平台上线前就要鉴定清楚，鉴定的原则是基于配合部门的分工和员工自身的业务分解。把时间损失集中在一起的做法是不负责任的，相应的生产部门的负责人需要在数字化项目期间受到警告。

关于设备的效率，在数字化项目期间，平台抓取设备的时间非常重要，不能用在线手工的方式输入设备时间，需要评估现有的老设备是否需要升级成自动计算运行时间，并可以通过接口传输到平台里。并不是所有的设备都要在数字化项目期间改造成智能提取并传输时间，应该基于产品零部件的关键等级所对应的制造设备来决定。该零部件是关键的，那么对应的制造设备就需要数字化改造，或者在结构化工艺里就直接选择现有的智能设备来生产。前提是零部件的关键等级在研发端就已经设定清楚了，并且在平台中创建物料的那一刻就设定完成了。

设备效率分为设备利用率和设备净利用率，计算方式可以自行决定，本书不再赘述。

（2）质量不良的处理维度

从总体的评分等级中可以看出不良品的快速处理非常重要，而且需要有处理结果。

我们基于工业逻辑来演绎不良品的处理过程。生产线当班会产生各种不良品，每天需要在现场会议对不良品进行责任鉴定，鉴定完成后，会有不良品导致的费用损失。费用损失由工业工程（Industrial Engineering，IE，非前述的工业效率）部门计算出来，该损失要转嫁到相对应的部门。

数字化平台中的规则可以抓取年度不良转嫁费用的总体趋势，每月的不良转嫁部门排行榜，部门承受的不良转嫁费用的月度年度趋势。这在数字化平台中很容易建立并展示出来，部门级别的不良转嫁费用降低目标可以自行在平台里设定，比如设定部门不良转嫁费用的年度降低率要大于20%，部门不良转嫁费用的年度降低率＝［1-（今年度的总体不良转嫁费用 / 去年度的总体不良转嫁费用）］×100%。

当然，基于企业的实际情况，还有其他方法可以在平台里设定规则。

（3）制造不良的处理维度

从总体评分等级中可以看出配套的制造资源异常，需要有记录、有处理结果，不能再次发生同类问题。

基于工业逻辑在数字化平台里面的KPI取数规则：操作人员在自己的工位上记录制造资源的不良，记录之后，问题反馈给生产主管，生产主管需要立即联系配合部门来处理，配合部门需要第一时间赶赴生产现场处理。有短期对策保证生产能够暂时运行起来，也有长期对策保证同类问题不再出现，问题处理完成后要通知生产主管完成一个闭环。

如何在数字化平台里取数呢？要设定制造资源异常的及时处理率，制造资源异常的及时处理率＝（当前时刻在安灯系统里面已经彻底完成的数量 / 当前时刻总计异常的数量）×100%，该数量不管是否逾期。彻底完成是指生产主管已经在安灯系统里面点击了长期对策，而不是短期对策。

针对逾期处理的异常，要专门计算逾期率，逾期率＝当前时刻在安灯系统里逾期的数量 / 当前时刻总计异常的数量 ×100%。

所以安灯系统在数字化时代是一个高效处理生产资源异常的好办法，当企业在推行安灯系统时，需要想清楚未来到底要在安灯系统里怎么取数KPI。KPI不要多，原则上不超过3个。因为再怎么上数字化平台，仍然需要人做线下管理，数字化平台只是人的得力助手。读者要谨记这个原则，除非是无人工厂。

以上三节内容是关于生产现场的和人强相关的业务数字化KPI取数如何达成的，其中的取数思路给读者一个引导方向，因为每家企业快速处理现场问题的方法不同，希望广大数字化从业者在思考数字化本质的时候能够坚持常识，不要把异常、极端当普遍，要抓重点，把优秀的管理思路固化到数字化平台。

Chapter 2 第二章

辅助部门员工的因素

第一节　对生产现场的快速响应

1. 对生产现场的快速响应简述

对生产现场的快速响应是指确保工厂各个层级和部门（直接生产部门、间接支持部门、功能部门等）的信息及时、通畅地传递。持续使用可视化的手段确保可以简单明了地获知信息，获知的内容包括事件、负责人、截止日期等最基本的信息，但不限于此。

快速响应分为五级循环，可以来回转换。快速响应循环圈如图 2.1 所示。

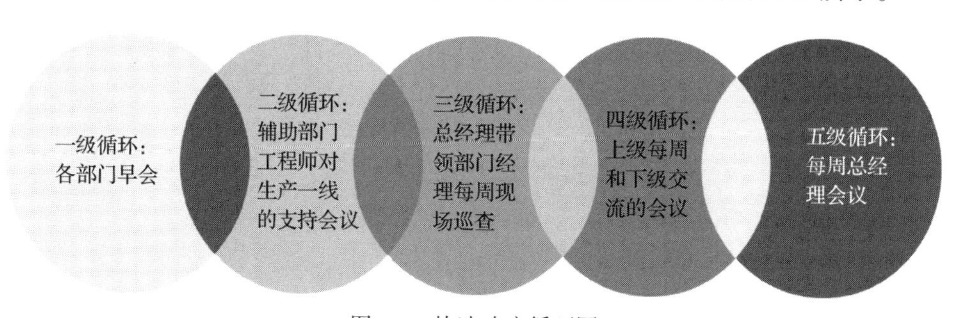

图 2.1　快速响应循环圈

循环圈不要多，以免浪费时间，最终目的是提高生产效率。通常，在制造业，有效执行问题循环可提高 7% ～ 10% 的生产效率。循环圈的存在和当前流行的组织架构扁平化并不冲突。循环圈用于快速解决问题，片面地精简基层管理层人员的扁平化并不能达成快速解决问题。

生产现场问题处理的循环圈需要企业按照层级来开展工作，每个层级需要各司其职。当开展该循环圈工作时，前提是需要制定每个层级的人员职责和权限，不能本末倒置。

（1）一级循环

生产现场的一级循环是指在每班开始前，由生产主管召开，一线员工参加的会议。对于一线员工多的工厂，为提高会议质量，可以由生产主管召开，小组组长参加，小组组长再给小组成员召开会议。

生产现场的一级循环是在工作现场开的一个内部非跨部门会议。例如，在车间每个生产单元的会议板前、在仓库、在来料质量控制（Incoming Quality Control，IQC）区域等。离散制造业的每条生产线要设定生产主管办公区，在生产主管办公区开会。生产主管办公区在生产线内，是为了践行精益生产深入一线的原则。

生产现场的一级循环是评估前一天的问题的机会。在每天开始工作时给团队成员一个清晰的目标（如产能达成）和一些特别的指示或通知。一级循环也是鼓励员工提出建议、反馈的一个渠道。

一级循环不仅在生产部门推行，还要推广到企业内其他部门。比如，工程部早会需要关注技术问题的解决进展，采购部早会需要关注缺料问题解决进展等。一级循环如图 2.2 所示。

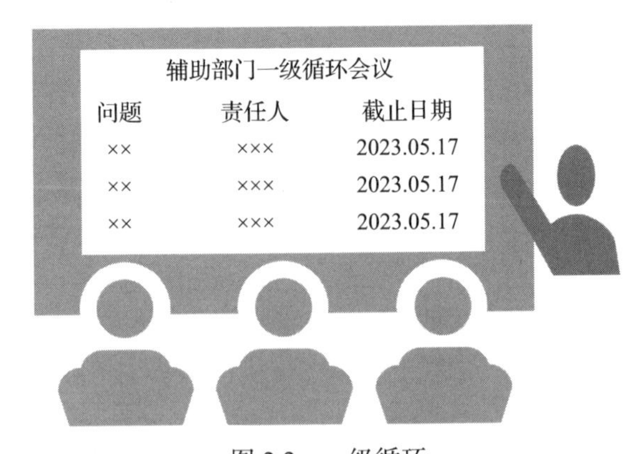

图 2.2　一级循环

（2）二级循环

在每个工作日的早晨，生产车间和其他各个支持部门针对一线生产问题召开沟通会，在很多工厂也称为“早会”，是跨部门的会议。

在每天早上的固定时间开会，持续时间一般为 10 ～ 20min，有专门的倒计时按钮。因此，要求参加会议的人员提前一天看好看板上的问题点，找好方案，带着方案来开会而不是在会议上讨论方案细节。

开会地点在生产现场，一般在车间看板前。带倒计时功能的早会看板如图 2.3 所示。车间看板原则上位于每条生产线的线头，职能部门需要到现场进行开会，体现企业管理层对生产一线的支持，也可以根据实际工厂规模，设定为一个专门区域。

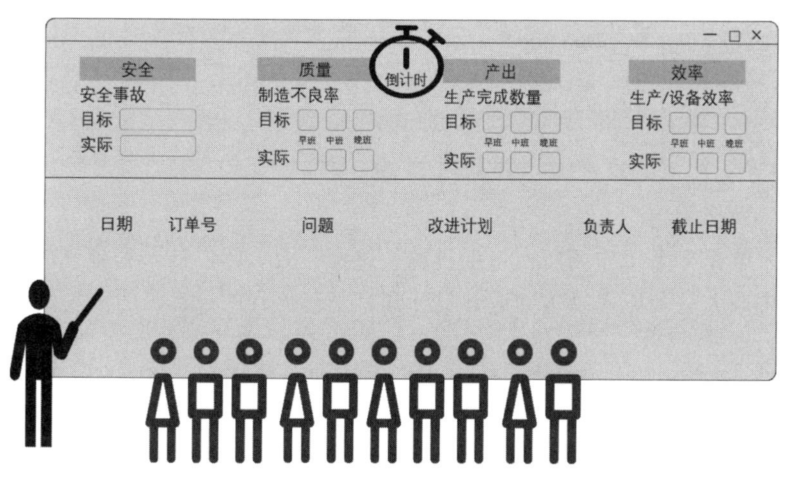

图 2.3 带倒计时功能的早会看板

会议由生产主管或领班召开，各个支持部门的工程师或经理参加。会议的内容是生产部门向其他支持部门公布前一天的生产情况和反馈前一天的问题，支持部门给出迅速处理的对策。大部分异常内容由生产部门负责写在问题看板上，其他部门也可以输入问题点。

（3）三级循环

三级循环是指到现场去巡查，该行动践行了精益理念，即不爱去生产线并和员工交流的总经理是不合格的。

相关职能部门的领导需要在总经理的领导下巡查工厂各个区域以指出不良点并记录。相关负责部门需要根据巡视卡及时解决问题。现场巡视卡如图 2.4 所示。

去观察工作的地方到底发生了什么，同时要尊重现场的作业人员，特别是从事真正创造价值的工作的员工。

现场巡视卡			
姓名	部门	问题区域	日期
问题类型			
□安全	□5S	□纪律	□设备
□效率	□成品积压	□精益	□浪费
□补料	□质量	□设计	□其他
发现问题描述			

图 2.4　现场巡视卡

去了解每一个工作场所：包括目的、过程、人。问以结果为导向的问题：现场是否协调人员和流程以达到运营目标呢，工艺流程的设计是否能使作业人员实现组织的目标等。

该行为体现了工厂的经理们的关爱，比如员工关爱、设备关爱、物流关爱等。

（4）四级循环

所有的经理必须与他们的每一个直接汇报者进行每周一次的面对面会议。对个人一对一地交流，安排好每周固定的时间，持续时间 20 ～ 30min；对团队安排好每周固定的时间，持续时间 30 ～ 60min。

是一对一还是对团队，需要企业根据自身的实际业务情况进行选择。作者认为选择一对一最佳，原因是员工和经理的单独接触，会更好地了解工作的真实状态，也是经理管理下属能力的体现。

在会上，企业的各级员工都需要用简洁明了的一句话来说明一件事情，这是重要的工程师能力。

（5）五级循环

五级循环是快速响应最高层级，任何事务若在前面的循环中没有及时处理，将会一直升级到最高层。由工厂总经理负责召集，参加人员包括各支持部门经理（例如，供应链、售后、质量、工艺、维修、技术等）、HR 经理、生产经理 / 主管、财务经理，必要时可以邀请其他团队成员。在定制化工厂，还应包括项目管理部门、工程设计部门。会议每周一次，持续时间 30 ～ 60min。在会议上，通常需要各业务部门的负责人带着方案来开会。

2. 数字化时代对生产现场的快速响应

在数字化时代，使用数字化手段将确保跨部门的事务在数字化平台得到高效处理，数字化平台真正提高了问题解决效率。

要确保辅助部门在数字化平台中不推诿，首先需要在线下把快速响应循环执行到位。

数字化平台可以称为工程师级别员工的快速问题处理平台，不是仅仅归于操作人员使用的安灯系统。数字化平台实现了跨部门驱动问题的快速解决。

快速响应展现了数字化平台的三大辅助功能之一增效（数字化平台的最终目的是辅助提质、降本、增效）。

数字化平台确保了问题是逐级上升的，无须一有事情就找最高层。一些企业的情况是一有问题就互相推诿，一有事情就要上报总经理，这不是正常现象。快速响应循环解决了该问题，达成了在各自的岗位上根据自身的权限各司其职。

3. 对生产现场的快速响应的负责方

整体的负责方是生产部门，确保各个辅助部门能够围绕现场高效生产而竭尽全力，不能存在主次不分的情况。比如，生产部门要求仓库管理人员拆包装配料到生产线，仓库管理人员不干，而是让生产线的操作人员拆包装，这是浪费直接生产力的行为。直接生产力通俗地讲是把产品做出来的工作，是价值最大的工作，之前的一切配套工作的价值都没有直接生产力的价值大。若企业是一个职责不清、主次不分的企业，需要首先在高层统一认识，否则在数字化时代，会把不良管理方式固化入数字化平台，危害巨大。

4. 对生产现场的快速响应的年度总体目标

现场问题的及时、彻底解决率达到 100%。

5. 对生产现场的快速响应的年度数字化评估

所有员工必须积极参与快速响应循环会议，循环系统中的事务需要有效解决，事务的按时完成率是考核要求。

企业管理层对于快速响应循环充分支持，自身也要执行到位。

在年度数字化平台体系中，各个快速响应循环就是评估的维度。

（1）一级循环评定

1 分评定：在开班前和（或）下班后，生产线或工作单元的操作人员在交流板前开会，持续 5 ～ 7min。

2 分评定：工厂总经理和支持部门经理随机查看了会议板以确保问题处理及流程是稳健的，根据需要指导生产主管。

3 分评定：有常态化管理制造障碍、目标、操作人员的参与（安全、5S、建议）等一级循环的证据，比如查看操作人员的参与时间，有 50% 的现场决定源于操作人员，50% 的现场决定源于生产主管。

4 分评定：80% 的现场决定源于操作人员，20% 的现场决定源于生产主管。

5 分评定：操作人员理解一级循环的价值。操作人员感受到他们的观点和意见得到了尊重，问题得到了辅助部门的永久解决。

（2）二级循环评定

1 分评定：所有员工已经经历了二级循环培训，培训方式是现场培训或在线培训。

2 分评定：支持部门的成员，如工艺、物料、物流、维修、质量、工程等部门的成员都参加解决生产现场问题的会议。

3 分评定：支持部门都有相关的截止日期承诺，这些承诺 50% 以上都是由现场参会者当场定下来的，不是会后单独思考后写上的。

4 分评定：80% 以上的承诺来自具体负责的员工，20% 以下的承诺来自部门领导，追求没有本末倒置地工作。

5 分评定：生产现场的问题都由具体负责的员工给予承诺，真正达成了各司其职而不本末倒置，问题在一线都得到了解决。

（3）三级循环评定

1 分评定：三级循环的流程由工厂总经理和支持部门经理制定并执行。

2 分评定：工厂总经理带领各部门经理在现场巡查。

3 分评定：现场巡查中查看了一级循环和二级循环的看板，工厂总经理带领各部门经理进入生产区域内查看问题的改善。

4 分评定：每周现场巡查 4 次，包含了客户抱怨、安全隐患、售后服务、质量问题、每日产出、维修、生产效率问题等。

5 分评定：每个部门领导的巡查由专门的快速响应平台管理，软件驱动各支持部门执行现场巡查。

（4）四级循环评定

1 分评定：每个办公人员包括各级经理需要有每日工作日志，关键事务需要有待办清单。

2 分评定：经理和他的下属进行一对一的面对面交流，常态化地解决员工的问题。

3分评定：工作日志上的问题有优先级分类，这些问题来自生产现场，和现场的一级循环、二级循环的问题清单保持一致。

4分评定：经理和员工都按时完成了工作日志上规定的任务。

5分评定：没有升级到五级循环的问题点。

（5）五级循环评定

1分评定：各部门经理已经培训过五级循环如何开展，人事部已经制定了五级循环规则，确保不本末倒置地开展工作。

2分评定：所有级别的快速响应循环得到了执行，人事部充分介入了各个循环。

3分评定：各个循环是一个体系化的问题升级流程，可以找到一些上升到五级循环的例子。

4分评定：有定期更新上升层级的问题的柏拉图分析报告，审查重复出现的问题，有证据展示制订了行动计划以消除重复性的问题，有证据显示五级循环会议上的问题对策顺畅地逐级传递到了一级循环。

5分评定：人事部门推动了各个循环级别所对应问题的及时性、有效性，和绩效相关联。

6. 如何在“对生产现场的快速响应”的年度数字化评估要求中找到数字化平台中的取数规则

数字化平台的开发，并不能完全取代上述各类面对面交流、现场问题交流、工厂总经理带队去现场巡查等线下工作。不能有了数字化平台，各级员工都不进行现场交流。数字化平台定位于信息的高效传递，基于这个要求，我们来甄别上述五个循环里可以提取的数字化关键开发需求。

1）现场的问题可以在数字化平台里升级。

2）现场的问题可以用数字化软件手段来驱动快速解决。

3）快速响应的问题都是需要跨部门解决的问题，故在四级循环中的部门经理和下属的线下面对面沟通没有必要开发入数字化平台中。

4）问题需要彻底解决，而不是做表面文章。

5）人事部门需要监控各级循环的有效性和绩效，这是PDCA循环的要求，关联到各级员工的绩效，将更好地推动问题的解决。

既然需要问题的快速响应，那么在数字化平台里的取数规则只要简单直接就好。事情彻底处理完成后，直接和绩效关联即可。数字化平台里的事务将直接关联到员工绩效数字化管理模块。

和员工绩效关联的快速响应的数字化软件模块应达成下列要求（作者已经做了开发尝试并获得了较好的管理效益）。

为保证快速及有效地解决跨部门的事务，打破部门隔阂，打造高效合作团队，该软件模块是有效的跨部门事务追踪平台，是驱动工程师级别事务快速解决的制造业领先平台：

1）对于需要快速解决的问题，实现了跨部门派任务并追踪。

2）被派任务的负责人需要在规定的时间内提交短期对策和长期对策。若没有按规定时间提交，软件会逐级发警示邮件直到最高管理层，并持续不断地邮件催促。

3）驱动真实地解决问题，找到问题的根源，事务的对策需要派任务者确认合理，才可以点击关闭。

4）有图有真相地展示事务，形成疑难问题库。

5）以体系化的思维来解决问题，贯彻任何一个问题的背后都是流程和体系的缺失的思想。软件开发成长期对策，需要质量体系工程师来确认是否体系上也进行了改善。

6）派任务者对被派任务者的事务处理结果需要给出满意度分数，联动到被派任务者的绩效考核。

图 2.5 展示了该软件平台的扁平化界面，内在的逻辑关系就是以上信息，读者可以参考，用于企业的软件开发。

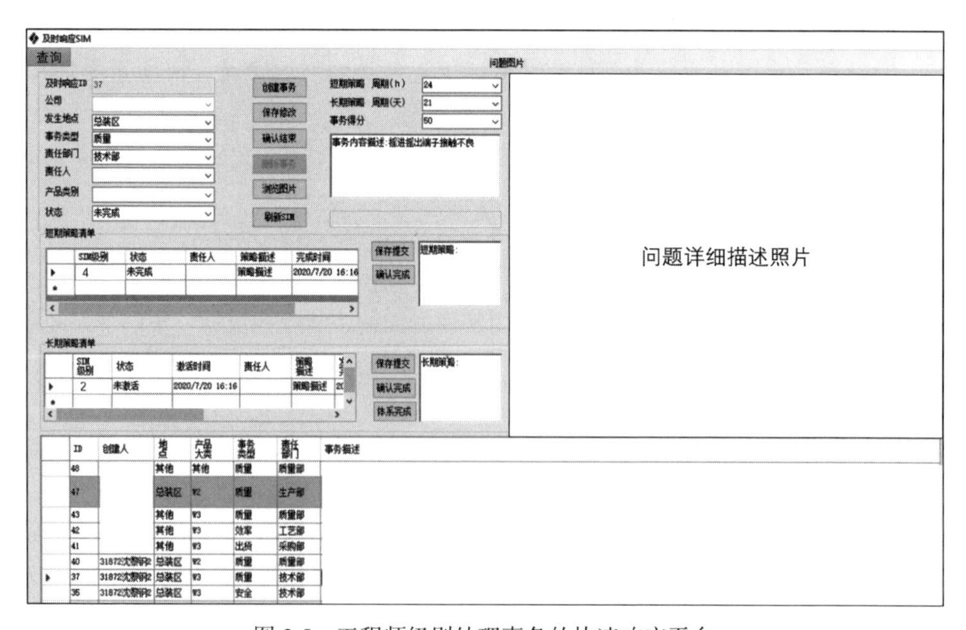

图 2.5　工程师级别处理事务的快速响应平台

以上，为调动员工的积极性，在跨部门派任务的数字化平台里简单直接地和绩效挂钩，是好的办法。KPI 不要太多，尤其是和人相关的 KPI 一定不能多，选择合适的 KPI 即可。

数字化战略，要洞察人性。当一个数字化平台极大地拖累了员工的工作效率，那么人一定会绕开平台另起炉灶的。

第二节 辅助部门的高效管理

1. 辅助部门的高效管理概述

办公室人员属于间接劳动力（Indirect Labor，IDL），也可以称为辅助部门人员或支持部门人员。生产支持人员的工作效率对于生产线的支持较大，比如采购工程师需要把物料及时购买进工厂，工程人员需要及时分析生产问题以确保生产线不停线，质量工程师需要制定一系列的程序文件保证 MDR、MQD 在低水平，设备工程师要做好预防性工作以保证设备稳定运行等。

这些工作交给生产一线操作人员是不合适的，生产操作人员的主要工作是按要求执行，相关部门工程师级别的员工做支持工作。如何高效地完成生产支持工作，是本节讲述的重点。

2. 数字化时代辅助部门的高效管理

在精益化管理的企业里，工程师的红绿时间通常是频繁提及的词语。红绿时间是指员工的时间是否增值，红色时间代表员工的工作时间是不增值的，绿色时间代表员工的工作时间是增值的。形而上学的红绿时间鉴定表如图 2.6 所示。企业想让员工的时间花在刀刃上，在 8h 内，没有一秒是不增值的。

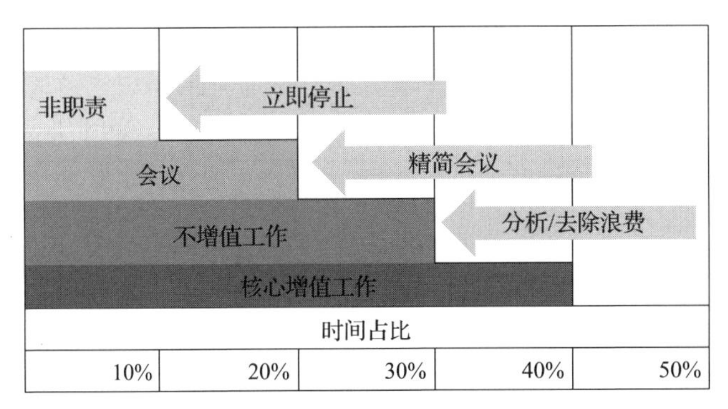

图 2.6 形而上学的红绿时间鉴定表

实际情况是，企业聘请了外部咨询公司，积极努力地立项推动员工记录自己的时间，哪些是增值的，哪些是不增值的。在该项目期间，由于项目是一把手工程，故员工会配合做一些记录，每小时记录一下自己的时间，然后看看这个时间是否增值。在项目结尾的时候，咨询公司汇报得长篇大论，节约了多少人力、提高了多少效率等。

殊不知，这种方式已经走入了精益的怪圈，精益说白了就是杜绝浪费，恨不得算到让员工的每一分每一秒都要为企业做增值的事。实际上并不能达成，当咨询公司离开后，还会是原来那样。作者在世界顶级制造企业工作多年，亲身经历过，仔细想来，理由不外乎以下 3 种。

1）反常态：没有哪个工程师级别及以上的人员会在自己做了一件事情后，还要算一下时间。就像在上班期间上洗手间，还要算时间吗？这种算时间的方式是反常态的。在项目期间，员工会配合咨询公司做“表演”，咨询公司离开后，一下就回归到以往的做法。

2）无常识：不能把 MES 扫码计时的方法用到辅助部门人员身上。辅助部门人员是有主观能动性的，不能要求他们所有工作都按设定好的程序做。

3）走形式：在机构臃肿的企业里，某些高层管理者不接地气，应该多往生产现场走，但是一些人不愿意深入现场，却又想提高员工效率，因此只好从顶层来建立项目推动该事务，员工也只好无奈地配合做假报告。项目一结束，高层领导以为后续都可以看到员工的红绿时间了，实际上一直流于表面。作者做过多年研发，经常需要填写自己的研发时间表（Time Sheet），都是随意填写，内心很无奈。

当然，在本书中，仅代表作者的观点，不代表广大咨询公司做得不好。有些特别注重细节的企业，比如日本企业可能真的去收集这些红绿时间。这种企业文化会导致企业逐渐没落。古代先贤早就说过，“水至清则无鱼，人至察则无徒”。这和所谓的精益化思维是背道而驰的，在管理人员方面，并不可取。

那么有没有办法解决这种问题呢？能不能达成企业的精细化管理和反常态的微妙平衡呢？在数字化时代，该问题理应得到有效解决，不要让人来记录时间，让数字化平台在后台默默地记录即可，“润物细无声”地达成了精细化管理和反常态的微妙平衡。

达成该微妙平衡的前提是各个等级员工的核心事务已经鉴定清楚，关于核心事务的鉴定方法，核心业务的鉴定原则（不限于）如下。

1）一个“泳道”的业务流不是核心业务，任何业务必须有上下关系，不孤岛化。

2）产品开发中跨部门的重大事务，比如材料设计、仿真、开模具等。

3）和员工绩效挂钩的业务，比如工时鉴定。

4）为企业带来显而易见的间接利润的业务，比如持续改进。

5）极大提升质量水平的业务，比如生产件批准程序（Production Part Approval Process，PPAP）。

6）部门中耗费人力最多的业务，比如 CAPP 设计。

7）匹配企业愿景分解到部门的具体事务。

8）核心业务不是具体项目，而是从具体项目的实施过程中提炼出来的关键通行事务。

举例来说，按照该原则，工艺部的核心业务清单见表 2.1。

表 2.1 工艺部的核心业务清单

工业工程范畴	产品工程范畴
作业指导	开 / 改模具
工时体系	生产工位器具制作
精益物流周转工装	常态加工参数调试
产线规划研究	工艺路线维护
失效模式分析	常态试模
持续改善	工程变更
数字化管理平台开发	新品释放
操作员工培训	

核心业务鉴定清楚后，将在数字化平台里发挥巨大作用，把该核心业务清单开发进数字化平台，以核心业务作为牵引在数字化平台里设定自动取数规则，达成精细化管理和以人为本的良好结合。

数字化时代不存在模糊的中间地带，某些需要跨部门的事务在数字化平台上线前已经甄别清楚了，故开发进数字化平台里的业务只有自身职责范围内的核心业务，非核心业务都不能在未来的数字化平台里找到填写的落脚点。数字化平台的存在将确保员工只做绿色增值时间内的工作，无须关注红色非增值时间内的工作，真正达成了专注核心做分内的事情。

3. 辅助部门的高效管理的负责方

各部门的负责人有义务推动本部门员工高效地解决自身及跨部门的问题。部门负责人的上一级领导要求其下属的各个部门的负责人各司其职，达成高效管理。

4. 辅助部门的高效管理的年度总目标

辅助部门内部的工作负荷是合理的，有效支持了生产一线。

5. 辅助部门的高效管理的年度数字化评估

每位员工已经建立了标准化的绩效、责任和工作量衡量标准。

年度评估从以下 4 个维度来执行。

（1）工作负荷评定

1 分评定：对整个企业的工作量进行了评估。

2 分评定：每个员工有代办事项清单，清单事项有工作负荷展示。

3 分评定：已经完成每周计划的任务，有效追踪。每周的工作计划覆盖了 60% ～ 70% 的日历时间，仅有少量的临时行动。

4 分评定：基于工作目标的工作负荷和所需资源是平衡的。每周的工作计划覆盖了 70% ～ 80% 的日历时间，仅有少量的临时行动。

5 分评定：每周的工作负荷匹配计划安排。

（2）绩效评定

1 分评定：把员工分为直接价值员工和辅助价值员工的方法是基于企业已经有的管理规定。

2 分评定：有员工的绩效考核指标。

3 分评定：追踪并分析内部绩效以评估支持部门的效率。

4 分评定：计算所有员工的已完成任务 / 计划任务的百分比。辅助部门的绩效考核在过去 12 个月里是持续改善的。

5 分评定：所有员工的绩效考核在过去 24 个月里是持续改善的。

（3）增值时间评定

1 分评定：生产部及其支持部门的全体员工的工作职责定义清楚并归档。

2 分评定：每位员工增值时间分析完成。

3 分评定：有按年度更新的增值时间分析，有增值 / 非增值改善的机会。

4 分评定：每年进行增值时间分析比较，显示了每年有 10% 的红色时间减少，相对应地有 10% 的绿色时间增加。

5 分评定：在连续两年内都有 10% 的红色时间减少，随之有 10% 的绿时时间增加。

（4）工作负荷和企业发展匹配度评定

1 分评定：工厂培训了相关的政策，可以在线学习。

2 分评定：根据发展方针，工厂已经制订了短期和长期行动计划。

3 分评定：工厂完成了负荷分析，匹配企业的组织架构，比如人员配备方案、组织和能力优化。各个部门基于高层目标制定了本部门的发展方针。

4 分评定：人力资源配备基于工作负荷和战略优先级。

5分评定：工厂有匹配的人员配置方案，小的偏差有合理的解释。员工的年度考核目标匹配工厂年度优先发展方向。

6. 如何在“辅助部门的高效管理”的年度数字化评估要求中找到数字化平台中的取数规则

通过上述年度衡量指标，我们能够提取出以下可以在数字化平台实现的要点。

1）事务有优先级——在数字化平台里把管理者给下属分派的任务设定成优先处理。

2）和绩效挂钩——实现当前时刻，一键查询到基于当前事务的绩效分数。

3）工作职责已经设定清楚——在数字化平台的后台，把每个员工的核心业务设定清楚。

4）工作有计划，工作有效推动——系统基于设定的核心业务，自动派出按周的工作计划并推动执行。

5）绩效关联到上节的快速响应——快速响应和该数字化平台打通，当快速响应完成后，绩效自动进入该数字化平台。

6）事务分为主要事务和次要事务——在平台里增加事务的主次之分，员工自己创建的事务可选主次，上级派的任务默认是主要的，主要事务自动进入周报，创建每周的自动周报，员工无须手动填写周报。

7）要尽量多的增值——鉴于数字化平台里的核心业务已经在后台建好，那么默认数字化平台只有增值时间。若实在要创建非增值业务，需要在后台创建一个业务，名称为“其他”。不能让“其他”类型的事务占比大，这反映出管理的失责。

8）工作负荷和企业发展匹配度不能用数字化平台来衡量，其实两者是有规律的，但是并没有开发成软件的价值，因为企业发展战略始终会有夸大的成分。

基于以上要求，作者自行开发的实时绩效平台较好地实现了以上数字化的要求。先进的实时绩效管理软件平台如图2.7所示。

该实时绩效管理平台的优势如下。

1）根据上文已经叙述的核心事务鉴定法，鉴定完成核心事务后，把事务类型创建入软件平台。

2）每月底设定下月的事务类型和比例。

3）事务类型和比例关联员工绩效工资。

4）根据当前时刻完成的事务类型和比例，员工时刻知晓当前时刻的个人绩效分数。

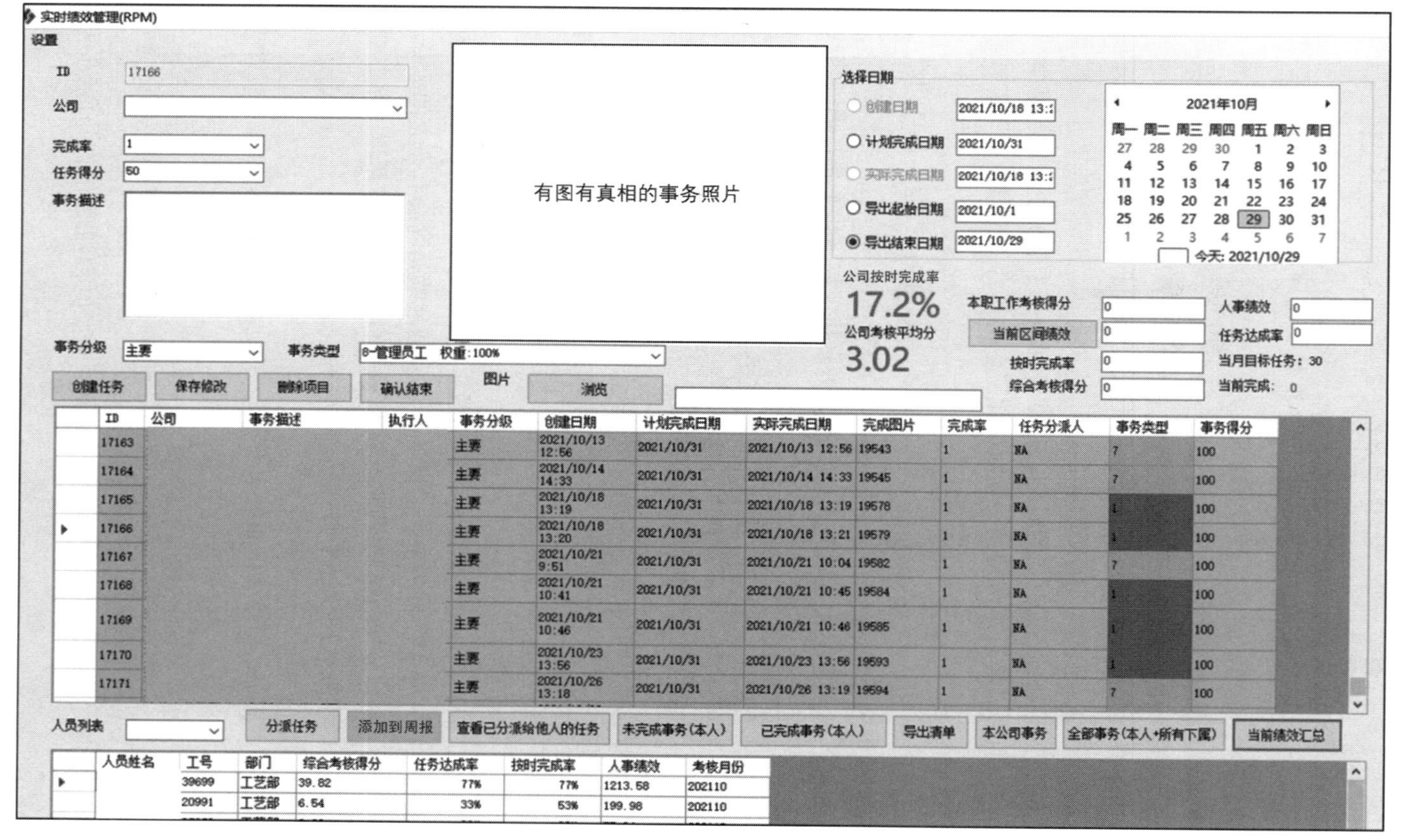

ID	公司	事务描述	执行人	事务分级	创建日期	计划完成日期	实际完成日期	完成图片	完成率	任务分派人	事务类型	事务得分
17163				主要	2021/10/13 12:56	2021/10/31	2021/10/13 12:56	19543	1	NA	7	100
17164				主要	2021/10/14 14:33	2021/10/31	2021/10/14 14:33	19545	1	NA	7	100
17165				主要	2021/10/18 13:19	2021/10/31	2021/10/18 13:19	19578	1	NA	1	100
17166				主要	2021/10/18 13:20	2021/10/31	2021/10/18 13:21	19579	1	NA	1	100
17167				主要	2021/10/21 9:51	2021/10/31	2021/10/21 10:04	19582	1	NA	7	100
17168				主要	2021/10/21 10:41	2021/10/31	2021/10/21 10:45	19584	1	NA	1	100
17169				主要	2021/10/21 10:46	2021/10/31	2021/10/21 10:46	19585	1	NA	1	100
17170				主要	2021/10/23 13:56	2021/10/31	2021/10/23 13:56	19593	1	NA	1	100
17171				主要	2021/10/26 13:18	2021/10/31	2021/10/26 13:19	19594	1	NA	7	100

人员姓名	工号	部门	综合考核得分	任务达成率	按时完成率	人事绩效	考核月份
	39699	工艺部	39.82	77%	77%	1213.58	202110
	20991	工艺部	6.54	33%	53%	199.98	202110

图 2.7　先进的实时绩效管理软件平台

5）任何事务的完成必须提供有图有真相的证据。

6）除了系统自动派出每周、每两周、每三周、每月的任务外，支持员工自我创建任务。

7）实现了事务查看的扁平化，高级管理层可以看到基层工程师的工作状态和当前绩效。

8）员工的绩效根据直属上级所派任务的按时完成率、达成率、平均得分计算出，大量减少了人为主观分数。

9）驱动员工自我鞭策，努力完成工作日志规定的任务。

10）绩效分数由平台自动生成，月底自动把绩效考核发送给人事行政部。

11）高效创建任务，30s 创建一个任务。创建任务的效率和在 Excel 表格中记录事务的耗时是一样的，数字化平台的操作没有降低员工效率。

12）主要任务自动进周报界面，自动创建周报。这是超越原始需求的更好的输出物。线下手动周报是员工不喜欢的。数字化时代的来临，彻底释放了员工填写周报的时间。因为数字化平台已经有了日常任务的输入，自然周报只要取数进行报表输出就可以了。前提是软件已经定义清楚了周报在日常事务中的取数逻辑，员工即使没有手工填写周报，也可以由软件自动生成周报，并自动提供给管理者。实时绩效平台里的主要事务自动进入周报模块如图 2.8 所示。

图 2.8　实时绩效平台里的主要事务自动进入周报模块

主要事务自动生成周报如图 2.9 所示。

××企业××部门××员工周报

日期：

> > >本周已完成重要事项：		
> > >下周待完成重要事项：		
1.A事件	2.B事件	3.C事件
4.D事件	5.E事件	6.F事件
> > >需要的协助：		
1.	2.	3.

图 2.9　主要事务自动生成周报

以上，无论有没有数字化平台，辅助部门的高效内部管理都必须要做。有了数字化平台，辅助部门的内部管理将更加精细化、高效。能够实现精细化管理的前提是各部门的核心业务已经设定清楚，在数字化平台里以核心业务为牵引，触发后续一系列的业务，包括实时绩效、自动周报、数据的扁平化管理、增值时间的大幅提升等。这反映了数字化平台数据源头唯一性原则，以唯一的数据源头为牵引，产生后续一系列的“蝴蝶效应”。

第三节　生产现场的信息交流看板

1. 生产现场的信息交流看板概述

生产现场的信息交流看板用于可视化，简单明了地展示事务的状态，告知注意事项，引导行为规范。引导员工践行“到现场去”加强沟通而不是成天坐在办公桌前，为更高效地解决问题而设定。工厂在设定交流看板时，必须基于实际的生产及管理需求来设定，不能为了看板而设置看板，导致现场到处挂满看板，这种情况属于过犹不及。

信息交流看板越可视化越好，可视化意味着少用文字，以确保进入生产现场的各级员工都可以一目了然地了解生产现场的情况，无须求助于专业部门以理解深层次含义。

信息交流看板分三种。

（1）展示看板

1）企业级的展示：用于展示企业产品、显示产品的各种性能、在行业内的独特优势等，通常放置于企业展示大厅或在生产车间隔出来的区域。产品展示看板必须浅显易懂，符合人机工程查看要求。例如，参观看板读取信息时，参观者的头俯仰不能超过30°，在1m距离的地方可以清晰查看到字体内容，看板的光照度要够等。

2）生产级的展示：生产线的产品展示板位于线头，用于审核专员或参观人员迅速知道该生产线做什么产品、产品由哪些部件构成、有哪些装配步骤等，某先进企业的生产线头的产品展示看板如图2.10所示。

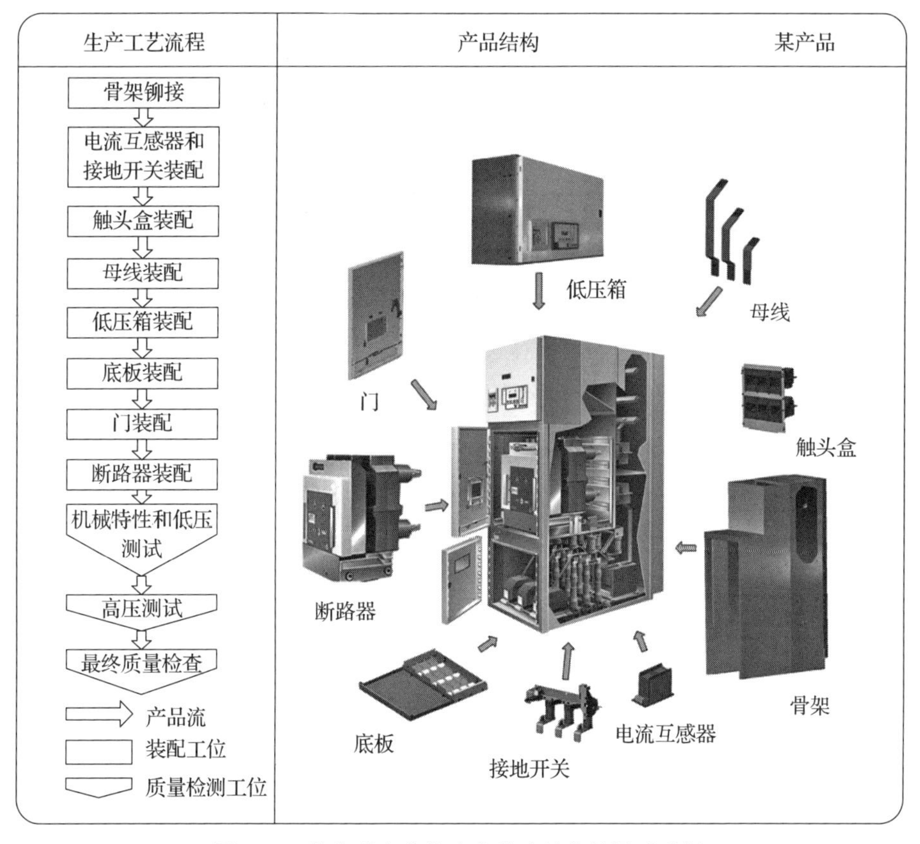

图2.10 某先进企业的生产线头的产品展示看板

围绕生产线的信息展示板是指通常在生产现场，需要关注质量、安全、设备、效率、出货这五大要素，和这些要素相关的信息均可以适当地展示出来，如参观路线、规划展示板、用于打造学习型组织的关键要点解释和单点课程等。工位有 MES 屏幕的话，可以常态化展示历史问题库中的问题以防再次发生。图 2.11 ～图 2.14 是一些参考例子。

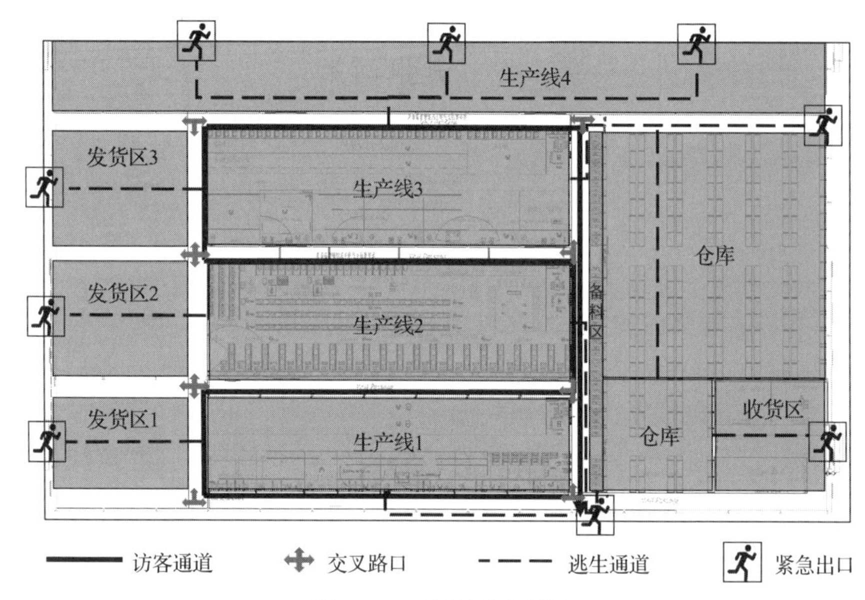

图 2.11　工厂总体布局图

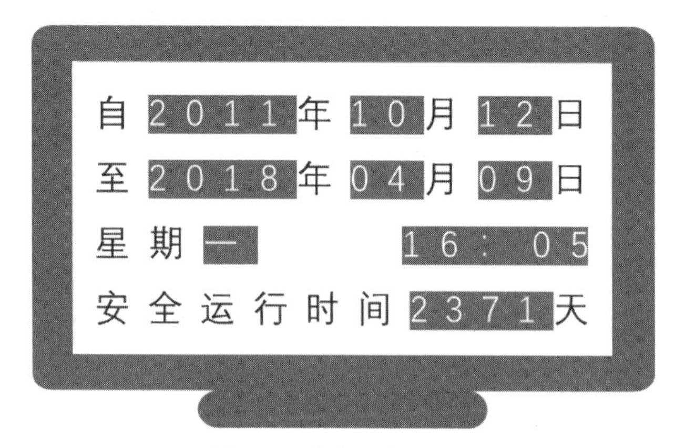

图 2.12　安全运行展示板

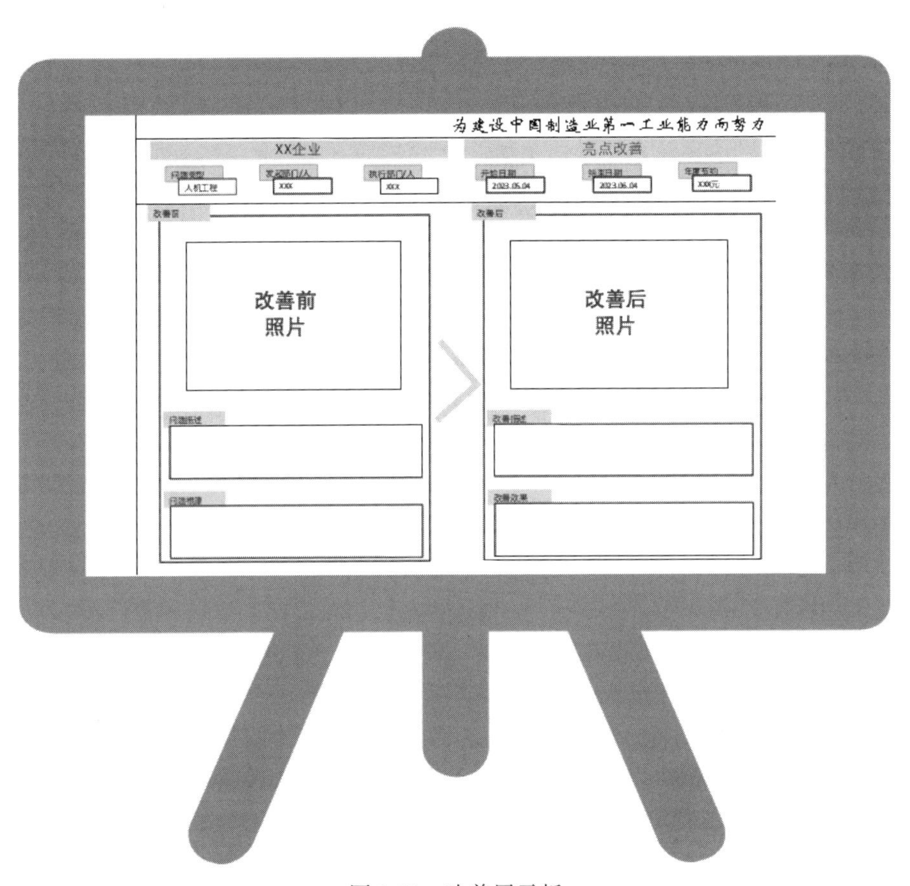

图 2.13 改善展示板

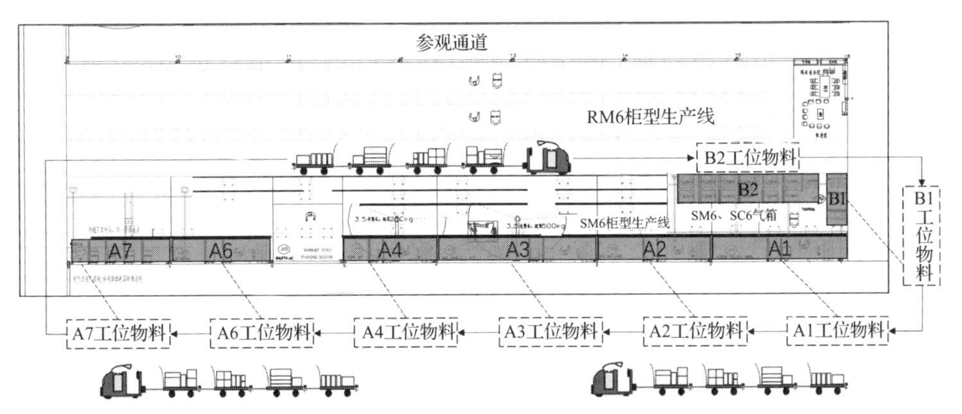

图 2.14 补料路线展示

（2）快速响应看板

快速响应看板，即本章第一节所述的快速响应循环里的一级循环和二级循环的展示看板，是部门内部或部门之间的一种沟通工具，主要内容是与相关部门有关的KPI。对于生产部来说，内容主要为：安全、5S、质量、产量、效率、现场问题和相关的行动计划等。快速影响看板是辅助沟通的工具，并且具有可视化的效果。企业将信息展示在看板上，可以使员工随时看到本车间或本生产线的生产情况。生产现场的一级循环看板样式如图2.15所示。

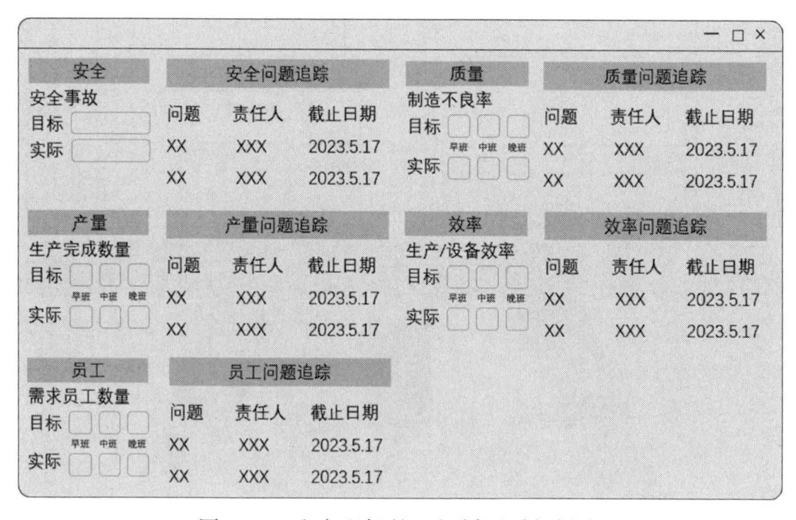

图2.15　生产现场的一级循环看板样式

生产现场的二级循环快速响应也同样需要有展示看板来承载，该看板的展示内容也是有规则的，不能随意写上一些内容，需要有结构化的拆分，以便未来在数字化平台里进行开发。生产现场的二级循环看板样式如图2.16所示，读者可以参考。

辅助部门内部的一级循环，同样需要有相应的展示看板来承载，结构化地展示辅助部门对生产现场的高效问题处理，如有数字化平台，开发进入数字屏显示即可。辅助部门的一级循环看板样式如图2.17所示。

（3）信息化反馈板

信息化反馈板是指瞬时反馈生产信息的可视化装置、手动化看板，比如补料卡片、产能反馈板、安灯系统等。各类信息化反馈板如图2.18所示。

安灯系统的逻辑和取数KPI在前述章节已经叙述，本节叙述安灯系统的展示。

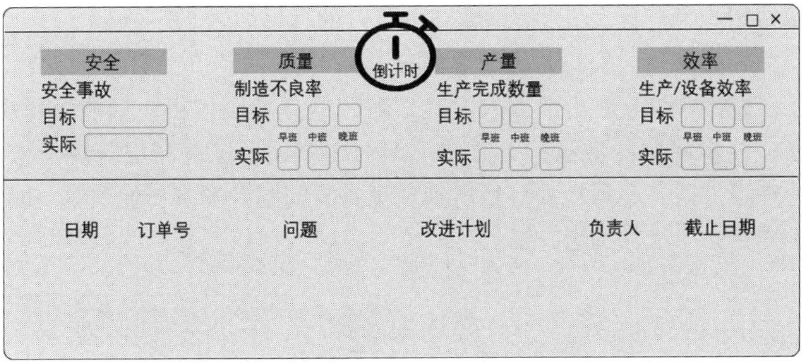

图 2.16 生产现场的二级循环看板样式

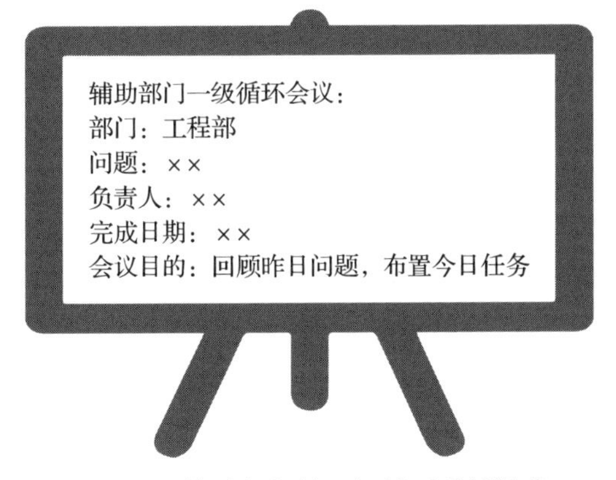

图 2.17 辅助部门的一级循环看板样式

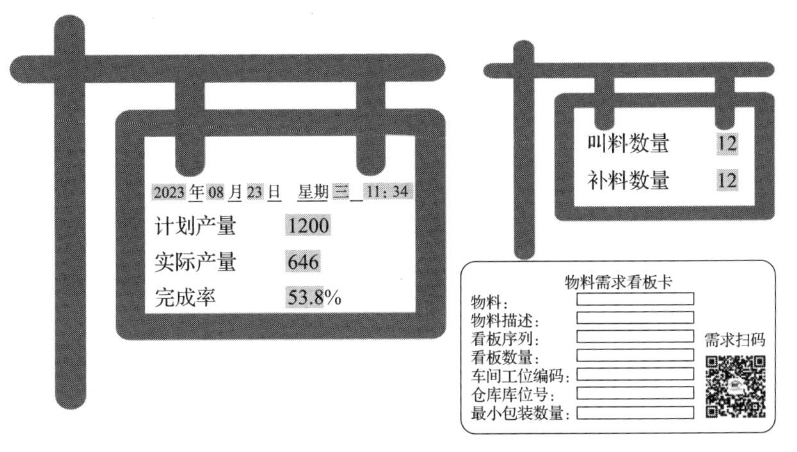

图 2.18 各类信息化反馈板

通常使用 5 色灯代表发生的问题，5 色灯的含义如图 2.19 所示。

根据投资的多少，安灯的操作界面分三种类型。

1）无线按钮盒：是最经济的方式，问题的分类比较粗，只能显示质量、缺料、设备、技术问题的数量，无法体现问题的描述，这对高层管理者来说有用，对基层管理层来说，必须在安灯后再到现场查看问题并解决，无法第一时间知晓。安灯盒子样式如图 2.20 所示。

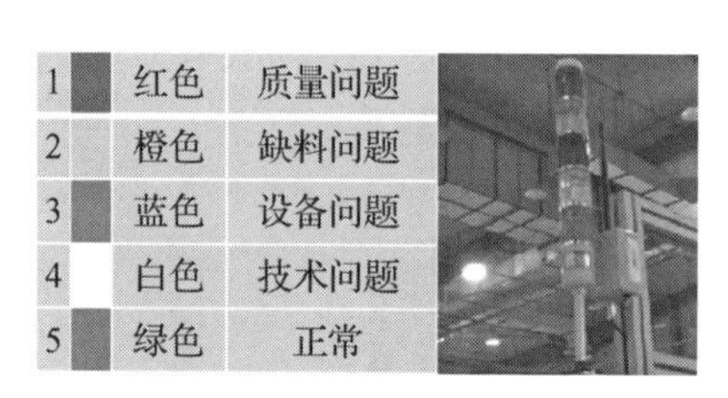

1		红色	质量问题
2		橙色	缺料问题
3		蓝色	设备问题
4		白色	技术问题
5		绿色	正常

图 2.19　5 色灯的含义

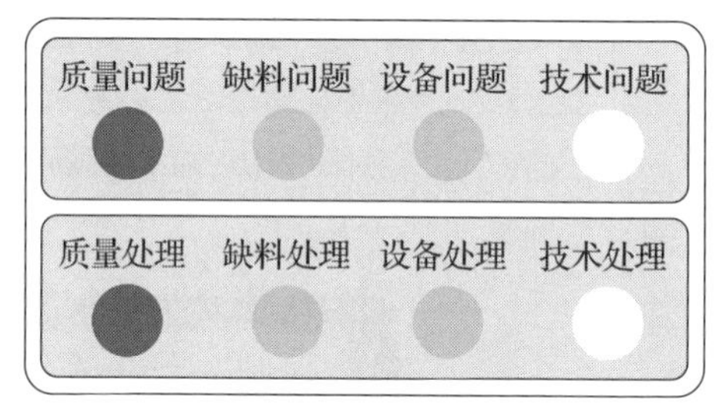

图 2.20　安灯盒子样式

2）无线掌上计算机（Personal Digital Assistant，PDA）：使用该方式可以把常规的细化问题点在后台输入好，比如质量问题通常会有哪些？耐压不良、表面划伤、密封泄露、电阻异常等，员工可以点选到问题点，单击相关问题，安灯系统会根据问题搜寻到该问题的唯一负责人，无须像无线按钮盒那样还要手动分配处理人，比它更细化。无线 PDA 样式如图 2.21 所示。

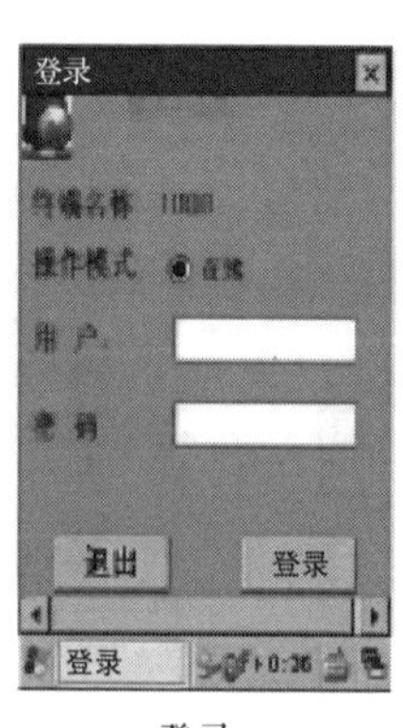

登录

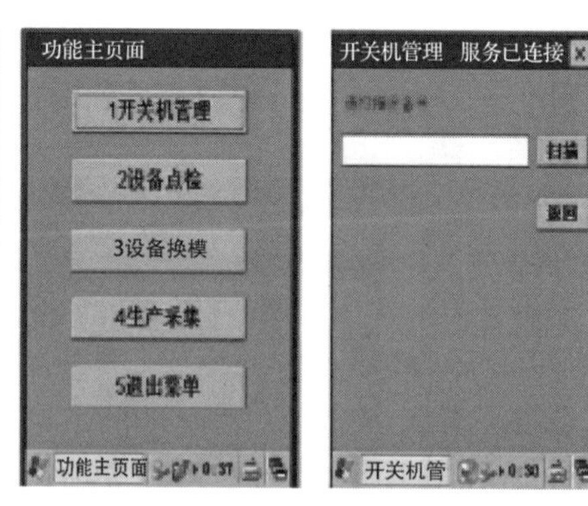

功能主页面

开关机管理

图 2.21　无线 PDA 样式

3）触屏一体机：践行了智能制造，员工可以在页面中输入问题的简单描述，注意一定不要是复杂描述，因为不能浪费操作人员的直接生产时间。最好能开发成点选问题点。若现场有拍照设备，员工仅需要简单操作拍照设备，即可把不良现象输入系统里，这对操作人员要求偏高。该屏幕和 MES 共用屏幕。MES 屏一体机如图 2.22 所示。

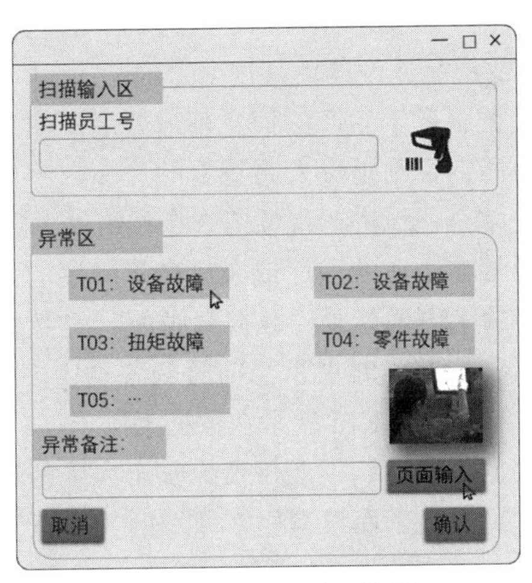

图 2.22 MES 屏一体机

典型的安灯展示大屏需要挂在工厂进门区，管理层随时可以看到。简单直接的可视化安灯系统展示大屏如图 2.23 所示。

安灯系统展示大屏				
某生产线				
工位名称↓	维修	质量	缺料	技术
异常统计→	3	3	2	3
工位1				
工位2				
工位3				
工位4				

图 2.23 简单直接的可视化安灯系统展示大屏

2. 数字化时代的生产现场的信息交流看板

以上信息交流板，无论有没有数字化大屏来承载，最终的目的还是为高效生产交付服务。数字化时代的来临是辅助推动原先线下的手段，更快地得到实施，更快地解决现场问题。比如数字化的现场会议大屏，操作人员可以在屏幕上手写问题及解决对策，并且其在后台会自动识别文字、自动形成会议记录、自动发送给各负责部门，瞬时到达，而不需要专门的助理费时费力地整理会议记录，把问题处理过程中不增值的时间几乎降至 0。

在没有数字显示大屏时，交流板的内容样式要定义清楚，它是有规则的，不是随意挂一张纸。有规则地展示能让所有人知晓企业重视现场管理。现场管理得井井有条，客户会相信把产品交给你生产是放心的。有句广泛流传话：没有人相信会在垃圾堆里做出好的产品，说的就是这个道理。

在数字化时代，各类服务于生产的信息都需要展示出来，数字化的手段也方便展示。展示要通俗易懂，否则是没人愿意看的。在数字化展示屏上随意上传一个 PPT 是不负责任的。常态化地进行现场巡查是杜绝以上随意性的好办法。

在数字化时代，通常在企业的展厅或者最高管理层的办公室里，会有一块炫酷的显示大屏，用时髦的术语说就是“数据驾驶舱”。“数据驾驶舱”的作用是在数字化转型项目完成后，能够实时展示当前时刻各类生产指标（不仅限于生产），既然是指标，那么必定要求各类 KPI 展示在数据大屏上。

当你驻足在一块数据大屏前，不能仅仅惊叹于大屏的炫酷，要看其本质。例如，当你在大屏上只看到产出率而没有生产效率时，可以断定，该企业做了一个表面的数字化转型，因为工时都没有在系统中输入，或者输入的工时是不准确的，都不敢展示出来；当你看到大屏上已经有了实时显示的 KPI，却没有 KPI 的目标值时，证明企业的数字化转型意识到了 KPI 的重要性，但是只为了 KPI 而 KPI，没有一个目标值对其进行衡量；当你在数字化大屏上没有看到 KPI，而只看到一些趋势线时，证明该企业的数字化转型没有设定任何规则，仅仅是把线下搬到线上，没有思考线下到底是不是合理。

在数字化时代，炫酷的“数据驾驶舱”，要真正为企业决策提供数据支撑，才是其存在的价值，而炫酷只是个表面文章，工业领域一定要朴素，来不得半点虚伪。这也是本书的主题，时刻强调工业的本质，工业的数字化本质就是要有一套行之有效的 KPI 体系固化入数字化平台。没有这个 KPI 体系，数字化转型项目大概率是一个形象工程。

3. 生产现场的信息交流看板的负责方

交流看板的格式由企业的标准化部门负责，其制作由企业的工程部、精益办公室、工艺部负责，其使用由各部门负责人主导，年度审核由生产部负责。

每一个负责方都必须基于交流看板，能够读懂数据背后的问题，能够甄别出看板上的假数据。不能因为有了数据，就放心了。这是不负责任的行为，因为数据可以作假，即使是真数据，仍然可以有偏向性的筛选来误导数据的管理者。

4. 生产现场的信息交流看板的年度总体目标

1）信息交流看板在工厂的各个部门布局到位，员工践行了“到现场去”。

2）无论是否是数字化的信息交流看板，看板上的问题都得到了真实、及时、彻底地解决。

5. 生产现场的信息交流看板的年度数字化评估

（1）展示看板评定

1 分评定：展示看板或显示屏放置在工厂的不同区域，如车间、仓库、办公室、收货区等。

2 分评定：有服务于客户和参观者的专门的展示看板，体现安全、产品 / 制程等信息、有工厂布局的大型项目追踪展示表等。

3 分评定：所有的快速响应看板、展示看板基层员工可以快速理解（生产线用的交流语言较通俗，不创造各类新名称）。信息的可视化较好，用了大量的符号、图片、颜色来展示而非纯文字。

4 分评定：特殊的或特定的展示看板放置在有效的、实用性的、清晰的位置以引起注意。这些特定的位置，如咖啡机边上、洗手间等。

5 分评定：有电子化的能高亮显示的快速响应看板——关键信息可以从远处轻易被读取到。看到员工经常在其工作单元、区域或部门查看展示看板。

（2）生产现场的快速响应看板评定

1 分评定：每个生产单元和每个部门都有快速响应看板，看板的样式允许一定程度的不符合标准。

2 分评定：由于要在快速响应看板前召开会议，故快速响应看板应易于接近，不得放置在犄角旮旯处。工作单元的信息看板易于被工作单元里面的操作人员看到，比如该工作单元的关键要点、质量警示等信息。

3 分评定：快速响应看板的格式是标准化的，比如工作单元里的信息看板拥有相同的尺寸、形状、布局。

4 分评定：快速响应看板的格式是标准化的。若企业是集团公司，那么各子公司的快速响应看板格式是一致的，需要检查看板上的格式内容和信息是否符合当前企业的实际情况。

5 分评定：若企业是集团公司，快速响应看板的设计和放置与集团其他工厂和办公室是一致的、标准化的，并符合集团层面制定的格式标准。

（3）辅助部门的快速响应看板评定

1 分评定：快速响应看板是可视化的，看板上有每个区域（如仓库、办公室）推荐的 KPI。

2 分评定：每个辅助部门都有快速响应看板，员工都知道要开快速响应会议。

3 分评定：辅助部门员工轻松理解标准化格式的快速响应看板。

4 分评定：人事部门使用快速响应看板追踪关键指标，该快速响应看板作为日常会议的集合点，极力避免在会议室开会，极大推广在现场开会。

5 分评定：有证据展示了大量的现场开会而不是大量的会议室开会，现场开会有助于当场解决问题。

（4）现场异常的信息化反馈评定

1 分评定：各类信号设备或通信装置可以正常使用，如照明出口标志、火灾报警、警报蜂鸣器、安检灯、维修呼机、对讲机等。

2 分评定：可视化或有声音的信号装置正常运行，可以轻松地被看到或听到。操作员理解颜色的含义。信号的反馈不超过 2min。

3 分评定：可视化的红色的停线信号必须有声音报警，报警可以区分出是部装线还是生产线停线。在 60 ～ 90s 之内，有人来处理停线问题。有容易的、可靠的途径用于各级员工反馈维修、质量、材料、紧急事务等问题。

4 分评定：信息化非常有效果，可视可听的安灯信号可以轻松地被听到和看到，以推动相关负责人员及时处理。信号定位到生产线、部装、负责人等，会在 60s 内得到反馈。

5 分评定：工厂有非常成熟的安灯系统，驱动了产品质量逐步提升，安灯系统汇报的问题和快速响应平台联动以高效解决问题。安灯系统的快速反应时间小于 60s。

6. 如何在“生产现场的信息交流看板”的年度数字化评估要求中找到数字化平台中的取数规则

数字化时代，仍然需要兼顾传统的线下处理。若企业的经费充足，当然可以把各类传统手写的看板全部升级成触摸式智能会议大屏或普通的展示屏；若企业的数字化转型经费要用在刀刃上，那么坚持线下的手写也是一种妥帖的方式。

无论是线下还是线上，基于年度数字化评定，选取关键的指标进入数字化平台是硬道理。我们来分析如何把年度数字化评定转化为数字化平台里的取数规则。

1）从展示看板维度：年度评定规定各个部门有展示看板，看板内容是标准化的、易于理解，可以看到警示标志，电子化看板有效等。这些展示看板的要求无法在数字化平台中取得分子和分母，以计算出 KPI，而是典型的线下方式。若要看线下执行是否正常，去生产现场转一圈即可；若在各个看板边上放一个二维码扫描是否正常，这是属于多此一举的行为，属于伪数字化。我们需要看到展示看板上的问题是否得到有效处理，而不是拘泥于看板在哪里、格式对不对、把看板样式硬生生扫描进入数字化平台等。这要求我们多问几个为什么，看到本质。

2）从现场和辅助部门的快速响应看板维度：快速响应板的目的是驱动员工到

现场去，去现场站着开会而不是坐在舒适的会议室里聊一个上午。因此，若有数字化的会议大屏，数字化平台可以调取智能会议大屏的数据，取 KPI 为问题的现场及时解决率，问题的现场及时解决率 = 当前时刻在数字化平台里取得的在截止日期前完成的事务的数量 / 当前时刻所有事务数量 ×100%，目标值可以基于企业的情况自行设定。当然还可以设定更多的 KPI，只是没有必要。数字化平台中的自动取数的 KPI 一定要和线下管理有效结合起来。

3）从现场异常的信息化反馈维度：年度 1 分、2 分评定中的一些信号反馈硬件，若要做智能化升级以查看硬件出问题率，是没有必要的。因为本来设备管理人员就需要日常巡查这些小硬件是否良好，即使是增强现实（Augmented Reality，AR）巡查也没有必要并且也巡查不准。安灯系统是典型的数字化系统，用于推动现场问题的快速解决，就需要数字化平台可以提取安灯系统中的数据进行 KPI 设定。我们可以把安灯系统中的问题及时解决率作为 KPI，公式同第一章第三节的安灯系统取数描述，该 KPI 可以显示在“数据驾驶舱”里。同理，无须设定更多的 KPI，因为管理者会知晓该 KPI 的具体数值，当太高或太低时，自然会去线下询问并指导改进。这是线下的工作，线下的指导改进无须再设定下一层级的 KPI 了。当然，基于企业的弱点，具体问题要具体对待，有可能一件事情要多个 KPI 来围绕，才能保证做好，这是特例。

本节插入了许多图片以说明现场管理无论有没有数字化平台，总需要有物理设备来承载现场的问题。专门说明各类承载看板，并思考承载看板背后数字化取数方式，是一个数字化企业背后管理实力的体现，也是让客户放心的资本，因为客户相信一个布置得井井有条的企业做出来的产品，一定是质量优秀的。

以上三节是围绕现场问题的辅助部门人员的年度评定如何转化到数字化平台里的取数规则，配套生产现场的辅助部门人员的效能管理在当前时代极其重要。作为一名企业家，理想的追求是企业只要一个销售部和生产部，一个带来订单，一个负责生产，不要有辅助部门存在，或者辅助部门全部外包。这是精益生产达到极致的状态，全世界都没有几家企业能够做到，某大名鼎鼎的工厂也只是做到了没有物料仓库而已，少了仓库的辅助人员。

回归到当下，辅助人员仍然是必不可少的。在数字化时代，提升辅助人员的效率，就相当于间接提升了生产效率，产品可以更快速地交付。需要明确的是，数字化平台大大缩短了传递到人的信息的滞后时间，达成了瞬间到达负责人，但是若负责人不处理瞬间到达的问题，眼睁睁地看着 KPI 往下掉，数字化平台也只能忠实地记录结果而已，它只是数据的搬运工，并不能代替管理者去线下推动事务负责人快速处理。因此线上与线下的结合尤其重要，除非该企业是无人工厂。

第三章 Chapter 3

持续精进的员工能力

第一节 辅助部门的员工成长

1. 辅助部门的员工成长概述

人才是第一推动力，企业需要着力打造学习型组织，为员工的终身发展保驾护航。在企业人事政策指导下，通过三大模块，即绩效考核、发展潜力、岗位备用员工计划，来确保每一位员工的发展匹配企业愿景。愿景是美好的，只有良好地落地，才是真正的实践。

绩效考核是经理和员工一起设定员工的年度绩效目标，并以此为依据评估员工的实际表现是否达成目标，然后对未达成的部分采取行动来改进的过程。通过使用绩效评估工具、全方位反馈和辅导等方式，经理可以帮助员工获得工作绩效的改善和提高。

典型的绩效考核体系如图 3.1 所示。员工和部门经理从关键的利益相关方处寻求对员工绩效的反馈；员工完成自评；经理与员工召开一对一的评估会议，为员工提供反馈；经理完成对员工的评估和建议；员工对双方达成一致的绩效评估结果确认并提供反馈。

自上而下的企业目标需要分解到每个员工日常执行的 KPI，遵从 PDCA 流程，绩效及时反馈、评估、修正。一般来说，世界先进企业均在年初制定好一年的绩效，到年中进行评估并修正一次，到年底考核最终的绩效。为何是这种方式？因为世界先进企业认为员工在进入企业时，合同约定清楚了每月工资，就算

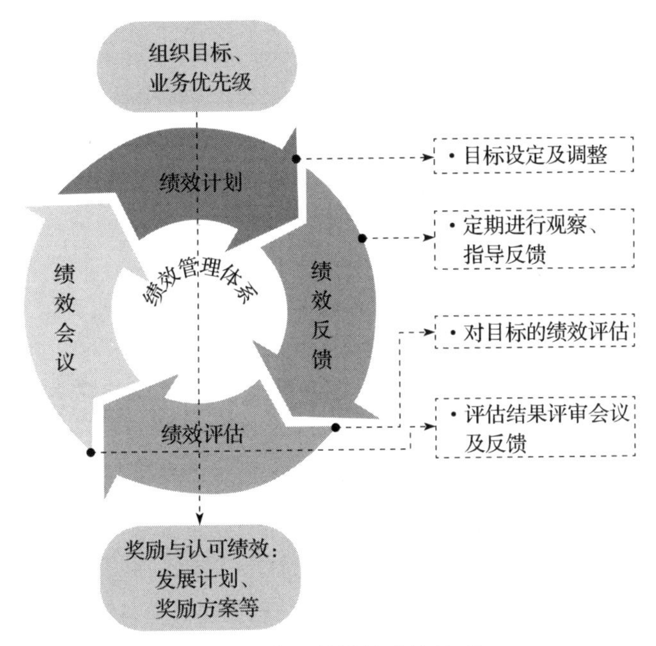

图 3.1 典型的绩效考核体系

每月打了零分绩效，工资仍然必须全额发放；企业本来就有义务培训员工以提升其工作技能，扣除部分工资在法律上属于违法，而年终奖却不是合同约定的，取决于员工表现和企业财务指标。

绩效评估最终体现在员工发展和奖金上。好的绩效目标一定是员工跳一跳够得着的，不能设定好高骛远的目标。好的管理层必须洞察业务和员工能力水平，设定目标以最终达成企业和员工的双赢。对管理层来说，如何设定好目标，最大化地发挥员工的主观能动性是重要的课题。本书讲的 KPI 体系就是要管理者来设定的。

根据员工绩效和潜力九宫格，对人才进行常态化评审，以识别并区分谁是顶级人才；发展后备人才为将来做准备；对人才进行评估和分级以作为备用员工人才的输入。

表 3.1 为员工潜力九宫格，供参考。

表 3.1 员工潜力九宫格

7- 高绩效	8- 高绩效潜力	9- 顶级潜力
4- 实质绩效	5- 实质潜力	6- 高潜力
1- 新人或新角色	2- 新人或新工作暂不匹配	3- 新工作暂不匹配

图 3.2 所示为人才发展的晋级过程。为员工的长期发展考虑，企业有义务打造学习成长型组织，最终达成企业和员工的双赢。

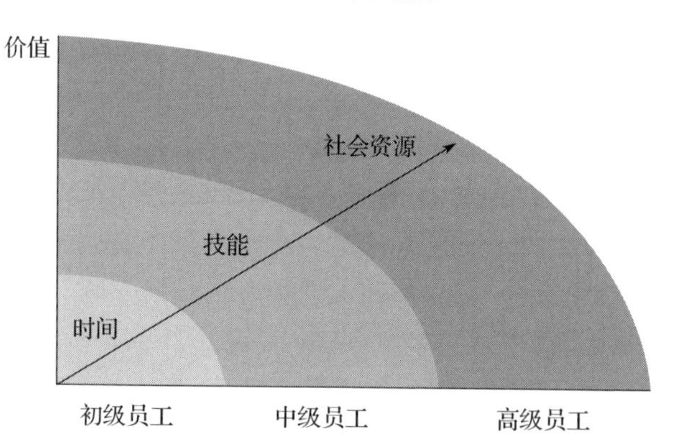

图 3.2 人才发展的晋级过程

企业需要保证人才的稳定和发展，而实际上，人员会因为各种原因离职或调岗。在此情况下，企业必须要有相关的人才计划来保证业务的连续运行。

岗位备用员工计划是一个识别未来能够在企业内部承担更高职责的潜力人才的过程。其内在逻辑是要有意识地为企业的长远可持续发展进行人才的准备与管理。

有效的备用员工计划是要能够形成一个由不同成熟度的人才在不同阶段承担更高层级的职责的人才梯队，一般包括让被识别出来的人才承担更高层级职责的人才发展行动计划。

备用员工计划一般分为 5 个步骤：

1）人事部确认企业内部的关键岗位。

2）人事部在系统内生成备用员工计划。

3）人事部对每个岗位识别其相应的最佳备用人选。目前承担该关键岗位职责的人，也可以对该岗位的备用人选给出建议供人事部参考。

4）人事部和关键岗位的上级经理一起召开备用员工会议，讨论相关的备用人选并且获得相关的反馈。

5）更新相关的备用员工清单。

备用员工计划的人才梯队如图 3.3 所示。

备用员工的上升路径如图 3.4 所示。

2. 数字化时代的辅助部门的员工成长

数字化时代的来临，围绕生产线的辅助部门的员工成长更重要，体现在以下方面。

图 3.3　备用员工计划的人才梯队

员工信息	潜在发展考虑	能力	培训和发展	职业生涯	稳定性
• 姓名：××× • 职务：数字化转型专家 • 年龄：40 • 该职位任职年限：6年	• 维持该位置 • 升级到N+1 • 升级到N+2	• 强项：底层工业逻辑 • 发展范围：企业全方位管理	• 数字化实践法完成 • 体系化思维完成	• ××企业任职××职位	• 高 • 中 • 低

图 3.4　备用员工的上升路径

1）按规则：企业中职责不清的事务将在数字化时代辨别清楚，因为在梳理跨部门、跨阶段的业务流时，就已经解决了企业模棱两可的业务分工，否则无法固化到数字化平台。辅助部门员工在数字化时代将更敬畏流程，按正确的规则做正确的事，确保事务处理走在正确的道路上。

2）数字化思维：解决生产线问题不能再凭交情、凭职务大小来推动。在数字化时代，任何问题在数字化平台看来都是明确的。数字化把各级员工带入了“平权时代”，带来更多的公平公正。任何事务均以真实数据说话，不会使用“可能”“或许”等模糊的词汇解释问题，这锤炼了员工的工程师思维，让员工更严谨地分析问题，从而提升了企业的核心竞争力。

3）目的明确：事务处理的效果有明确的衡量标准。在数字化时代，任何事务的处理效果都有明确的目标 KPI。达成目标 KPI 就代表好，达不成就代表不好，简单直接，没有差不多、还可以之类的中间态。工程师做任何事情都有目标 KPI 来指引，确保了各个层级的员工办事都围绕自己的 KPI，自己的 KPI 又匹配了企业的 KPI，最终达成企业和员工的双赢。

数字化时代，对员工来说既是机遇又是挑战。拥抱数字化的员工，将获得快速成长；反对数字化的员工，或将被淘汰。员工的数字化管理，对企业来说已经是一堂必修课，而不是选修课。

3. 辅助部门的员工成长的负责方

人事部门负主责，各部门负责人需要基于人事部的要求制定各自部门员工的成长路径。

4. 辅助部门的员工成长的年度总体目标

各级员工成长匹配企业发展愿景。

5. 辅助部门的员工成长的年度数字化评估

（1）绩效考核评定

1 分评定：年度绩效考核每年进行一次（不建议每月进行绩效考核），以确保个人发展目标和部门目标一致，并与工厂目标保持一致。

2 分评定：检查办公室员工绩效考核是否满足年度目标。部门经理常态化地和下属讨论绩效，最终的绩效方案输入人事部门的绩效体系中。

3 分评定：一年检查两次是否达到绩效目标，及时纠偏，有证据显示已经采取了适当的行动以弥补当前绩效和目标之间的差距。

4 分评定：员工个人的绩效成绩对整个团队的绩效有显著的推动作用。

5 分评定：一年检查四次是否达到绩效目标。员工绩效和工厂绩效有清晰的关联。

（2）发展潜力评定

1 分评定：每个员工都有对应的岗位编码。每季度评估该员工的发展潜力。

2 分评定：每月评估员工的发展潜力，部门经理常态化地和下属讨论个人发展。

3 分评定：个人发展计划根据人事部规则创建。有证据显示专门的计划及行动，用于弥补员工当前能力与个人发展目标之间的差距。

4 分评定：工厂定义了提高团队绩效所需要的关键能力，团队能力需求连接工厂的目标和绩效，一年评审两次。展示了个人发展进步对团队的贡献，有优秀员工的张榜。

5 分评定：若是集团公司，分公司团队的发展匹配了集团的发展。展示出个人和团队清晰的发展需求。

（3）岗位备用员工计划评定

1 分评定：工厂识别了关键岗位，制定了关键岗位的备用员工计划。

2 分评定：有所有关键岗位的备用员工计划，计划中显示了损失某个关键岗位的风险和影响。

3 分评定：评估关键岗位的备用员工的能力，有发展备用员工的行动。对工厂的备用员工计划进行评估，每年一次审查备用员工的人数和能力匹配度。大部分内部职位通过内部网络发布出来，以便内部员工申请。

4 分评定：每个关键岗位，两年内至少有一个潜在的备用员工随时替补。工厂管理层每 6 个月检讨该计划的执行情况。企业有相应的流程确保后备员工转正时拥有该岗位的技能。

5 分评定：每个关键岗位，一年内至少有一个潜在的备用员工随时替补，同一个人不能在多个备用计划里面。有备用员工计划的评估效果，企业的总经理参与了备用员工计划的制订。

6. 如何在“辅助部门员工成长”的年度数字化评估要求中找到数字化平台中的取数规则

1）从绩效考核维度：在数字化的 HR 模块中，记录了每个员工的绩效设定，它们在年度内的多次绩效面谈中得到修正和确认。应该按时完成绩效面谈和员工确认，绩效确认的按时完成率是 KPI，绩效确认的按时完成率 = 当前时刻系统内已经完成的绩效确认的员工数量 / 当前时刻所有员工数量 ×100%。在实际执行中，其正常应该是 100%，这是为了公平地确保每个员工有自身的绩效目标，尽量杜绝其上级领导拍脑袋的决定。第二个 KPI 是员工的实际绩效考核分数，前述第二章第二节中的实时绩效平台里的自动取数的绩效分数可以自动传递到 HR 模块。由于实时绩效分数是按月传递给 HR 模块的，而我们对员工的考核通常按年度进行，因此在 HR 模块中会记录每个员工每个月的绩效分数，到年底时自动计算出平均值即可。

2）从发展潜力维度：在 HR 模块中可以找到每个员工每月的发展潜力报告。正常情况下，发展潜力报告的完整度是 100%，但不要刻意追求这个完整度。有九宫格中 5 ～ 9 分的潜力员工对企业做出贡献的金钱收益证据。金钱收益已经由财务部确认，证据完整度是 KPI，金钱收益证据完整度 = 当前时刻贡献收益的潜力员工数量 / 当前所有 5 ～ 9 分的潜力员工数量。

3）从岗位备用员工计划维度：HR 模块已经输入了定义清楚的辅助部门的关键岗位清单，搜索该岗位，可以展示出该岗位当前的负责人是哪个员工、该岗位的备用员工是一个还是多个，并清楚地展示该备用员工当前是在职的，以及可到岗时间。关键岗位的备用员工覆盖率是 KPI，备用员工覆盖率 = 当前关键岗位的备用覆盖计数 / 当前关键岗位的主责员工数量 ×100%。软件要加上覆盖计数的取数规则：如果该岗位备用员工数量≥ 1，那么取数 1；如果该岗位无备用员工数量，那么取数 0。该规则用来确保关键岗位的覆盖率不会超过 100%。

辅助部门的员工通常都是受过高等教育的人才，和人相关的各类考核，再怎么数字化，都必须以人为本。若企业为了用数字化的 HR 软件平台，把需要人做的事务总想着拿数字来衡量，一定会事与愿违。当员工想要避开所谓的 HR 软件平台，或者想在 HR 软件平台里作假时，一定可以达成。人与人的沟通还是要以线下为主，不能有了数字化平台，人都不沟通了。永远不要安排人做机器的事情，永远不要把人当成机器，即使是当前火热的 ChatGPT 语言机器人也不可能取代人类。

那么还要不要做辅助部门的员工成长的数字化平台呢？推动人的执行是最重要的，数字化平台里要专注最后的结果，比如最终绩效、潜力员工贡献的财务收益证据（可以参阅本书第六章第三节的数字化的持续改善平台）、备用员工的覆盖率就是最后的结果展示。至于业务操作的过程，一个实时绩效平台就管理了事务过程。该实时绩效平台由业务部门来负责推动，出发点是员工基于核心业务的工作日志，顺便产生了绩效并把绩效传递到了 HR 模块。不是为了绩效而绩效，而是为了工作而绩效，达成了具体业务和 HR 模块的无缝对接。这也是一位合格的人力资源业务合作伙伴（Human Resource Businesses Pattern，HRBP）需要的专业修养。

第二节　操作人员培训

企业培训针对全体员工，是全方位的。本书的重点是生产制造的数字化，故辅助部门的员工的技能培训不是本书的重点。本书专门讲解对操作人员的培训。操作人员是真正把产品做出来的群体，是产生直接价值的。没有操作人员把产品做出来，企业的各个部门自然是“巧妇难为无米之炊”。所以，在作者经历的世界先进企业里，辅助部门对生产现场一线的支持是全方位的、鼎力的。生产现场只要有任何异常，辅助部门的员工第一时间赶赴现场解决，以最快的速度解决。生产主管只要安排操作人员好好工作即可，其他和生产相关的作业指导书、物料配送、质量问题解决、设备异常等问题都不需要生产线上的员工操心，以此方式千方百计地保证生产一线产生的实际价值最大化。若生产线停线了，有专门的人来计算不良工时费用转嫁，转嫁到辅助部门去。所以，辅助部门为了少收到不良费用转嫁单，必然全力以赴地解决生产现场的问题。

作者在指导一些企业实践数字化转型时，有的企业的做法与先进企业的做法大相径庭，没有意识到生产一线是直接价值最大的部门，其他部门并没有真正地配合生产线解决问题。举例来说，世界先进企业要求仓库工作人员把物料的包装拆除后，再送到生产现场用于操作人员装配，这样操作人员用于装配的时间就多了，不需要花费时间去拆包装，做出来的产品自然就多了。而一些企业由于仓库领导和生产领导归属不同事业部，仓库工作人员不会彻底配合生产，自然不会拆除包装配送。仓库工作人员若做了拆除包装的事情，自己的仓库工作效率就低了。这非常不利于数字化转型的实施。

本书还是按照先进企业的做法来阐述。既然生产一线只要管理好操作人员，操作人员只需要被好好培训到位，然后好好做产品，不需要操心做产品之外的其他事情，这就比较简单了。把对生产一线操作人员的培训做到极致，那么生产效率也就自然而然地大步上升了。

1. 操作人员培训概述

无论是离散型制造企业，还是流程型制造企业，产能都会随着行业发展趋势而大幅波动，这种波动影响到企业的制造运营。当订单数量出现爆发性增长时，企业发现员工不够，或者员工即使够，但是能力不行，导致不能按时交货。当订单数量下降时，企业会发现员工太多，但是又不能粗暴裁员。

因此，管理先进的企业会结合产能的波动，努力达成分解到最基层的操作人员的技能是多技能的，让员工有更多的能力来迎接爆发性增长的产品订单，在确保企业高效交付产品的同时，员工的能力也自然而然地得到了提升，达成了企业和员工的双赢。企业多技能培养造就了大量的多面手，给予员工更多的谋生手段，充分践行了企业的社会化功能。多技能工技能矩阵见表 3.2。

表 3.2　多技能工技能矩阵

产品线			×××															具有操作资格工位数	岗位平均分	总技能分
更新时间			2023.5.11																	
姓名	工号	部门	工位1	工位2	工位3	工位4	工位5	工位6	工位7	工位8	工位9	工位10	工位11	工位12	工位13	工位14	工位15			
×××	×××	生产部	4	4	4	4	4	4	4	4	4	4	4	4	4		4	14	4.0	168
×××	×××	生产部	4	4	4	4	4	4	4	4	4	4	4		4		4	13	4.0	156
×××	×××	生产部	4	3														2	3.5	21
×××	×××	生产部	3															1	3.0	9
×××	×××	生产部		3									2					2	2.5	15
×××	×××	生产部		2														1	2.0	6
×××	×××	生产部			2	2												2	2.0	12
×××	×××	生产部			3	3										3		3	3.0	27
×××	×××	生产部						2										1	2.0	6
×××	×××	生产部		3	4	4		3		4	4		3					7	3.6	75
×××	×××	生产部									3	3						2	3.0	18
×××	×××	生产部														1		1	1.0	3
认证人数			4	6	5	5	2	4	2	3	4	3	4	1	2	1	2			
需求			1	1	3	6	3	6	3	6	2	4	1	1	1	1	1			
工位难度			3	3	3	3	3	3	3	3	3	3	3	3	3	3	3			

技能矩阵图中的内容相关解释如下：

1）根据产能要求定义某个工位需要的操作人员数量。

2）该工位的难度被定义成：1——初级；2——中等；3——复杂。

3）某个操作人员在某个工位上达成的技能等级：0——未被认证；1——培训中；2——基本胜任工作；3——熟练操作；4——非常好的技巧；5——可培训他人。

4）员工技能分数 = 工位难度分数 × 员工在该岗位上的技能等级分数。

5）技能分数和员工技能补贴成比例关系，比如 1 分 =1 元钱。

举例来说：员工张三可以胜任 A、B 两个工位的工作，A 工位的难度是初级 1 分，B 工位的难度是复杂 3 分。张三在 A 工位上达成了 5 分可培训他人的技能等级，在 B 工位上达成了 3 分可熟练操作的技能等级，那么张三的总计技能分数 = 1 × 5 + 3 × 3 = 14 分，假设 1 分 = 1 元钱，张三的技能补贴是 14 元。

2. 数字化时代的操作人员培训

无论数字化时代有没有来临，培训员工以满足企业的发展愿景是每家企业都要重视的。不重视员工培训的企业，自然会随着时代的发展而没落。

数字化时代，对操作人员的培训方式与以往不同。

1）培训是基于年度的产能需求计算得出的，对操作人员的培训内容更加精准，避免过度的、无意义的培训。

2）培训产生的多技能分数是实时波动的，多技能分数高的员工将获得更多的金钱补贴和个人发展。

3）数字化时代的培训对制造的指导作用将加强并形成闭环，不会再有生产部、工艺部、质量部互相指责的情况发生。

上述第三点需要再深度解释一下，这是数字化时代相对于传统时代的显著进步。在传统时代，当生产线上的人员因操作错误而导致了产品质量问题时，通常可以把责任推给其他部门，举例如下：

质量部人员：“为什么这两个零件装错了？”

生产部人员：“工艺部没有在作业指导书上说明这两个零件的细微差异，所以我们装错了。”

工艺部人员：“我可是有你们签字的培训记录的。”

生产部人员：“就算你拿出来培训记录，我们也不会认的，都是后补的。”

工艺部人员：“就算我这是后补的，那你们为何昨日做对了，今日却做错了？”

生产部人员："我们换了新人，还不是你们没有培训新人导致的。"

以上对话，问题就卡在了新人需要有新人培训，估计人事没有安排新人培训。生产部不认作业指导书的培训证明，质量部如果怪罪工艺部没有说清楚，不良工时就转嫁到了工艺部。

数字化时代的来临，将确保工艺部在发布新版作业指导书时，软件平台强控上传培训记录，不能后补。培训记录要相关方签字才能生效。发布数字化平台上的结构化工艺时强控提交培训记录如图 3.5 所示。这从源头上杜绝了扯皮的现象，再发生问题时，任何部门不会无奈地接受不良转嫁单，至于新人没有培训就上岗，这是人事部的安排没有到位导致的。在数字化平台里可以推动人事安排培训，即使具体的培训操作人员由工艺部来完成，也必须要由人事部发起。数字化时代，业务的责任将鉴定得清清楚楚，没有灰色地带。

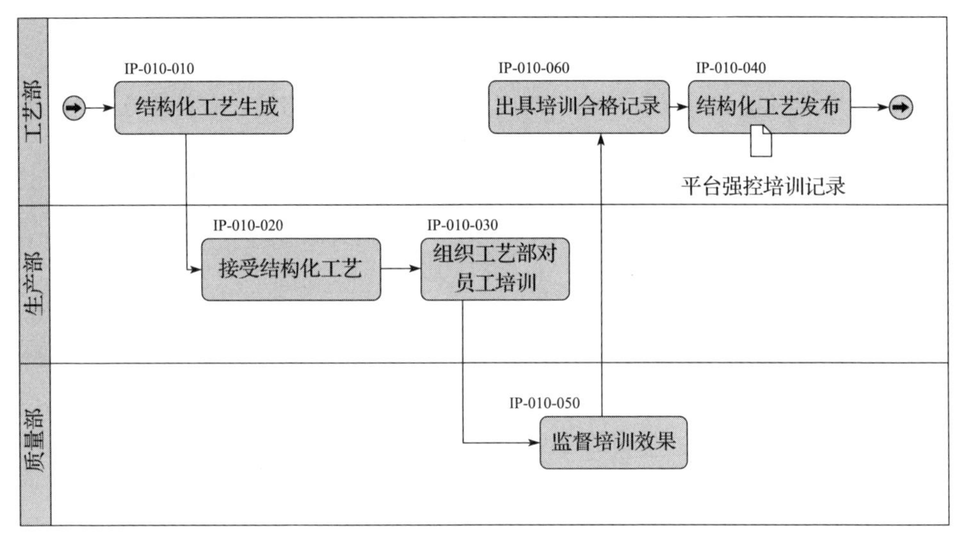

图 3.5 发布数字化平台上的结构化工艺时强控提交培训记录

3. 操作人员培训的负责方

操作人员培训的负责方是人事部。通常情况下，某些和生产割裂的人事部大概率只会安排操作人员去参加政府组织的各类技能培训，培训完成后发政府盖章的培训证书。负责任的人事部将意识到政府的培训只是通用类的培训，比如焊接培训、叉车培训、电工培训等，而企业的实际情况是有大量的操作工位，每个工位的特定操作要求不同。员工上线操作时，这些不同的要求更需要培训，因此先进企业的人事部会组织操作人员参加工位对应的作业指导书培训。如果人事部组织了工艺部的人员对操作人员进行了培训并进行内部考核发证，工艺部的人员就是操作人员培训的第二责任人。

4. 操作人员培训的年度总体目标

可以从员工发展各个维度去看总体目标，但是和人强相关的目标，还是要直接看结果。因此，简单直接地设定因作业指导书培训不到位导致的质量损失是逐年降低的，这是切实可行的办法。

5. 操作人员培训的年度数字化评估

操作人员培训的年度数字化分四个维度。

（1）培训管理评定

1 分评定：工厂所有正式员工的培训记录可以在系统里查到。可查到工厂所有临时员工的培训记录。

2 分评定：培训为满足市场需求而设定。工厂所有正式员工和临时员工的培训记录的时间落在两周内。

3 分评定：人事部或培训负责组评估技能管理的过程，培训计划和课程根据需求变化及时修订，每年至少修订一次。

4 分评定：有证据显示导致效率损失、质量问题不再是操作人员培训不到位。有专门的操作人员培训中心。

5 分评定：操作人员培训体系是行业内的标杆。培训记录在培训体系中无法手动更改，由软件强控管理。

（2）培训对生产实践的作用评定

1 分评定：员工入职流程清晰可见，员工了解工厂的薪酬和福利制度。

2 分评定：所有员工完成了人事政策规定的学习时长。新员工参加了新人培训并考试通过。

3 分评定：所有制造相关的新员工参加了新人培训，包含了制造经验的培训。针对某个特定要求而编写的单点课程广泛应用于操作人员的培训，该类培训在 10min 之内完成。

4 分评定：基于单点课程开发了更多的正式培训，培训到位的单点课程对现场的制程稳健做出了很大贡献。

5 分评定：所有新员工在生产车间接受了为期一周的生产经验培训。工厂展示学习型组织的特色。单点课程方法广泛传播，企业的任何员工都可以编写单点课程。

（3）操作人员多技能评定

1 分评定：及时更新多技能表，多技能培训作为应对产量波动的有效对策。

2 分评定：操作人员的技能需要在完成培训后立即进行评估。当制程或作业指导发生变更时，需要重新培训。每个关键操作岗位至少有一个备用员工，该员工能操作该岗位的所有任务。

3 分评定：因多技能的存在，有效克服了人力的波动（例如，旷工）和突发的短期需求波动（例如，突发缺料、紧急情况、交货时间提前），有证据证明常态化的轮岗保证了操作人员的多技能不生疏。

4 分评定：由于关键岗位的有效多技能，支撑了超出正常订单的产能需求，而无须增加人力。

5 分评定：所有岗位至少有一个备用员工，该员工能完成该岗位的所有任务。

（4）操作人员多技能工作安排评定

1 分评定：有证据显示多技能员工经过培训且熟练，可以操作若干个机器、部装等，可以看到员工正在现场互助。

2 分评定：在当班安排工作之前就评估了多技能需求。

3 分评定：有跨生产线、厂区的多技能员工。

4 分评定：没有因产能需求或人员波动导致的生产效率或质量问题。

5 分评定：生产期间时刻检查人员机动调配是否满足产能需求。在过去 12 个月里，厂内人员的机动调配促进了工业效率、设备净利用率、客户服务和质量能够达到每月的目标。

6. 如何在"操作员工培训"的年度数字化评估要求中找到数字化平台中的取数规则

（1）从培训管理维度

可以在系统里查询到培训记录是一大要点，软件对于临时员工和正式员工的培训记录的区分可以轻易达成。

培训记录的时间落在两周内，在系统平台里自动分派到每周需要做的培训，培训的按时完成率是 KPI，培训的按时完成率 = 本周已经完成的培训数量 / 本周计划的培训数量 ×100%。注意，数字化平台里的取数规则是培训由人事部负主责，工艺部具体执行对操作人员的培训，是跨部门的，不是生产部内部的培训。

每一次由数字化平台自动生成的培训计划，在执行后，要在培训平台里强控提交培训记录，否则不能关闭。不能关闭会影响操作人员和工艺人员的绩效工资，因为该培训平台和实时绩效平台挂钩。

（2）从培训对生产实践的作用维度

年度评审表中的 1 分在线下即可完成；2 分在培训平台里可以看到时长；3 分

在培训平台里可以设定为新人当前是待培训等级，设定之后可以软件自动驱动该员工的培训计划；4 分、5 分以现场培训的效果最佳，因为单点课程需要现场展示，无须在系统平台里取数 KPI。

（3）从操作员工多技能维度

在数字化培训平台里，自动驱动对多技能员工的复训、审核，以达成熟悉多工位操作。若审核不通过，该员工会少一个技能，相应的个人多技能金钱补贴就会下降，整个企业的多技能率也会因某个员工的多技能率下降而下降。

因此，多技能率是一个 KPI 指标，取数规则解释：如果该员工在本职工作之外的某个或多个工位的技能分数经过审核达到了 3 分以上，那么记录该员工是一个多技能员工，软件平台记录了多技能的人数。当前多技能的人数 / 当前总人数就是多技能率。需要注意多技能率不是 100%，无须全员都是多技能的，否则会浪费企业宝贵的培训资源，要根据订单需求设定多技能率。一般来说，工业企业 30% 的多技能率是合理的。

根据订单来设定多技能率，是一个关联到前端市场部、销售部、计划部等广泛部门的事务。若要在系统平台里自动实现根据订单波动来设定多技能需求，则开发起来非常烦琐，而且订单不一定准确。因此，花巨资开发一个数据打通的平台是没有经济性的，故数字化平台的边界是线下计算需要的多技能培训，培训的过程在线上管控起来。这种方式已经是当前制造业一流的了。

（4）从操作员工多技能工作安排评定维度

1 分可以在培训平台里自动生成的技能卡上查看到，证据都保存在平台里，现场互助需要现场查看，和软件平台无关；2 分线下执行即可；3 分同 1 分；4 分、5 分需要查看质量平台，把培训平台和质量平台打通是一个方向，工作量巨大，但是收益非常小，因为要把两者打通，两个平台需要有共同的结构化媒介，该媒介不容易被识别出来。

鉴于以上复杂的年度评估衡量及 KPI，作者自行编写了一个小型的培训与发展平台。基于年度评估而开发的培训与发展平台示意图如图 3.6 所示，广大读者可以参考，以制定本企业操作员工的培训与发展方式。

培训与发展平台充分践行了培训方法论，真正完成了工艺部提供培训及审核、生产部接受培训及审核、质量部监督培训及审核效果的闭环，达成接地气的操作人员培训，让每个操作人员清楚地知晓工作的重点，形成全体操作人员的技能矩阵及相关的技能补贴。相对应的世界先进平台所谓的资质库或 HR 模块只是给了资质编码，而没有下一层级的资质培训结构化，是浮于表面的。本智能化平台直达最底层的员工操作培训，和绩效挂钩。

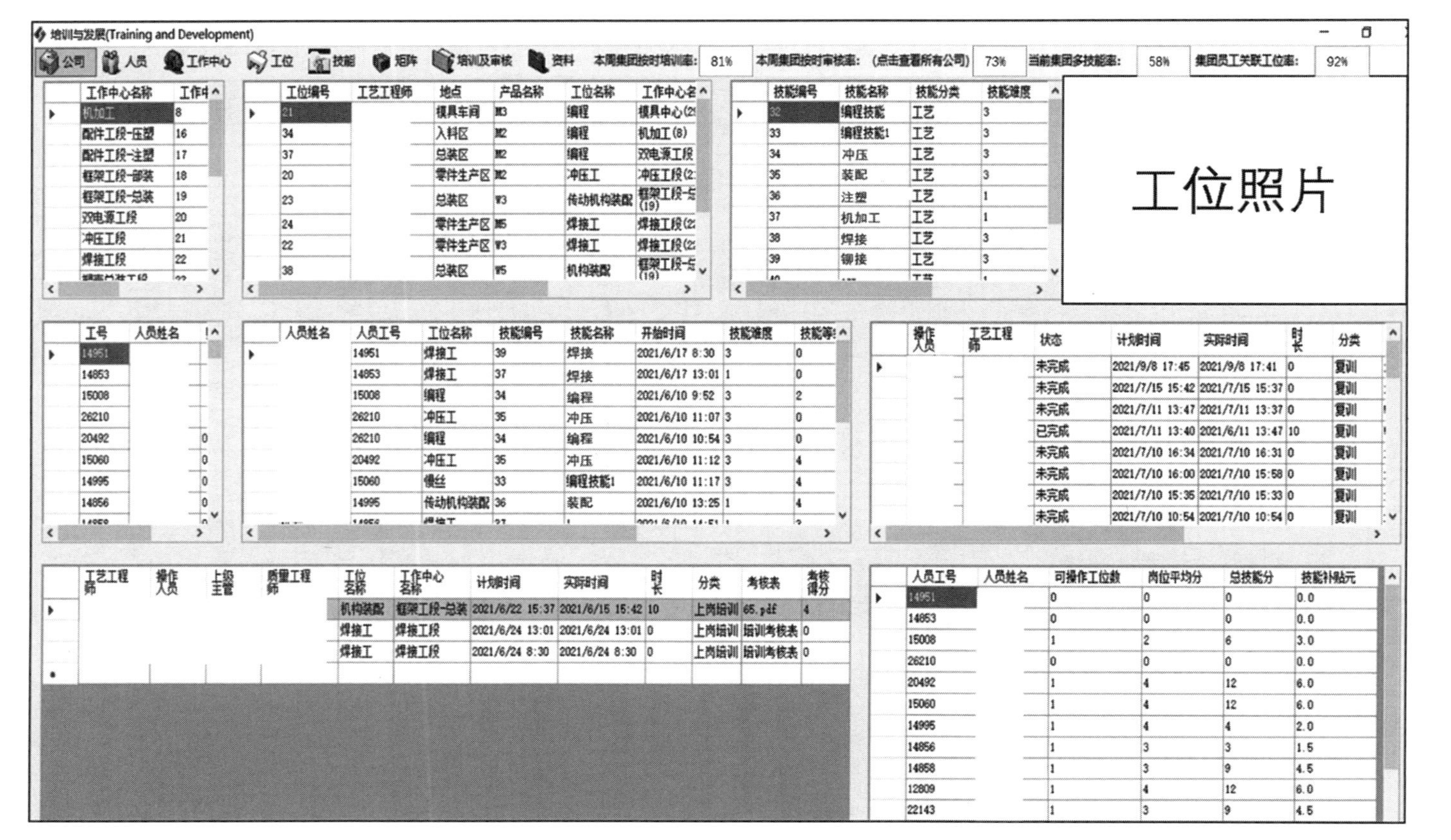

图 3.6 基于年度评估而开发的培训与发展平台示意图

1）工艺人员在软件后台建立了工位技能难度、员工技能评级，相当于把多技能表格规定的原则固化入了数字化平台。

2）自动生成细化到每周的培训、复训、审核计划，确保员工的技能不生疏，随时可以机动调配。

3）践行工艺培训、生产接受、质量监督的闭环。

4）生成员工能上能下的技能矩阵。

5）操作员工技能补贴的多少，基于工艺培训后评定的多技能分数得出。

6）自动驱动工艺部对操作人员的培训，和工艺绩效挂钩。

7）自动生成员工资质卡，和 MES 关联，即在现场工位的 MES 界面扫描员工工号，基于工号追溯到培训与发展平台中，发现该员工操作该工位的无资质，现场工位的 MES 会强控该员工不能操作该工位。

8）有 KPI 展示每周的按时培训率、按时审核率、多技能率、员工关联工位率。

9）完全践行了扁平化管理理念，最高层领导可以看到基层员工的技能等。

本节针对的人员是现场的操作人员，受教育程度通常低于辅助部门的员工，故针对现场操作人员的培训更应重视。当前市场上的 HR 软件其实更多地关注了辅助部门的员工，只是为了普适性，强行覆盖了生产一线的操作人员，用培训辅助部门的员工的思路来培训生产一线员工，会格格不入，导致培训效果大打折扣。对操作人员的培训要更加着重简单直接地看得到收益，有获得感，尽量少“延迟满足”，而即使是专业的 HR 咨询公司都很难意识到这一点。这其实就是人性，数字化同样要满足人性。

当下，有一个新名词：“伴跑”。它已被广泛传播，很多咨询公司在说“伴跑”，意思就是客户在这个咨询公司培训完之后，咨询公司的人还会时刻指导客户用于实践。这其实是一个伪命题。从本节当中，读者可以知道，对于操作人员的培训很复杂、和业务强相关，还是要企业自身来推行才是正道。企业寄希望外来咨询公司“伴跑”，实际上是假装在说培训和实际联系起来罢了。

第三节　5S 现场管理

1. 5S 概述

5S 是现场管理的意思，取自日语的罗马音的首字母包含了整理（Seiri）、整顿（Seiton）、清扫（Seiso）、清洁（Seiketsu）和素养（Shisuke）。GB/T 24737.9—2012 对此的描述是 6S，多出来的一个 S 是安全（Security）。国内企业还有说 7S 的，第七个 S 是节约（Save），安全和节约是英语词汇。

本书参考世界先进企业的叫法 5S，即使有企业在执行中加到了 10S，也是该企业自身的观点。市面上已经有大量的描述 5S 的图书，故本书只进行简单的名词阐述，讲解数字化时代的 5S 才是本书的主题。

5S 是一个系统性不断升级的过程，通过整理区分需要和不需要的东西，整顿要用的东西，按规定定位、摆放整齐、确定数量、有效标识，清扫以清除现场内的脏污，并防止脏乱再次发生。前三步的执行达到清洁状态，进而把清洁状态规范化，形成制度，养成 5S 良好的素养。5S 体系如图 3.7 所示。

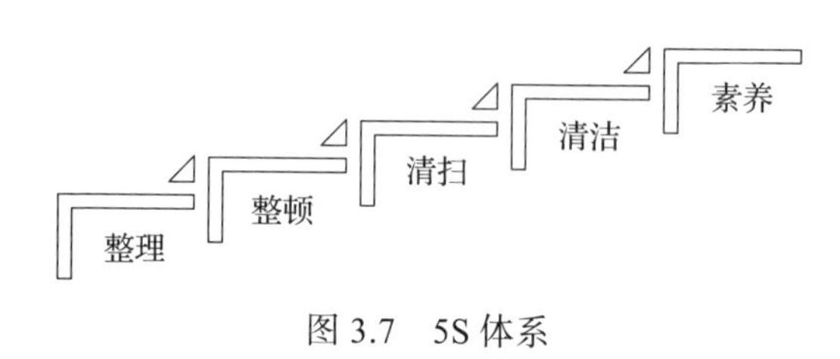

图 3.7　5S 体系

每个员工都需要有 5S 模板，这是最后的素养环节。日常的 5S 检查需要按照标准来进行，这种规范化的现场管理，在数字化时代就成为可能，可以在数字化平台里实现现场管理的数字化。落实到个人的办公室人员 5S 模板如图 3.8 所示。

落实到个人的操作人员现场 5S 模板如图 3.9 所示。

2. 数字化时代的 5S

这种和现场人员素质深度绑定的 5S，在数字化时代有何特别之处呢？我们真的有必要专门开发一个 5S 平台吗？会不会是一个伪数字化平台？

1）即使没有数字化平台，在线下进行 5S 评比时，设定好统一的扣分标准，达成现场管理有法可依，符合 SMART（Specific= 有规范的，Measurable= 可量化的，Attainable= 可达成的，Relevant= 相关联的，Time-able= 有时间限定的）原则，避免了原先凭感觉的现场评定。

2）数字化思维逐步从非生产一线员工扩展到生产一线员工，提升整个工厂的人员素养。

3）更高效地管理现场，基于数字化时代的 5S 评分排行榜，让一线员工有简单直接的获得感。现场管理好的班组，会有好的绩效，反之亦然。现场数字化管理符合人性。

部门：	生产部：
姓名：	×××

区域外观	方位指示	执行频次
	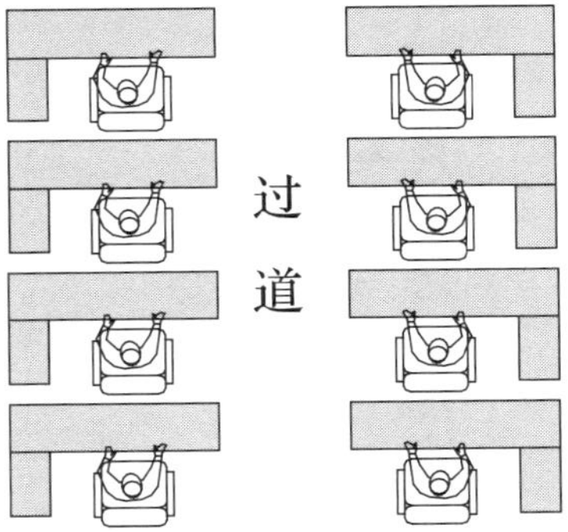 过道	▷每天 ▷即时

部位	部位外观	物品	检查方法	检查方法
①办公桌		5S模板 ▷电话 ▷计算机 ▷鼠标 ▷文件盘 ▷笔筒	桌面摆放整齐 无多余物品 文件分类放置 电源线捆扎整齐 无污渍	目视 目视 目视 目视 目视
②辅柜		▷员工桌牌 ▷面巾纸 ▷水杯	整齐，洁净 无多余物品 座位牌清晰可见	目视 目视 目视

部位	部位外观	物品（从左至右）	执行要求	检查方法
③抽屉内部		▷计算器 ▷订书机 …	位于定位槽	目视 目视

图 3.8　落实到个人的办公室人员 5S 模板

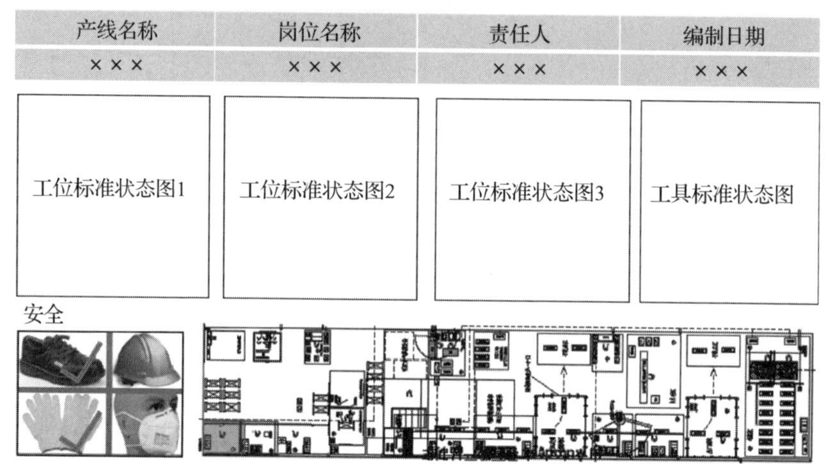

图 3.9　落实到个人的操作人员现场 5S 模板

4）通过把 5S 模板输入巡视机器的存储器，先进的企业已经实现了自动现场巡视，巡视机器人常态化地围绕现场巡视，生产现场的实时现场管理分数和图片都会传输到管理层的“数据驾驶舱”里，并展示出排行榜。

5）现场管理的数字化平台搭配的硬件和软件的投资都不大，比如巡视机器人可以装在常态化绕生产线运行补料的小火车上，当小火车绕了生产线一圈时，小火车上的巡视机器人就已经检查完成了所有工位的 5S。现场管理在数字化时代是一个“润物细无声”的良好变化。

3. 5S 现场管理的负责方

5S 现场管理年度审核的第一责任部门是生产部，所有员工都要广泛参与数字化平台驱动的每周现场 5S 检查，包括工厂所有区域。不能因为不是第一责任人，生产现场以外的员工就可以无视现场管理。

4. 5S 现场管理的年度总体目标

现场井井有条，没有因混乱导致的生产效率降低、员工的人身伤害、质量事故等。举例来讲一些混乱，比如要去杂乱的仓库寻找物料、由于地面油污没有清洁导致员工滑倒、生产现场电线私拉乱接导致触电事故等都不应该有。

5. 5S 现场管理的年度数字化评估

（1）5S 方法及驱动的改善评定

1 分评定：所有员工都知道 5S 方法。

2 分评定：所有员工都知晓 5S 标准，有正式的培训记录，工位职责有落实到唯一员工的 5S 标准模板。

3 分评定：临时工也知晓 5S 标准，有正式的培训记录。

4 分评定：基于每月的 5S 评估，可以看到每月有 50% 以上的车间和办公室区域都执行了现场管理改善。

5 分评定：基于每月的 5S 评估，可以看到每月有 80% 以上的车间和办公室区域都执行了现场管理改善。

（2）5S 现场审核评定

1 分评定：进行 5S 审核，分数必须大于 20 分。

2 分评定：进行 5S 审核，分数必须大于 40 分。

3 分评定：进行 5S 审核，分数必须大于 60 分。

4 分评定：进行 5S 审核，分数必须大于 70 分。

5 分评定：进行 5S 审核，分数必须大于 80 分。

（3）行政管理和纪律评定

1 分评定：行政管理良好，包括车间、仓库、实验室、办公区，浴室、食堂等。

2 分评定：行政管理非常好，还包括了外部区域，如配电房、电器室等。

3 分评定：针对每个区域，发现不符合 5S 的事项数量除以该区域人数小于 1。

4 分评定：行政管理和组织架构遵循现有标准，标准逐渐严格。

5 分评定：一旦发生异常，工厂采取了积极有效的方法以防止现场管理失误。

（4）可视化评定

1 分评定：工位可视化（需要挂工位牌），过道和其他边界的颜色连续地贯穿了整个工厂而不能断开。所有设备的标识、安全设施的位置、逃生路线清楚可视。

2 分评定：有可视化的在制品区域，不合格品需要标识红色，放入红色料盒，不合格标签是红色的。不是一直要强调惩罚，现场有 5S 优先班组展示。

3 分评定：工具放入工具嵌套中，零部件有特定的库位号，手机有专门的手机放置盒等。这些需要有清晰的可视化的展示方式。生产绩效可视化，记录保存良好。

4 分评定：所有任何可移动未定位的物件，如工具、小车、设备等有位置号，位置号位于自身和放置位置，放置位置有地轨，可移动物件的轮子放置于地轨槽中。

5 分评定：所有的设施上都贴上了形象化的浅显易懂的操作说明。可以第一时间看到设施产生的不良。工厂现场管理是行业标杆。可视化的信息全部是当前有效的信息。

6. 如何在“5S 现场管理”的年度数字化评估要求中找到数字化平台中的取数规则

现场管理的年度数字化评估几乎都是线下的方式，因为 5S 是与现场操作人员素养相关的事务，现场操作人员最爱的是简单直接、没有绕弯。要把复杂的事情简单化，这极其重要，故现场管理的扣分标准要明确。作者在做现场管理数字化的时候，花费了大量精力和现场人员确定了扣分标准，并用软件固化。现场管理结构化的扣分标准见表 3.3。

表 3.3 现场管理结构化的扣分标准

类别	不合格描述
严重	消防通道门不畅通，消防设备不齐全或被阻挡、标识不清楚
	员工未按要求正确佩戴防护用品，如防护鞋、防护眼镜、安全帽等
	高位货架区域、行吊、高温作业、加工等危险作业无防护设施
	电线、气管出现破损，使用临时线路且无警示盖板
	化学品未具备化学品安全技术说明、安全标签，危险、配电设施无警示标识和专人负责
	检查中发现的其他严重问题
一般	员工未经培训直接上岗，工作期间员工未佩戴工牌、未遵守劳动纪律
	产线未按要求悬挂作业指导书，操作人员未按作业指导书要求作业
	过程流转卡未按要求盖章或签字
	员工工作过程中存在抛、踢、拖拽等野蛮操作行为
	信息交流板内容未更新，包括每日点检表、5S、TPM 等
	非工作状态，产品、半成品未处于关闭状态
	私人物品没有放进指定的位置或储物柜中
	不合格项目在下一次的审核之前没有完成
	检查中发现的其他一般问题
轻微	设备、工装的有效工作区域堵塞或被占用
	产品、工具、设施无规范的清晰的名称标识或状态标识，或过期标识未更新
	生产过程中的物料、半成品、成品、工具、工装等未分类摆放整齐
	机器、工装、工作台、托盘等现场物品没有固定的位置
	料盒、物料、工装夹具、模具物品等混放且物品无标识
	工作区域内过道堵塞，例如放置了托盘、转运车、成品等
	工具箱、工作台有相应的标识却有不相符物品，如手套、图纸、零部件等
	物料摆放凌乱，没有规律
	工作地、公共区域、走廊、机器、工作台、柜子和设备上有灰尘、杂物
	各工作区域、通道未标识规范、划分清楚，标签 / 地标带脏乱、破损
	没有对各自区域机器、设备、工装夹具和工具清洁，地面未进行清扫
	影响人机工学，不利于员工正常工作
	文件柜内及桌面资料未分类存放或未摆放整齐，无指定标识
	检查中发现的其他轻微问题

作者自行编写了一套现场管理平台，数字化现场管理平台示意图如图 3.10 所示。

基于现场工艺管理和制造业现场管理的特色，该平台打造了制造业领先的现场管理。

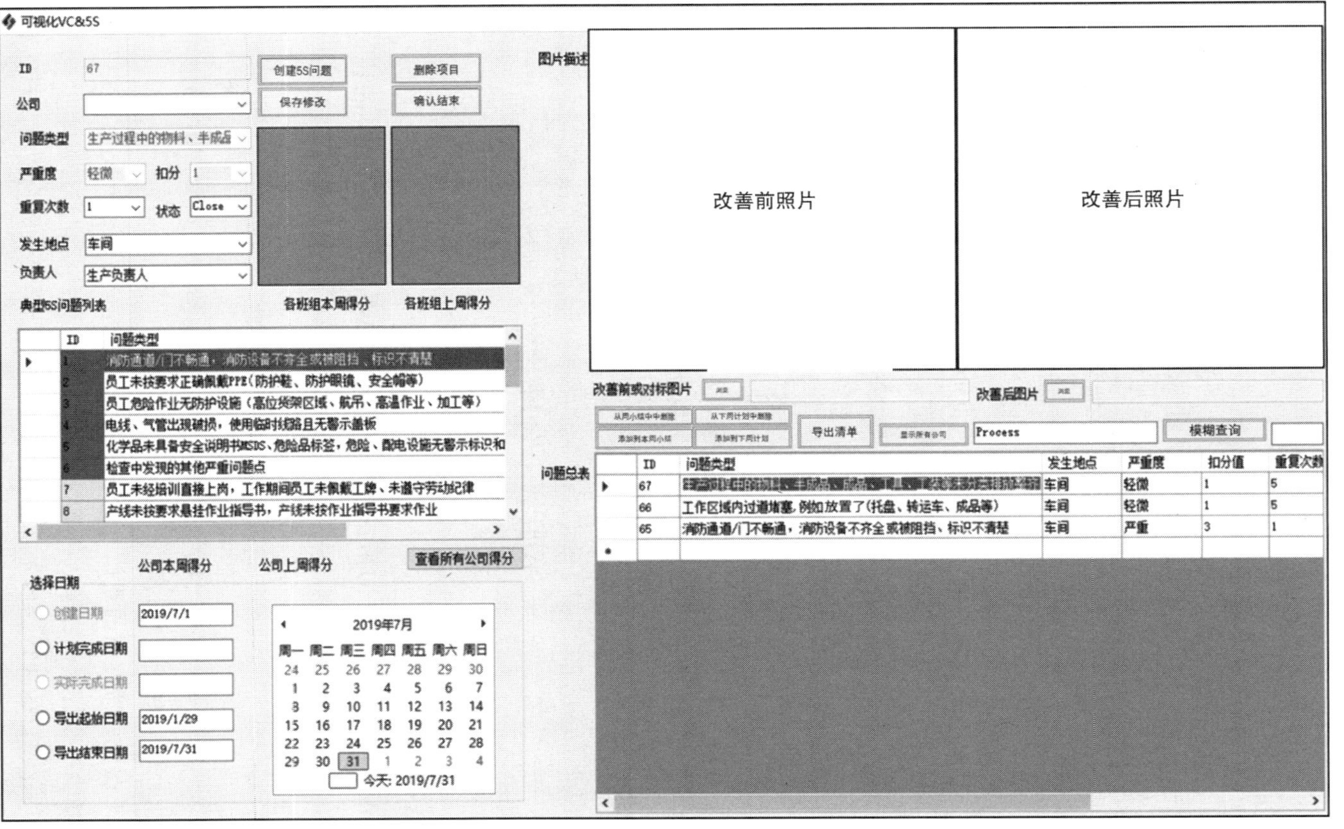

图 3.10　数字化现场管理平台示意图

1）把现场管理的扣分标准固化入软件中，现场管理的每一个不合格项均有对应的扣分项，总计 100 分。采用倒扣分的形式，严重的扣 3 分，一般的扣 2 分，轻微的扣 1 分。

2）有图有真相地驱动改善前后对比。

3）建立了班组现场管理的数字化衡量标准，是月度绩效考核的参考。

4）制造单位每个班组都有每周现场管理分数，显示了排行榜。

5）真正实践了扁平化数字化管理，各级领导根据权限可以查看到制造班组当周的现场管理排行榜，用于各级管理层对后进班组进行重点关注。

6）预留了接口，用于现场 AR 巡查时把实时照片传输到软件平台中，无须人工上传照片，前提是每个现场工位都有标准的 5S 模板，模板已经存储在 AR 机器人中作为对比的标准。企业可以参考该模式。

本节重点说明不管有没有数字化平台，5S 一直是企业管理的核心事务。有些企业不重视 5S，认为 5S 在做表面文章。作者认为连表面文章都做不好，还能做好什么其他的事情呢？

在数字化时代，5S 仍然是企业的核心业务，做好了，不光让人感受到赏心悦目的现场环境，更因环境而提升员工的素养，让员工不好意思、不忍去破坏美好的工作环境。数字化手段的应用，将让企业现场管理更上一层楼，员工的素养也随之提高，并会感受到自己的工作是体面工作的。

第四节　合理化建议

1. 合理化建议概述

合理化建议是为了贯彻精益生产全员参与的理念而设定的管理制度。员工从安全、质量、效率、健康和环境等方面考虑，在工作中发现问题或隐患，并根据自身的工作经验，提出合理的解决办法或预防方案，主动参与各方面的改进实施。

需要强调的是，改善不仅是自上而下的推动，还是要让每个员工有充分的主人翁意识，积极地自下而上地推行。

员工通过思考提出的建议，能够帮助企业预防安全事故的发生、提高效率的改善、减少报废的损失、降低和节约成本、实施流程的优化和改善等。

合理化建议的执行，首先需要员工热爱企业，愿意为企业做出贡献。其次员工要在工作中思考发现有问题的、不合理、需要改善的地方，同时生产主管或辅助部门的领导也会引导大家发现问题。再次针对问题找到相应的解决方案，写出合理化建议，和生产主管或辅助部门的领导一起沟通、修订并提交。最后由相关部门评定，采纳后实施。

如果你觉得工作干起来很吃力、很累人、很麻烦，工作是一件让人难以忍受的事，就要去思考怎样才能让自己轻松起来。此时便是提合理化建议的最佳时刻。

那些能够把合理化建议真正执行到位的企业，是有一套体系化的流程来保障的。先进企业的合理化建议流程如图 3.11 所示。

有企业在做表面的合理化建议，表现如下。

1）在企业大厅挂一个建议箱，边上放纸和笔，等待员工把建议投进去，统一收集。这种方式丧失了及时性，来自一线的合理化建议需要第一时间处理。

2）谁提谁负责，企业规定操作人员提了合理化建议后，该操作人员要在系统里创建、审批、推动执行、效果审批。各种复杂的过程完成后，只能获得几十元的收益，导致操作人员嫌麻烦都不去提建议。正确的办法是只要提，企业就马上对该操作人员给予奖励，得到正式实施后，再次给予更大的奖励。这会让操作人员有强烈的获得感，极大提高了提合理化建议的积极性。

3）在长期收不到有价值的合理化建议的情况下，有的企业的基层管理层沾沾自喜，认为自己的企业已经没有问题了，但是因面临更高管理者的质询，于是只好列一些不痛不痒的小改进来交差，比如在某个地方多放了一把扫帚、把掉漆的会议室门重新补好漆、在进车间的地方贴了一张不准现场吃瓜子的告示等。这些表面上的合理化建议并没有和生产现场紧密相关，看起来似乎每个环节都不可或缺，但是我们要知道每个环节都是要区分重要程度的，生产一线属于产生直接价值的地方，自然比辅助部门的价值高。

4）合理化建议都是自己部门为了完成指标而由部门负责人指派下属随意列出的，违背了合理化建议的基本原则——要跨部门，即本部门提，其他部门执行。这才是相对有价值的合理化建议，否则自己给自己提，只能是不痛不痒的建议。

2. 合理化在数字化时代

无论有没有数字化平台，合理化建议都要为了质量、安全、设备、效率、出货的优化而提出，所以企业的日常宣传需要说清楚合理化建议不是随意提的，是有目的的，是针对工作的不顺畅而提出来的，该原则要切实地传递到每一位员工。

数字化平台的应用，将基于合理化建议，推动各个部门长期有任务，营造适当的紧张感，改善消极怠工，驱动企业绩效持续优化，践行“积跬步致千里”。

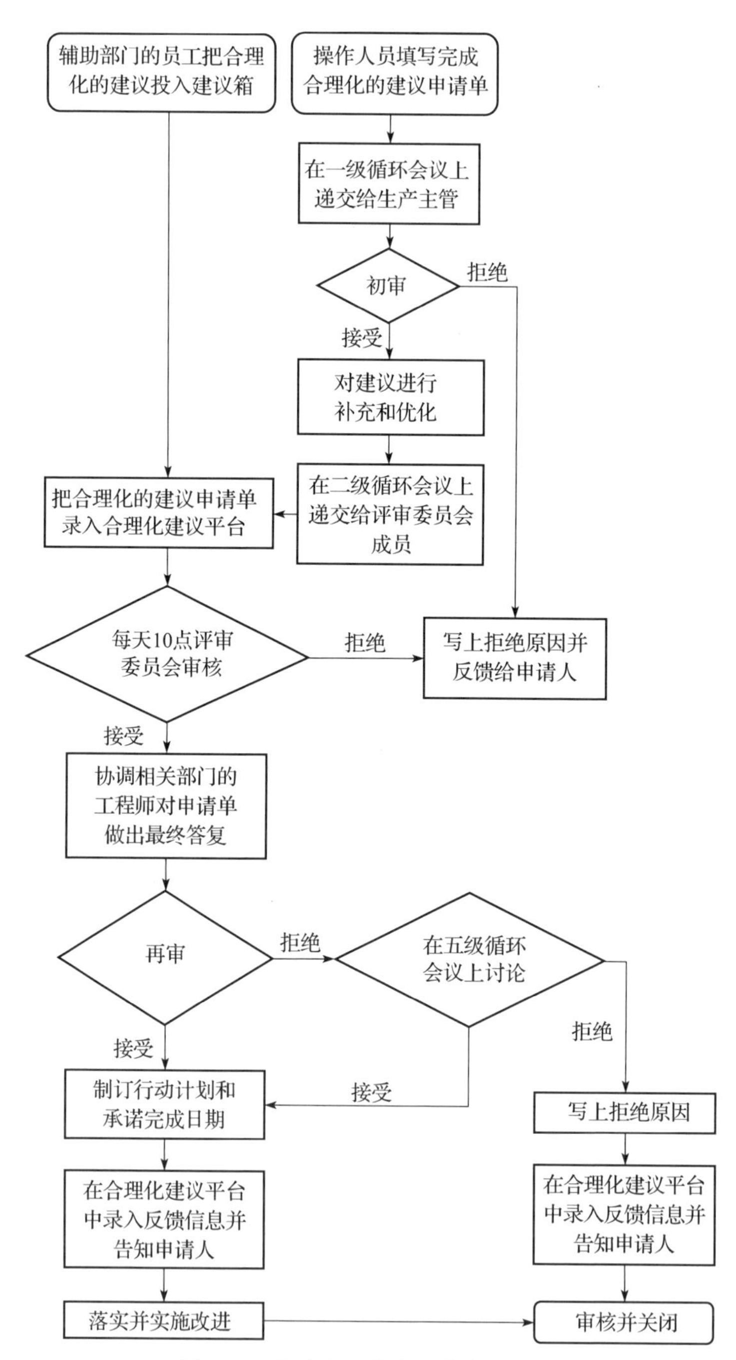

图 3.11　先进企业的合理化建议流程

3. 合理化建议的负责方

大部分合理建议针对生产现场，故年度评估合理化建议的执行情况由生产部负主责，至于辅助部门的员工提出的合理化建议，由辅助部门负责人监督执行，相对于负主责的生产部，辅助部门属于第二责任部门。

4. 合理化建议的年度总体目标

合理化建议有效促进了企业稳健运营，企业形成了自主推动改善的文化氛围，避免了表面上的合理化建议。

5. 合理化建议的年度数字化评估

（1）建议执行速度评定

1 分评定：有体系和流程记录了员工建议。

2 分评定：把建议简单明确地展示出来，合理化建议在一周之内有第一次反馈。

3 分评定：一天之内有第一次反馈，最终反馈在两周之内。

4 分评定：最终反馈在一周之内，平均执行时间 <30 天。

5 分评定：平均执行一个合理化建议的时间 < 两周。

（2）建议来源评定

1 分评定：有一个有效的流程来推动员工提建议。

2 分评定：在快速响应循环会议上，生产主管指导操作人员提出有价值的合理化建议。

3 分评定：统计了合理化建议的全员参与率。

4 分评定：员工参与率 >75%。

5 分评定：员工参与率 >85%。

（3）建议的数量和节约评定

1 分评定：总经理在月度会议上设定下属经理合理化建议的目标。

2 分评定：平均每个员工年度被执行的建议≥ 0.5 个。

3 分评定：合理化建议体系已经存在大于 6 个月；每个员工平均年度被执行建议≥ 1；年度合理化建议的增长率≥ 10%；每个建议都有金钱收益。

4 分评定：合理化建议体系已经存在大于 12 个月；每个员工平均年度被执行建议≥ 1.5 ；年度合理化建议的增长率≥ 10% ；合理化建议有金钱收益，过去两年有稳定的增长。

5 分评定：合理化建议体系已经存在 18 个月；每个员工平均年度被执行建议≥ 3 ；年度合理化建议增长率≥ 10% ；合理化建议体系已经广泛传播成为企业文

化，无须计算金钱收益，因为所有人都理解合理化建议的价值。

（4）即时行动评定

1 分评定：合理化建议通常会持续一段时间，不会立刻看到结果。相对应的有可以立刻看到结果的行动，称为即时行动，各级人员均知道该行动。

2 分评定：辅助部门的员工知道即时行动文化并常态化执行。

3 分评定：即时行动、员工建议、价值流程、快速响应管理是持续改善的来源。

4 分评定：即时行动文化广泛传播，所有员工乐意执行快速改善。

5 分评定：即时行动实践已经属于最佳实践。

6. 如何在“合理化建议”的年度数字化评估要求中找到数字化平台中的取数规则

在年度评估的要求中，已经明确了员工参与率、及时反馈率、按时执行率、个人平均合理化建议数量、合理化建议年度增长率、合理化建议的年度收益增长率等，这些 KPI 都可以在数字化平台里实现。这些指标看起来有些多，但是在数字化平台里，都自动执行，员工是无感的，目的是最终达成真正的金钱收益增长。

1）员工参与率：当前时刻，如果员工提出的合理化建议数量≥ 1，那么软件平台计数 1。当前计数之和 / 当前所有员工数量 ×100% 就是员工参与率。

2）及时反馈率：按合理化建议执行速度 3 分评定标准，在软件里设定一旦提出人创建了合理化建议，如果接受部门反馈时间 <1 天，那么软件判定按期；如果反馈≥ 1 天，那么软件判定延期。当前时刻按期的合理化建议总数 / 当前时刻合理化建议总数 ×100% 就是及时反馈率。

3）按时执行率：在系统里设定一个合理化建议执行完成的周期，周期不能设定为可选，否则灵活性太大会导致统计不科学。按合理化建议执行速度 4 分评定标准，在软件里设定所有合理化建议必须在 30 日内完成。软件取数规则是从合理化建议审批完成的时刻到执行完成的时刻，该段时间为执行时间，如果执行时间 <30 日，那么软件判定为按期；如果执行时间≥ 30 日，那么软件判定为延期。当前时刻按期的合理化建议总数 / 当前时刻合理化建议总数 ×100% 就是按时执行率。

4）个人平均合理化建议数量：当前时刻软件平台里的合理化建议执行完成的数量 / 所有员工数量，参考年度建议的数量和节约 3 分评定，设定为≥ 1，即一个员工一年内至少有一个合理化建议执行完成。

5）合理化建议的年度增长率：（本年度当前时刻提出的合理化建议的数量 – 上年度提出的合理化建议的数量）/ 上年度提出的合理化建议的数量 ×100%，工作日历到本年度最后一天，软件界面展示的就是年度增长率，日常展示是为了时刻提醒查看有没有达到10%的增长幅度。

6）合理化建议的年度收益增长率：参考年度建议的数量和节约评定4分标准，金钱收益只要有增长即可，故收益增长率的目标是>0，不规定一定要有一个数值。

作者编写了基于以上叙述的合理化建议平台，供广大读者参考。合理化建议平台的创建建议页面如图3.12所示。

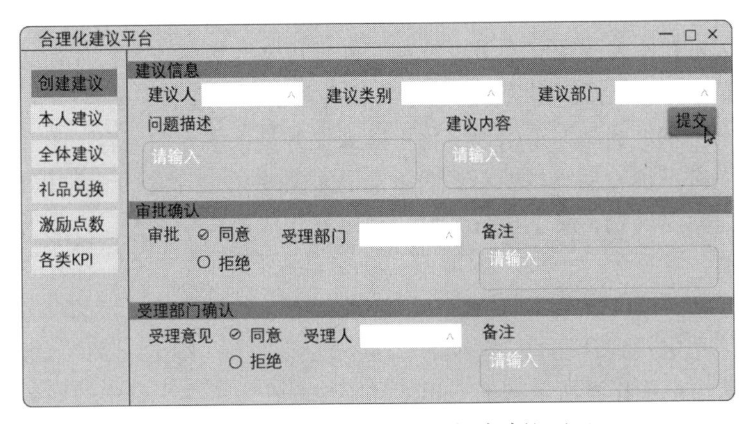

图3.12 合理化建议平台的创建建议页面

合理化建议平台的全体建议页面如图3.13所示。

图3.13 合理化建议平台的全体建议页面

该软件平台，不只实现了以上要求，还有一个新的功能，即领导若认为本部门或其他部门的员工的合理化建议执行效果非常好，领导可以发激励点数到该员工的账号上，激励点数可以折算成购物卡或企业自有小礼品等，让员工有满满的获得感。

作者这么开发，是受了 20 年前的第一份工作的影响。第一份工作的激励点数就可以兑换礼物，作者经常兑换到带有企业标志的礼物，常常激动万分。这种方式，在如今火热的数字化转型氛围下，还是不多见的，然而先进企业在 20 年前就采用了。

以上内容真正体现了企业把合理化建议当作一项事业在做，而不是做表面文章、应付检查。这恰恰体现了企业真正以人为本，相信员工会为了企业的发展而贡献力量。希望读者阅读完本节内容后，深度思考在数字化时代如何达成真正的人和软件平台的融合，达到既符合人性又符合数字化管理的平衡。

第一至三章讲的是真正用数字化手段来提升员工素养的内容，是和人强相关的业务，稍有不慎，就难以执行到位。若这些业务在线下本身就难以执行到位，那么作者强烈建议先在线下执行到位，制定好相应的线下 KPI，为线上的 KPI 制定奠定基础。

和人强相关的 KPI 既不能太多，又不能没有，这是最难权衡的事务。故从线下的 KPI 体系中找到合理的、精准的、跳一跳够得着的 KPI 并固化入数字化平台是重中之重。由于作者所掌握的知识的局限性，在数字化平台中的取数规则可能并不符合读者所在的企业。这种情况是难以避免的，因为每家企业都是特殊的存在，有其自身的特色，没有一个普遍适用的标准方法来覆盖企业所有业务。本书的编写尽量追求制造业数字化本质的最大公约数。读者在阅读本书后，把本书所讲的方法用到自己的企业中，找到企业特定的数字化本质，才是作者的本意。

第一至三章为员工篇，但是不代表后续章节和人不相关。以下两篇将从高效制造和制造资源配套方面来充分说明如何在数字化平台中设定业务的 KPI 取数规则，在此基础上以数字化平台来驱动达成真正的高效运营。

制 造 篇

理想的数字化转型把企业的所有业务织成了一张由数字化平台控制的大网，各类工具类软件是这张大网上的连接点。这张网是由人而不是机器编织的，所以人的因素很重要，这是上一篇强调的内容。

有了高素质的人才，工厂内的高效制造才有保障，各种为高效制造而制定的方法才有用武之地，才能发挥出应有的作用。

本篇分三章，即直接制造载体、直接制造载体之外、持续精进的制造能力。

直接制造载体一章阐明了为了高效制造，制造硬件载体应该如何设计，设计水平的高低应该如何衡量，如何结合数字化平台来确保正确制造和高效制造等，什么情况下应该采用数字化平台来控制，什么情况下还是应该以传统线下手段来控制。

直接制造载体之外一章阐明了制造载体本身及外围的现场应该如何管理，把产品的生产放置于一个人性化的生产线，以及环境友好、安全的内外部现场，进一步为高效制造提供良好氛围，促使其进入良性循环。

持续精进的制造能力一章阐明了任何一个企业的制造运行系统都是基于现状持续改善的，不是一成不变的。在数字化时代，善用数字化手段来驱动改善行动，以达成更高效的制造、让利益相关者更有获得感、让企业长盛不衰等目标。本章描述了数字化平台对改善行动的巨大推动作用，即以数字化平台自动提取关键绩效指标来高效驱动改善。

高效制造（新质生产力三大特征之一就是高效）不再是用传统的加班加点、低价劳动力的方式来获得所谓的高效产品交付，而是基于正确的方法，结合数字化手段来达到事半功倍的效果。这是时代的进步，数字化加速了该进程。

第四章 Chapter 4

直接制造载体

第一节 生产线设计

1. 生产线设计概述

数字化转型是优化管理思路并固化到数字化平台，最直接的物理呈现是生产线的改善或新建。经长期调研发现，我国部分企业缺少设计生产线的方法。企业通常的做法是把定义产品的节拍（年度工作时长除以年度产品需求数量）、提供产品的测试规范、提供产品样机等给到生产线设计方，生产线设计方提供方案后再评审方案是否满足要求。经多轮技术交底，达成最终的定稿方案。

该方式的弊端是严重依赖供应商对产品和精益化的理解能力。通常情况下，即使是专门设计生产线的供应商，对于需求方的产品理解也不会和需求方完全一致，导致生产线设计后的真实效果不尽如人意。

因此，设计生产线需要有底层逻辑。

无论多么先进的生产线，其设计的基础理论计算永远朴素，逻辑必定通畅，脱离了底层朴素的理论计算逻辑的支撑，即使由大量先进装备堆叠成一条物理上先进的生产线，仍然极有可能达不成产能目标。图 4.1 所示为某制造企业的经典布局图。

先进生产线设计思路与一般生产线设计思路的对比如图 4.2 所示。一切最终呈现在外的数字孪生工厂，虚实结合，均无法脱离底层数据的整理、治理和应用。数字工厂是底层数据的物理呈现。

图 4.1　某制造企业的经典布局图

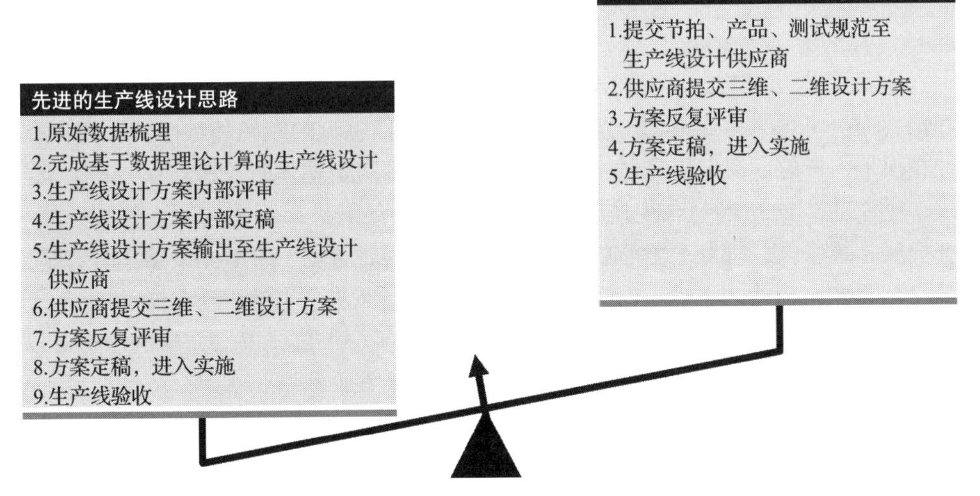

图 4.2　先进生产线设计思路与一般生产线设计思路的对比

以先进的生产线设计思路为例，以项目为维度进行生产线设计，先进生产线设计阶段概览，如图 4.3 所示。先进生产线设计包括 4 个阶段，项目经理需要跟踪每个阶段的具体事务的进度，常态化地召开项目会议以推动按时完成。

生产线设计是一个系统性综合工程，需要从宏观层面的整个厂区来考量，基于整个工厂的原始布局，设计到生产线的每个细节。生产线设计通常由八大步骤构成：初始规范、产能和需求、产品架构、产品流程、物料供给、产线布局、管理和投资回报。

场地调研
- 改善或新设计生产线区域确认
- 现场测绘
- 基于现场区域数据，绘制初始区域图
- 培训企业关键用户生产线设计方法
- 驱动到考试合格

原始设计数据梳理
- 产品未来3年需求数据
- 节拍定义
- 鉴定准确的工时
- 工位划分
- 线体平衡计算
- 看板制、配料制物料主数据定义
- 产线流程图

硬件实施
- 制作一体式工作台
- 制作配料周转车
- 搭建线体框架
- 自动化设备的投入
- 基于设计要求验收产能

规划图设计
- 基于基础数据绘制规划图
- 设计基本的看板工作台
- 设计基本的配料制周转车
- 若自动运输，设计运输导轨
- 考虑运用机械手
- 生产线三维造型设计

图 4.3　先进生产线设计阶段概览

在厂房建设之前，需要考虑生产线精益摆放的位置，需要有全局观的生产线布局，充分考虑未来参观流、物料流、产品流、信息流的顺畅和最经济距离。在此情况下，考虑厂房布局的立柱位置，体现了局部决定整体的要求。

整个工厂的布局包含生产线、仓库、入料检区域、出货检区域、包装区域、办公区、维修区、研发工坊等功能区，清晰、直观、可控、有工业美感。

根据实际产能的波动或内部效率的提升，工厂布局一直处于动态变动中。

通常在制造行业，工厂布局每年一小变，三年一大变，单位面积的产出可以考虑作为 KPI 指标，推动企业精益改善以节约生产线面积。

员工休息区和生产主管办公区是生产线的一部分，休息区必须离员工近，否则移动距离太远（因此不能设置集中休息区）。50m 距离是推荐最长距离。

生产线改善或未来建设新生产线时必须遵循以下原则。

1）仓库必须垂直于生产线，距离生产线 3m，满足最小移动原则和消防通道 3m 的要求。

2）仓库外面有备料区，备料区用于提前准备好生产需要的一定时间内的物料，以防生产突发缺料情况导致无效等待。备料区不能无限大，否则将导致仓库无主次之分，通常能放置两台 1200mm × 800mm 的配料车即可。

3）仓库→生产线→发货区是一条龙，不走回头路。

4）每条生产线间隔 3m，小火车送料时不走回头路。

5）每条生产线的区域内有生产主管办公区和小型员工休息区。

6）生产区域不得用围栏围起来，要开放式生产线，便于补料和可视化。

7）收货检验区必须紧挨仓库。

8）仓库门一定要是有进有出的双门，不要共用仓库门。

9）厂房立柱要顺着生产线流向，不能垂直于生产线流向。

10）参观通道同样不能走回头路，故不能布局为十字架生产布局，会导致参观通道走回头路，小火车送料无法调头。

11）布局一定越可视化越好，布局确保开门进入工厂即可看到全局。

12）生产所用的水、电、气必须走架空线，禁止走地面。

某大型领先装备企业的生产线布局如图 4.4 所示。

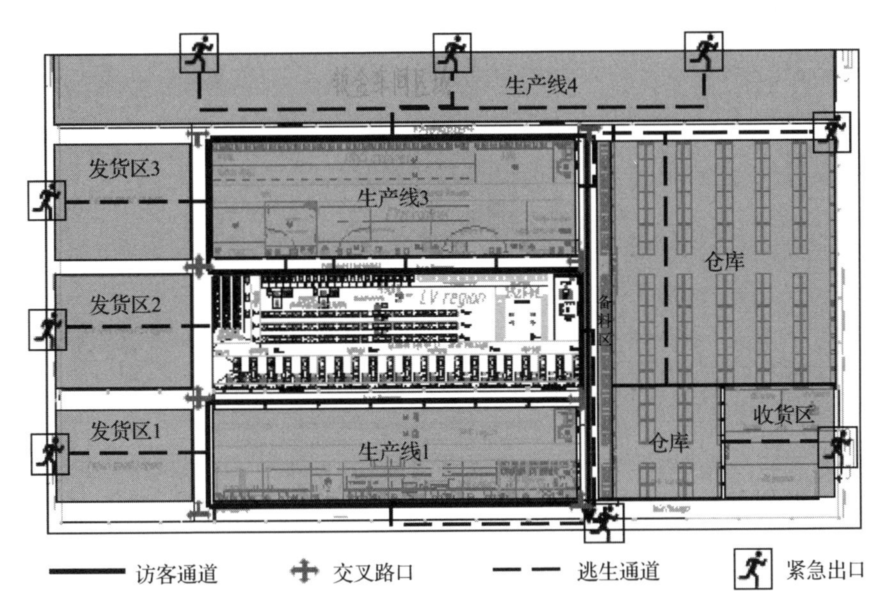

图 4.4 某大型领先装备企业的生产线布局

以最有难度的混线生产的大型复杂定制化装备为例，介绍关于生产线设计的八大步骤。

（1）初始规范

知晓产品的长、宽、高最大尺寸，将其用于初步估算占用面积。知晓产品的最大重量以预估生产线的承重。针对从零开始建立的生产线，需要知晓市场的需求。通常市场部难以给出准确的市场需求，但是基于正确的规则，又不得不给出一个需求数据，若需求数据准确性不高，将导致设计生产线所产生的各种数据均错误，因此企业高层有责任推动前端市场部做出相对准确的预测，预测未来 3 年的需求量。

现有产品销量随市场波动导致生产线的扩大或缩小，同样需要市场部的预测，同时结合历史数据，找出某些型号数量，以便定下典型型号。对于混线生产的定制化产品，定义典型型号的原则是查找过去三年数据中哪款型号的数量占比达到过去 3 年数据总量的 80%。若达到 80%，以该款产品型号为典型型号设计生产线，但是注意生产区域最终大小还是由最大型号决定，若没有哪款产品数量达到 80%，必须计算加权平均后的型号。

相对单一且标准无定制产品，则比较简单，混线生产的类型比较少，确定典型型号比较方便。

本步骤的关键点是前端给出的市场需求是准确的，基于准确的市场需求计算出准确的生产节拍，如图 4.5 所示。

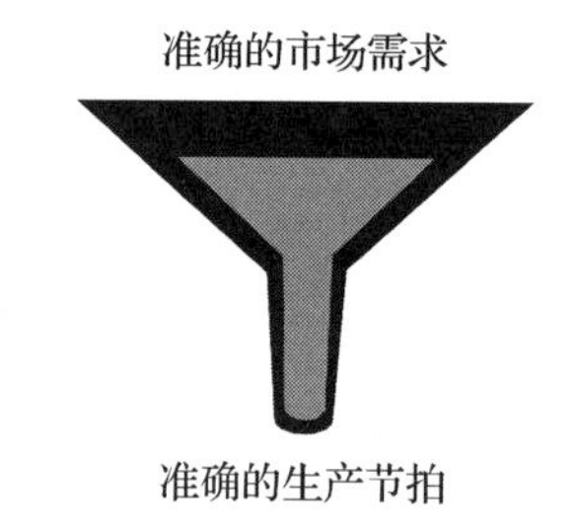

图 4.5　基于准确的市场需求计算出准确的生产节拍

（2）产能和需求

根据从无到有的生产线建设，生产线设计人员得知客户年度最大需求（Customer Need Maximum，C_{max}）后，将知道生产节拍（Takt Time，TT），TT = 年度工作时数 × 60 / C_{max}。每个工位的节拍时间就等于生产节拍，需要订购的设备的生产节拍必须小于等于该节拍才能确保设备不是瓶颈，该参数要向设备供应商提出。

当现有生产线因为产能的增加而需要重新设计生产线时，需要在历史数据中找到该生产线瓶颈工位（耗时最长的工位）的产出，然后对比分析是否可以满足新的市场需求。若设备在生产时即留有余量或有升级的机会，则无须投资新设备，否则需要投资新的设备。

需要注意，在设计生产线时，设备的耗时决定了产能的大小，产能由无法机动调配的设备决定，而人员可以机动调配，因此可以把设备说成瓶颈而不能把人说成瓶颈。

本步骤的关键的是甄别现有产能和市场需求是否匹配，需求产能和实际产能的甄别可以防止盲目投资，如图 4.6 所示。

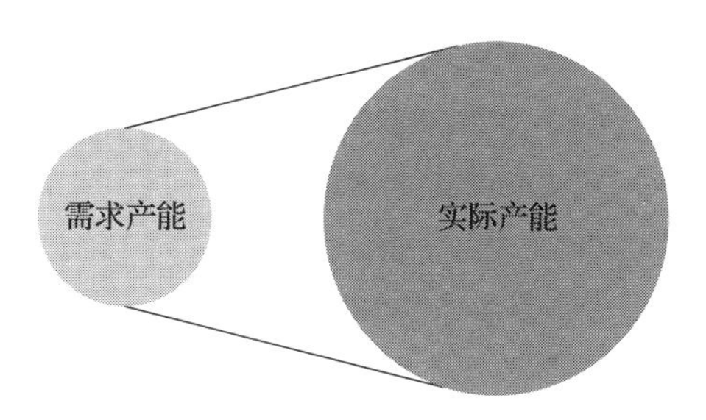

图 4.6　需求产能和实际产能的甄别可以防止盲目投资

（3）产品架构

差异减少是体现生产线设计标准化程度的指标，生产线是由多个流水线工位构成的，当特定的产品结构设计决定了在第一个工位就有各类非标选项时，代表生产线从第一个工位开始就有了分叉。这种分叉传递到第二个工位，而第二工位仍然有各类非标选项，分叉再一次被放大，逐个工位积累下来，生产线的非标选项越来越多，标准化程度越来越低，这需要警惕。生产线设计应严格执行差异后置以增加标准化程度，如图 4.7 所示，分叉导致做各种工装夹具费用上升。若合理安排工位顺序，把需要变化的零部件安排到最后一个工位，可变的工装夹具只要一套，前端工位均为标准化。

为达成差异化后置的要求，必将倒逼通过各种手段，如统一零部件、统一材质、统一测试顺序等来达到差异减小的目标。若设计出来的生产线差异指数不达标，必将导致生产线设计的成本较大。

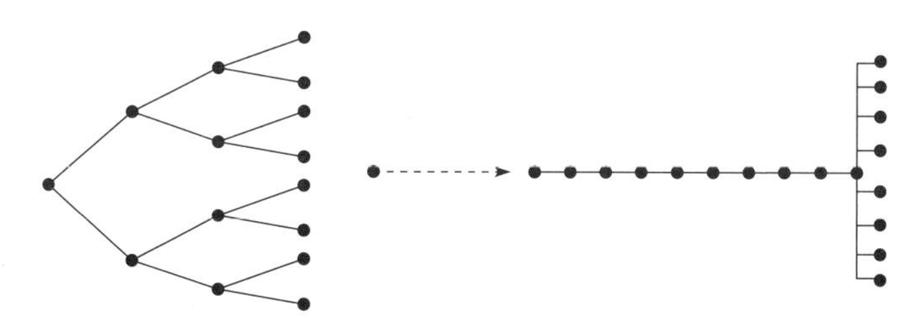

图 4.7　生产线设计严格执行差异后置以增加标准化程度

（4）产品流程

工位数量的设计不是根据产品结构确定，而是根据最前端的市场需求和研发交付的工时数据来初步确定。举例说明：假设一款产品的年度市场需求是 4680

台，年度工作小时数是 2340h，每出一台产品的时间是 $2340 \times 60 / 4680 = 30\text{min}$，即节拍时间是 30min，研发部新设计的产品从头至尾做出来需要的设计工时（Design Time，DT）是 300min，生产效率是 90%，操作人员的数量 $= 300 / 90\% / 30 = 11.11$。

根据精益生产原则，流水线上必定一个工位安排一名员工，由于定制化以及员工技能难以统一，必将导致工位之间的不平衡波动，于是操作人员在工作期间，需要帮助前后两个工位，以抵消工位之间的不平衡。注意是前后相邻工位而不是距离远的工位。

基于工艺工程师的生产线平衡性数据、工位数量、人员数量和产品结构得出产品的工艺流程图。工艺流程图有一条主线贯穿，部装线垂直于主线特定工位以实现最小化移动距离，有返工区规定了不良品的流向。

（5）物料供给

根据生产线平衡率要求定义的工位时间进而定义出每个工位需要的物料，工艺工程师需要给出工位最基础的物料数据，该物料数据展示了工位物料的消耗周期、物料属性、使用看板料盒还是周转车补料、超市看板和顺序拉动先进先出（First In First Out，FIFO）的组合使用等。若定制化产品较多，大部分企业仅使用 FIFO 送料方式，少量企业使用超市看板送料方式，而我们追求的是大量使用超市看板送料，因为超市看板的物料可以设定和专门订单不挂钩。

只有在物料主数据充分且准确的前提下，才可以进行生产线硬件的设计，比如一体化工作台的大小由微小单元看板物料盒的大小和数量决定。工作台不只是用来放置看板物料，还要兼顾人机工程学的要求，比如操作台面离地 80cm、台面深度 41.5cm、最大宽度不要超过 180cm 等硬性要求。工作台应符合人机工程要求。一体化工作台的样式如图 4.8 所示，有进料通道和空料盒回收通道，有为操作人员服务的信息展示看板。

配料制的物料需要设计专门的物料周转车，周转车等工装夹具装夹物料原则上不要超过 3 个步骤，步骤太多会降低直接生产效率。生产线设计工程师要基于该原则设计生产装备，多采用快速夹钳进行物料装夹。根据生产线的消耗周期计算出需要制作的数量。通常情况下，精益生产实践优秀的情况下，需要的数量是最少 3 台：一台在生产线，一台在仓库，一台在备料区（备料区是重要的，若无备料区，需要改善）。设计周转车同样需要符合人机工程的要求，同时可以考虑用小火车拉动周转车。周转车或者固定放置架如图 4.9 所示。

图 4.8 一体化工作台的样式

图 4.9 周转车或者固定放置架

（6）生产线布局

基于前述步骤的演算，每个工位的看板物料主数据决定了工作台的大小。配料物料主数据决定了配料车的大小和数量，人员操作经济半径（走动3m以内是合理的）等因素决定了该工位的大小，上下两个工位间的理论在制品数量和大小决定了两个工位的占地面积，不良品的转移决定了测试工位的大小。以上因素的集合最终决定了生产线的大小和结构。一个典型的定制化或非定制化产品生产线必将满足以下基本要求。

1）单件流，一个工位配置一个操作员工。

2）弹性和柔性，工位和员工可随产能的增减而变化。

3）物料供给靠边，补料不能影响操作人员。

4）生产线开放式、可视化，不使用围栏，以免影响送料。

5）定制化生产线主线采用直线形式，部装线采用单工位或U形线。

6）每个工位配置看板工作台和配料区（若有）。

7）先进先出，不走回头路。

8）有滑轮必有相配合的地轨，轮式周转车在线内必由地轨导向。

9）禁止使用叉车补料，需要设计带轮子的周转车补料。

10）大型行吊只在包装区使用，线内使用悬臂吊或助力机器人，专人专用。

（7）管理

线体建设报价需要的事项清单需要工程师列出，按工位分，把线体建设按照操作先后顺序列出细化的工程，以求尽量细化每个环节，而不是在施工期间发现前期商讨不完善而导致各种费用增加，因此生产线设计人员要提交工程量清单作为厂家报价要素之一，用于正式报价。

新生产线设计完成后，需要告知计划部如何准确提供交期给前端销售部，有准确且简单的交期计算表提供给销售部。销售员只要在表格里面输入数量，即可知道该订单的交期。

除了要提交上述文件，还要提交每月的产能分析和制造管理报表，输入每月的需求和实际的产出，来预警未来是否要增加投资或者缩减产能。该文件由精益工程师在每个月底或者下个月初提交给计划部，用于安排生产检视产能是否满负荷。在开启一班的情况下，超过120%的负荷开启两班。在开启两班的情况下，仍然超过120%的负荷，必须购买新的设备来满足市场需求。

（8）投资回报

生产线的投资正常需要三年回本，精益生产线的变动是一年小变动、三年大变动。三年后是下一个循环的起点，若三年还未收回成本，该投资失败。人力、工时、场地面积的节约是投资考量的主要因素。

人力的节约不是以解雇员工达成结果，若是粗暴开除员工，违背了精益生产尊重员工、以人为本的宗旨，员工将抗拒做持续改进。因为当员工知道改进的结果会导致自己失业时，是绝无动力支持改进工作的。企业必须把冗余员工调剂到新的岗位，或者开辟新的业务，以吸收冗余员工。

工时的节约是指通过各种优化，达成工时降低、产能增加。一般来讲，年度工时降低的 KPI 是 5%，某些制造企业的操作人员的计薪模式是计件制，若工时的节约使计件工资增加是好事，但是企业会认为是购买了新设备才达成了工时降低，自然不想增加工资发放，而是倾向于降低工时定额，于是员工会抗拒持续改进，由此进入死循环。解决的方式是推行计时制，根据准确的工时计划可以计算出当日的产出。若在各方面条件都完备的情况下，生产量仍然没有达成当日产出量，就是绩效不达标。

任何一家企业的财务人员都有义务计算出每日每平方米厂房费用是多少，通常是 1 元 /（m^2・日）。有 KPI 考核单位面积的产出，以推动有效生产面积的持续减少而产值持续增长或持平。若产值降低，有效生产面积必须减少。通常比较好的企业可以做到定制化成品在 2 周之内必出货，有效减少了厂内库存占用空间。推行准时化（Just In Time，JIT）送料方式同样是一个减少零部件存放空间的有效手段，即工厂只有在需要的时候，才把需要数量的零部件送到需要的工位上，这是工艺部门需要竭力推行的事务。

传统的流水线生产抹杀了一线员工的创造力，员工工作 8h 只做机械化、枯燥、简单重复的工作，被机器取代的风险巨大。

有远见的企业将结合员工的能力，开发单元式生产系统，作为流水线生产系统的有效补充。单元式生产系统有利于员工充分发挥主观能动性，因为需要一个人处理所有步骤，该员工必须具有多种技能，因此会想方设法提升自身的业务能力。回到单元式生产也不一定是倒退，不能误入精益怪圈，如图 4.10 所示。

从流水线生产回到单元式生产在当前时代并不意味着倒退到孤岛式生产，和精益生产原理不冲突。数字化转型专家基于长期的工业领域积累，得出该结论。

2. 数字化时代的生产线设计

在当下数字化时代，比较流行的是数字孪生，在虚拟世界里模拟了将要建设的实际生产线，预先知道生产线和周围的干涉、物料流、信息流、产品流等信息，让管理层可以简单明了地知晓未来生产线的运行模式。

让我们回归生产线设计的本源，为什么生产线要占这么大面积？为什么会和周围厂房干涉？为什么物料流是这么设计的？为什么产品流流向不是直线型？这些生产线设计信息才是三维建模的本质，是数字化生产线的本质。生产线设计在

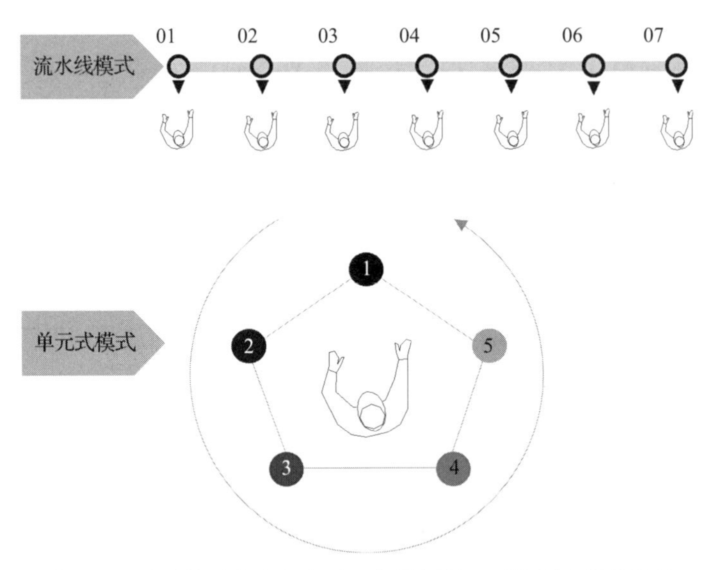

图 4.10 回到单元式生产也不一定是倒退，不能误入精益怪圈

数字化时代是最基础的理论计算能力，基于理论计算，才能绘制出数字孪生，数字孪生只是生产线理论计算的具象化表达而已。

理论计算不精准，会导致最终物理生产线的运行达不成产能目标，从而导致巨大的投资浪费。

生产线在数字化时代承载了太多的数字化呈现，认为其仅仅是个 AR 展示是肤浅的，要深入地和产品强关联才能达成真正的生产线设计，进而走向数字化、智能化生产线。若专注于表面文章，只能是伪数字化。

3. 生产线设计的负责方

一般由工厂的工艺部负责生产线设计，年度评估也由工艺部负责。有些分工特别细化的企业，也会由工业工程部负责。

4. 生产线设计的年度总体目标

生产设计文档经线下查看符合的生产线设计方法论，把新生产线按量产要求按时释放给生产部。

5. 生产线设计的年度数字化评估

（1）产能分析评定

1 分评定：知道每条生产线的产能和瓶颈。

2 分评定：知道每个工位的产能，知道每条生产线不影响出货的瓶颈，有相应的规则来确保瓶颈工位的产能不影响按时出货至客户。

3分评定：有专门的工具追踪产线利用率，过去12个月的产能利用率应大于50%。

4分评定：产能分析用于优化流程、生产区域及投资，手工组装线安排2个班，自动生产线安排3个班。有逐年改善的生产线利用率。

5分评定：基于价值流程、持续改善理念，生产线不是静态的而是动态改进的，有相应的改进记录。

（2）一般生产线设计方法应用评定

1分评定：掌握了生产线设计方法，知道生产线设计的三个精益理念，即单件流、物料供给和柔性生产。在生产线设计过程中应用了一个精益理念。

2分评定：在生产线设计过程中应用了两个精益理念。

3分评定：在生产线设计过程中应用了三个精益理念，并且其中一个理念用于优化生产线，不是新建生产线。

4分评定：运用精益理念执行了两个优化。

5分评定：生产线设计中应用了三个精益理念（单件流、物料供给、柔性生产）来优化生产线。生产线是行业的标杆。

（3）定制化工厂的生产线设计方法评定

1分评定：企业有专门的定制化工厂的生产线设计方法。

2分评定：使用了定制化工厂的生产线设计方法设计了定制化工厂的生产线和工位。

3分评定：定制化工厂的生产线设计方法大部分应用于工厂。

4分评定：定制化工厂的生产线设计方法大部分应用于工厂。针对某些例外情况（如名胜古迹、建筑结构等），有迂回的改造措施。

5分评定：有证据显示工厂是定制化工厂生产线设计的标杆。

6. 如何在“生产线设计”的年度数字化评估要求中找到数字化平台中的取数规则

年度评估基于生产线设计方法的应用证据。证据是结果，不是过程。故在数字化平台里，把证据形成的庞大过程，即本节讲述的生产线设计方法结构化开发入数字化平台的意义不大，花费巨额开发成本并不能获得理想的收益。

我们根据工业逻辑正向推演到最后，会得出新生产线的交付必须满足量产验收条件。这是管理的维度，也是数字化转型的切入点。数字化转型本来转的就是管理，而设计过程属于工程技术范畴，不属于管理范畴。故把技术输出的结果打包作为交付物，提交到生产线设计的项目管理平台是合理的。

生产部当然不希望闭着眼睛接收工艺部架设好的生产线，因为接受了，就意味着后续一旦有任何生产设备异常，生产部要自行处理；而工艺部却想要在释放量产的时候把生产线及时转移至生产部，若转移不出去，就不能认为新产品可以释放量产，这个巨大的责任将不得不由工艺部来承担。矛盾看起来无法调和。确实也是大部分企业的工艺部做完了生产线设计和建设，长期不能把生产线顺利地移交给生产部，因为生产部总是会把小异常无限制地扩大化，工艺部也只好无奈地拖下去。这是企业管理的痛点。

数字化时代将有效解决该痛点，一个数字化平台中的KPI就可以解决此问题，即生产线按时转移率。在产品项目验收时，如果检查到该项目匹配的生产线交付文档没有齐全且生产部没有签字，该项目强控不能验收通过，生产线的释放和新产品强关联起来，由研发部和工艺部一起推动生产部验收通过。另外，在没有产品项目时，企业需要自行数字化、智能化升级生产线，该生产线按时转移率就必须基于设定的项目交付时间来判断，如果超过项目交付时间还未转移，那么转移不通过，关联到本书所述的实时绩效平台里的当月绩效。生产线设计后的交付物和实时绩效平台联动如图4.11所示。若下月还未交付，同样影响到下月绩效。生产部和工艺部一起受影响，如果转移时间≤项目交付时间，那么转移通过。

图4.11 生产线设计后的交付物和实时绩效平台联动

本节阐述的生产线设计在当前数字化转型阶段是文档的管理，是结果的管理，不可有不切实际的想法，即把生产线设计全部智能化设计了，幻想成如建筑效果图那样，由模块搭成。工业级别的生产线设计的理论计算极其复杂，即使是所谓的数字孪生，也只是一小部分实现了理论数据的可视化展示，大部分数据还是要线下手动计算好，比如工作台的设计、工位的大小等。当线下理论计算好之后，用三维软件绘制好工作台造型等信息，再嵌入数字孪生平台整体查看。懂得真正的工业逻辑，才会让数字化转型回归理性，回归工业的本质。

第二节　仓库运营

1. 仓库运营概述

一般企业通常把仓库作为生产线设计的附属品，在生产线位置确定之后，再划分出一个区域当作仓库，只要能够存放物料即可，并不考虑仓库和生产线其实是一个有机的整体，好的仓库对于生产效率的提升作用较大，因此在设计生产线时，也要考虑设计仓库。

在当前时代，配套生产线的仓库有高级自动化无人立体仓库，还有传统仓库。无论自动仓库还是传统仓库，仓库设计的原则是一致的。传统仓库最能说明仓库设计的原则，自动仓库只是在传统仓库的原则上，升级了硬件而已。传统仓库的设计原则如下。

1）安全，不能靠近大型电气设备，不能有明火等。

2）最短移动距离，中央封闭仓库尽可能靠近生产线，但是不要有线边库。

3）电动和手动叉车在仓库中有空间周转，通常过道宽 3m。

4）有单独的进出通道，不要共用一个进出口。

5）收货区、入料检验区、仓库入口按物料进厂顺序设置，就近安排。

6）仓库必须有备料区以提前一天备料，防止发生紧急缺料问题。国家数字化制造战略下，设立立体库以流程互锁确保提前 1 ～ 3 天备料，防止缺料生产。

7）有紧急发料通道。

8）高位货架是仓库设计的基本要求，要增加单位面积的利用率，尽量不要摊大饼式地平铺物料。

9）有充分的空间放置电动运载装置。

10）人机工程充分应用于仓库的搬运，尤其是较重的物料。

11）仓库内部除了高位货架上放置木托盘外，下架的物料统一使用周转小车装载，高效发运至生产线。

12）仓库的看板物料槽有坡度以实现先进先出（First In First Out，FIFO）。

13）大量充分安装防撞护栏，地脚螺丝要充分固定。

14）高价值物料及敏感质量物料需要专门存放或看护。

15）仓库环境必须和生产线环境一致，以免不良环境对物料质量产生影响。

16）小火车可以顺利进出仓库拐弯，无须走回头路。

17）生产线的一体式工作台上的货架部分是仓库的延伸，不是线边库，故补料责任归仓库。

18）有配料小车区。

19）使用量大、周转频率大的物料放置在货架上人站立可取用的高度位置，放入料盒或专门托架方便取用。

仓库的设计基于生产物料的主数据，产品结构和市场需求决定了每个工位的物料主数据。物料主数据除了用于设计生产线的工装夹具、周转车外，还用于计算仓库物料的种类、数量、周转频率、看板、配料，结合高位货架充分的利用率，计算出初步的仓库占用面积。只有根据经济学原理ABC、FMR（价值、使用/移动频次）把物料属性区分为看板制和配料制，才可能进行正确的仓库设计。

（1）ABC

ABC是一个库存物料的分类法，根据库存价值的可衡量标准将库存物料分成不同的组。ABC分类法帮助企业识别库存中高价值的物料，通过多频次的循环盘点，以确保这些物料有严格的过程控制、库存的准确性、物理上的安全。库存准确率直接影响客户服务率。

ABC分类法是根据80/20原则而来，具体分类如下。

“A”类物料是最重要的，高价值的少数的物料，但占企业库存成本的80%。

“B”类物料是较重要的物料，占企业库存成本的15%。

“C”类物料通常代表了大多数原材料库存，但相对较低的价值，只占企业库存成本的5%左右。

物料价值的分类如图4.12所示。

（2）FMR

FMR是衡量库存使用/移动频次的分类方法，可应用于原材料、零部件、成品，是根据平均每月消耗的订单行数/次数进行的物料分类方法。和ABC分类法一样，FMR是ERP中另一种分析库存水平的方法。每月使用50次的物料和每月使用4次的物料可能产生相同的成本价值，但ABC分类法不会显示这些信息。物料的移动频率定义如图4.13所示。

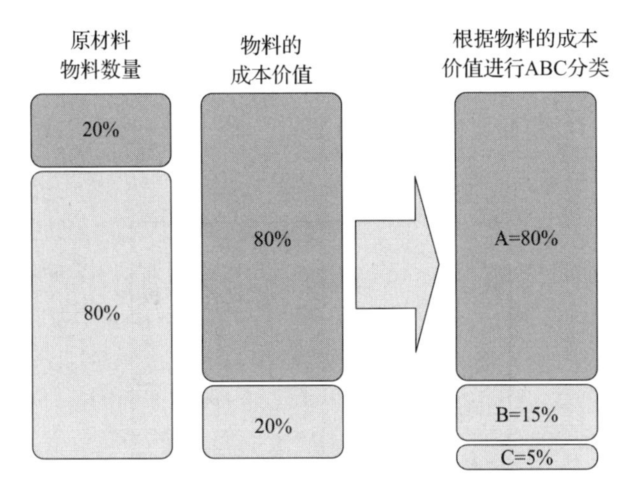

图 4.12　物料价值的分类

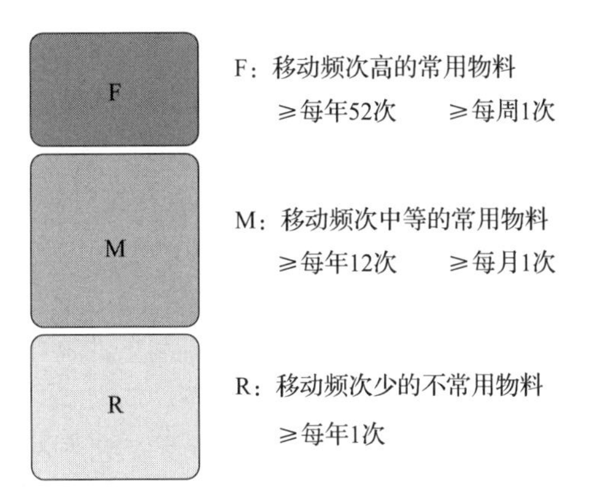

图 4.13　物料的移动频率定义

一般来说，价值象限和频率象限用于参考物料设定为看板类型（一段时期内和订单无关系），还是配料类型（按订单生产）。当设定为看板型制物料属性时，设计定制化的周转车是最高等级的操作，当仓库人员看到该车已经空了，立即触发信号把该周转车补满，和有没有下计划订单没关系，也不会导致库存过多，因为生产的量是以补满空车为限的，而不是无限制生产的。这是比较好的状态，工厂有义务、有责任增加看板制物料的比例，增加看板制物料并不会导致库存过多，看板制属性和配料制属性并不冲突。年度审核时会审查看板制物料的比例，标准件属于看板制物料，工厂不能提交全是标准件的看板制物料清单给审核专员，审核专员要看的是除了标准件之外的看板制物料比例。物料设定为看板制或配料制属性没有完全明确的公式，通常参考图 4.14 物料分类象限来设定。仓库设计的底层技术就是所有物料的属性要先讲清楚的，而一些企业或多或少地欠缺了这种能力。

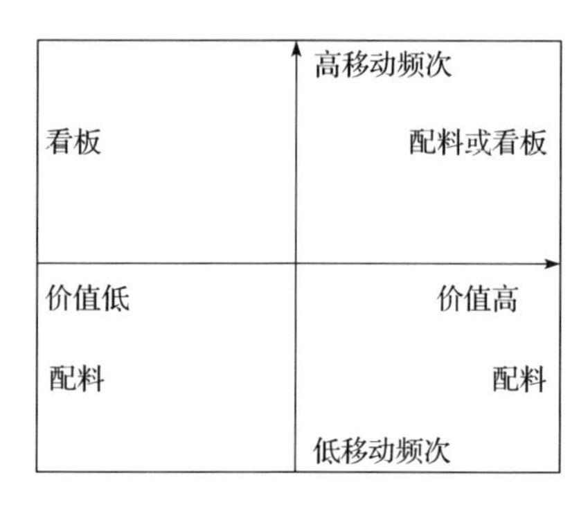

图 4.14 物料分类象限

在基于物料主数据完备的前提下建设好仓库，仓库基本建设好之后，管理需要提上日程。采用通常的 9 层高位货架时，物料的放置规则：F、M 类物料放在流利条货架（流利条货架是指盛满物料的物料盒放在按有倾斜的流利条的货架上，物料盒会沿着流利条倾斜的方向自动滑落到货架边上，以方便取料，物料员不需要把手伸入货架里面取料），位于高架的 2、3、4、5 层；R 类物料放高架顶层，位于高架的 8、9 层；重量大、体积大、不适宜流利条的物料，放底层；需要补料的物料放在高架的 6、7 层，从高架补料到流利条。

每一类物料需要在仓库中集中放置，便于找寻。仓库需要有整体的物料布置图，仓库物料布局图例，如图 4.15 所示。在整体方位确定之后，需要定下每个物料的库位编码。编码的原则是需要明确地知晓产品、层数、隔码等，以方便员工迅速找寻到定点定位的物料。

仓库仍然需要提升效率，需要提高小火车的周转效率以缩小仓库面积，更高效地收货、上料、取料、装车等。按照精益体系的要求，仓库需要建立工时体系，工时是一切改善的前提。

需要建立每一个物料从收料、检验、入库、取料、装车、出库、运送、上工位等，从收料到送到生产线上的每个环节的时间，进而计算出发运一整台产品物料需要花费的时间（DT）。仓库的工时体系，如图 4.16 所示，类似制造工时瀑布图，但是并不完全一样。

15	14	13	12	11	10	09	08	07	06	05	04	03	02	01	排
A-15 产品1	A-14 产品1	A-13 产品1	A-12 产品1	A-11 产品1	A-10 产品1	A-09 产品1	A-08 产品1	A-07 产品6	A-06 产品6	A-05 产品6	A-04 产品6	A-03 产品6	A-02 产品6	A-01 产品6	A排
B-15 产品2	B-14 产品2	B-13 产品2	B-12 产品2	B-11 产品2	B-10 产品2	B-09 产品2	B-08 产品2	B-07 产品7	B-06 产品7	B-05 产品7	B-04 产品7	B-03 产品7	B-02 产品7	B-01 产品7	B排
C-15 产品3	C-14 产品3	C-13 产品3	C-12 产品3	C-11 产品3	C-10 产品3	C-09 产品3	C-08 产品3	C-07 产品8	C-06 产品8	C-05 产品8	C-04 产品8	C-03 产品8	C-02 产品8	C-01 产品8	C排
D-15 溢出	D-14 溢出	D-13 溢出	D-12 溢出	D-11 溢出	D-10 溢出	D-09 溢出	D-08 溢出	D-07 产品9	D-06 产品9	D-05 产品9	D-04 产品9	D-03 产品9	D-02 产品9	D-01 产品9	D排
E-15 产品4	E-14 产品4	E-13 产品4	E-12 产品4	E-11 产品4	E-10 产品4	E-09 产品4	E-08 产品4	E-07 产品10	E-06 产品10	E-05 产品10	E-04 产品10	E-03 产品10	E-02 产品10	E-01 产品10	E排

图 4.15 仓库物料布局图例

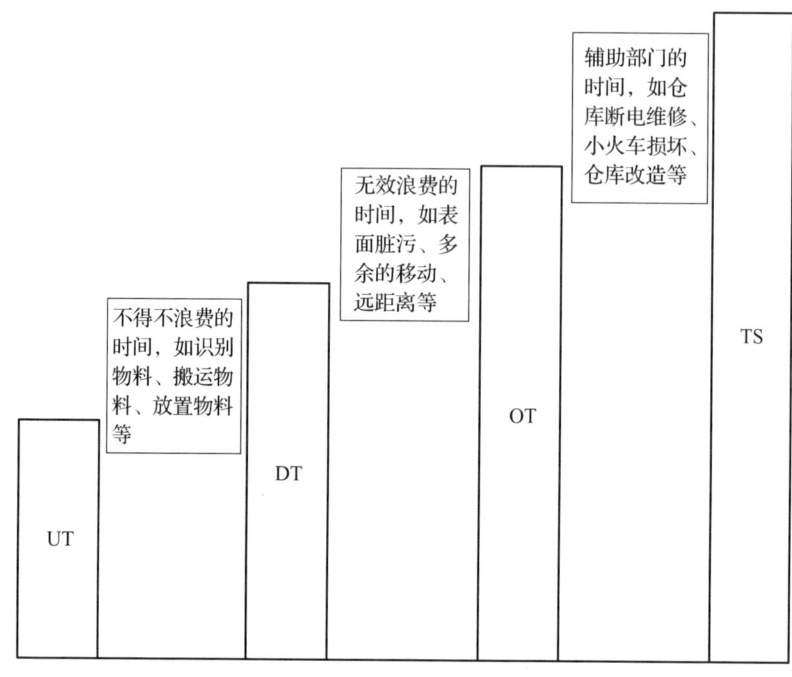

图 4.16　仓库的工时体系

基于仓库工时体系，可以知晓仓库的运营效率。

根据每天的 KE 计算出每周的 KE，甚至每月的 KE，形成 KE 趋势图，效率需要有持续上升的趋势。世界先进企业的传统仓库参考标准通常是 50% 的效率，在数字化时代有极大的效率提升空间。

仓库效率的改善通常着眼于以下浪费因素。

1）在制品库存：如过量生产、提前备过多物料。

2）等待、信息等待、缺料等待。

3）运输：无必要的步骤、远距离。

4）操作：无必要的操作步骤，如上供应商运输车帮忙搬料。

5）移动：不必要的移动，人机工程的不合理搬运。

6）质量问题：维修和缺陷。

7）外观：表面脏污。

2. 数字化时代的仓库运营

即使是全自动的无人立体仓库，设计仍然要线下手动计算，场地大小仍然要先平库计算然后转移到立库如何存放。只有精准的数据计算，才能达成精益仓库，全自动的无人立体仓库是精益仓库的最佳呈现。

在数字化时代，仓库最终的发展方向是“自我革命”，达成没有仓库，已经有先进的企业没有仓库了，比如某汽车工厂是没有仓库的，这是背后极度精准的理论计算的最佳实践。

为何仓库被取消在数字化时代是必然的？当下，大部分企业还是有仓库的，以防不时之需。这本质上是对从厂家到客户的各个环节没有精准把控，导致需要仓库。如果厂家送货给客户的零部件永远合格，那么仓库就不用入料检验了；如果客户提前一天告知厂家工厂需要在某时间段增补定量的物料，厂家就可以在第二天的某时间段把货送到客户的工厂，由于零部件永远合格，再加上物料是工厂所需要的数量，那么自然就可以实现厂内小火车从厂家的货车上取下了物料，直接送到生产线的工位上。这种状态下，仓库确实是取消了。

从价值比例上来说，传统做法是仓库依附于生产线而存在，是一个辅助部门，价值不会比生产一线大，尽管它是必需的。

仓库运营在数字化时代的标杆就是取消了仓库，只是在当下，企业只能一步一步来实现。企业若想一步跨入无仓库时代，无异于天方夜谭。企业要着眼于当下的实际情况，制定跳一跳够得着的数字化目标，比如可以把这个目标设定为把现有传统仓库里运用手动加升降叉车取物料的方式，升级为由爬传统货架机器人自动取物料的方式。好处是可以精准计算时间，进而知道仓库的效率。当然，消除了劳心劳力的人工配料，也是一大亮点。

3. 仓库运营的负责方

企业的物流仓储部门是仓库运营年度数字化评估的第一负责人，至于建设一个仓库或者取消一个仓库背后的理论计算，理想状态下是由懂产品的工艺部来负责的，同时还需要结合工业工程部的精益规划能力，才能做好仓库的理论计算。在理论计算通过后，再实施硬件投资建设。

4. 仓库运营的年度总体目标

仓库支持了生产线的高效运营，在质量合格的情况下，没有因仓库没有及时送料到生产线而导致的生产效率降低，仓库没有收到生产现场开给仓库的缺料不良转嫁单。

5. 仓库运营的年度数字化评估

（1）仓库绩效评定

1 分评定：无论是内仓还是外仓，均可以获得各类运营成本。

2分评定：有效追踪仓库收料、处理、发运物料的时间。

3分评定：仓库的信息交流板上有绩效目标和实际值。

4分评定：基于物料供给参数、使用频率、物流情况、包装计划等，按季度调整库存以匹配市场需求。

5分评定：优化存储行动促进了绩效目标的达成。

（2）入库前的时间评定

1分评定：知道收货时间和质量检验时间。收货时间+质量检验时间+仓外存放时间≤3天。

2分评定：收货时间+质量检验时间+仓外存放时间≤2天。

3分评定：收货时间+质量检验时间+仓外存放时间≤24h。

4分评定：收货时间+质量检验时间+仓外存放时间≤16h。

（3）仓库设计评定

1分评定：大部分物料在仓库可控范围内，但可能在多个地点入库，包括不得不用到的线边库。

2分评定：物料在仓库中均按照仓库设计原则来放置。ABC分类法、FMR分类法用于物料属性的设定。

3分评定：用仓库设计方法进行物料的定位和配置，有规则地定义看板制物料属性和配料制物料属性，属性可以互相转换。

4分评定：各区域之间及各区域内部不存在上架、补料、取料、发料之间的相互冲突，为用量大的物料设计底层库存。

5分评定：物料流没有任何冲突，有利用先进工具的例子，如条码、射频系统、专用处理设备等。可视化管理良好，信息简单易懂。

（4）高价值物料的库存评定

1分评定：对高价值物料，有基本的控制手段，如设置安全区域、循环盘点、确保数量精准的处理程序。

2分评定：对被判定为“有盗窃风险”的高价值物料，有正式的核对程序。这些高价值物料在财务和会计监督下执行每年至少一次的“双盲盘”。

3分评定：高价值物料对账每年至少进行两次，库存准确，绝对误差小于2%。财会人员积极参与循环盘点过程。

4分评定：高价值物料库存准确，绝对误差小于1%，循环盘点，每年至少由外部会计人员认证一次。

5分评定：高价值物料不会丢失。

6. 如何在“仓库运营”的年度数字化评估要求中找到数字化平台中的取数规则

1）从仓库绩效维度：在仓库系统里可以查到每个物料从入厂开始到发运到生产线工位所经历的每个过程节点的时间，可以查看到每个物料在当月区间当前时刻的 KE，可以查看到所有物料在当月区间当前时刻的 KE，可以查看到上一年度所有物料的 KE，年度工时降低率参考操作工时降低率。

2）从入库前的时间维度：以年度 3 分评估为参考，可以设定及时入库率，在仓库系统里取数当前时刻，及时入库率 =（实际的收货时间 + 质量检验时间 + 存放时间）≤ 24h 的物料订单行数 ÷ 当前时刻所有待入库物料订单行数 ×100%。

3）从仓库设计维度：在 ABC 分类法、FMR 分类法已经固化入仓库系统的情况下，软件平台可以自动在物料上加载该两项属性，基于已经加载的属性，仓库主管需要负责识别出该物料在系统里是看板制还是配料制。企业需要大量增加看板制物料的数量。在系统中可以设置看板制物料的比例，即看板率。看板率 = 当前时刻系统中看板制物料的数量 / 当前时刻系统中所有物料的数量 ×100%，要看到年度比例有上升的趋势，至于设定目标值，是下一步的事情。因为增加看板比例是既艰难又烦琐的任务，需要慢慢来。

4）从高价值物料的库存维度：年度评估按 3 分水平已经设定了高价值物料的库存绝对误差小于 2%。仓库系统除了有总体盘点精度外，需要对高价值物料特别盘点，计算公式是通行的计算方式，即库存绝对误差 = ∑盘点亏盈总金额 / 库存实盘总金额，只是加入了高价值物料的筛选。数字化时代的仓库管理系统（Warehouse Management System，WMS）就应实现该功能。

本节强调：不可认为一旦上了自动立体仓库，仓库就是自动运行的。在现实中，很多企业实行的 WMS 只是把传统仓库升级成了自动搬运，人无须进入仓库而已，背后一整套理论计算是缺失的。这不是真正的数字化，只是一个自动化装备而已，而且是一个不能计算仓库效率的自动化装备。

在当前技术条件下，WMS 可以抓取到仓库运行的大量数据，但是只是结果的展示。WMS 不会告知如何基于长期运行的大数据来自我优化，比如工程师想把高价值的配料制物料改为看板制物料，WMS 并不会给出改进的看法，因为设定在系统里的看板制和配料制的规则是一定的。实际上，在线下，选择定义看板制和配料制并没有绝对的规则。若高价值物料移动频率高且有监控设备，就可以设定为看板。若看板物料突然大幅涨价，那么改为配料制物料也是合理的。但是 WMS 不会建议装监控设备，更不会警示物料大幅涨价，自然也不会给出改物料属性的建议。所以再怎么数字化、智能化的仓库，人的线下计算、设定仍然必不可少。

第三节　标准化及工程变更

1. 标准化及工程变更概述

针对非标定制行业，每个产品都是根据客户要求私人定制的。面向客户的销售部和厂内制造部门通常会对外宣称，所有的产品都是独一无二的非标定制化的，所以精益生产不适合我们，标准化的推行不适合我们，这是典型的不符合SMART（Specification=有规范的，Measurable=可量化的，Achievement=可达成的，Relevant=相关联的，Time-able=有时间限定的）原则的叙述。无数据不精益，精益体系要求识别出一台非标定制产品，到底有多少物料是定制的，到底有多少物料是标准物料。举例来讲，电气柜成品从整体来看，确实是每台都不一样，但是若把成品的物料分解一层查看，会惊奇地发现90%的物料都是标准的。例如，三工位开关、操作机构、断路器、挂锁、套管、扩展、提升排、气压表等，都是长期不变的，变动的模块仅仅是外围的电缆支撑架、模拟面板印刷内容、配单独生产线的低压箱部装模块等。这些变动的模块仅占整体物料数量或价值的10%，因此证明了很多人把产品层级的定制化当作了构成产品的每个零部件结构层级的全部定制化，给不了解产品的人员造成了全是定制化的印象。

基于以上的阐述，在数字化时代，提高定制化产品制造标准化程度，可以从以下两个方面进行。

1）前端设计的标准化：产品方面可减少零部件或组件的数量和规格种类，标准化产品功能或组件以模块化执行；过程方面可减少过程中装配的步骤，减少过程中技术或工艺要求，减少标准化工装夹具或设备。

2）后端差异后置：产品设计已经定型后，在价值链的后端——生产端差异后置是降低生产复杂程度的方法，是指导制程改善的指南。在制程方面，若不同点均集中到最后一个工位，如图4.17所示，意味着制程流向非常稳定。差异后置效果体现在降低库存数量、成本，减少工装、夹具等投资，减少换型次数，减少本工位的差异数量，简化零部件或产品的流程等方面。

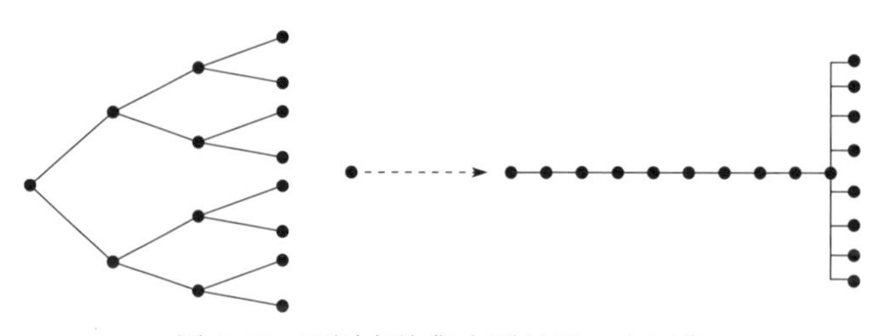

图4.17　不同点均集中到最后一个工位

每家定制化企业都想追求最大程度的产品或零部件标准化，及生产制造后端的差异后置。

标准化和差异后置互为影响因素，当差异都聚集到最后一个工位时，标准化自然好，生产线的工装夹具自然少。当标准化做得好时，一开始的差异率就比较低，证明产品设计比较易于生产，后续继续降低差异率就比较清晰明了。差异率是有计算公式的，它极其复杂，本书不细说，因为偏离了本书的主旨，读者知道概念即可。

产品设计层面的标准化是极其庞大的体系，而本书专注制造端数字化，故设计层面的标准化在本书中仅提及“技术选择表”非常重要。

理想情况下，标准化程度一开始就做得比较好，将从源头上大量减少产品释放给制造端后的工程变更，故工程变更和标准化这两块业务放在一章中讲是合适的。

工程变更，即在新品释放量产后，分析了各种问题，比如质量问题、装配不顺畅、加工太费时、客户投诉等，得出结论只有专门进行产品结构变更，才能彻底解决该问题。这种产品结构的变更会导致量产条件下各类制造资源的变化，从变更发起到新结构产品投入生产线进行量产的过程就是工程变更。

工程变更串联了各个部门，每个部门要做许多任务。某世界领先企业复杂的工程变更闭环如图 4.18 所示。

2. 数字化时代的标准化及工程变更

制造端的差异后置这种驱动制造标准化的行动，在数字化时代将产生如下重要作用。

1）以数据来衡量标准化的程度，不是表面上喊口号要达成制造标准化。

2）即使是定制化产品，也有标准化程度衡量。定制化产品是由标准部分和非标部分构成的，不是所有零部件都是专门定制的。

3）大量减少了实施数字化平台的工作量。有了大量的标准化，相对应地避免了对大量的定制化选项进行高通量筛选，比如数字化工艺输出的随生产线工位的报表作业指导书的数量就大量减少了。标准化对数字化转型项目的成功有巨大的推动作用。

工程变更在数字化时代，反而是最不适合数字化的一块业务。看了图 4.18，不懂业务的信息部数字化转型人员会跃跃欲试地把这些业务全部开发进系统平台，懂业务的数字化转型专家却会阻止这种行为，因为人的作用才是主要的。市面上的 PLM 平台有工程变更模块，这些所谓的工程变更模块来自世界知名设计软件厂家，但是通常情况下还是很难达成工程变更闭环，理由如下。

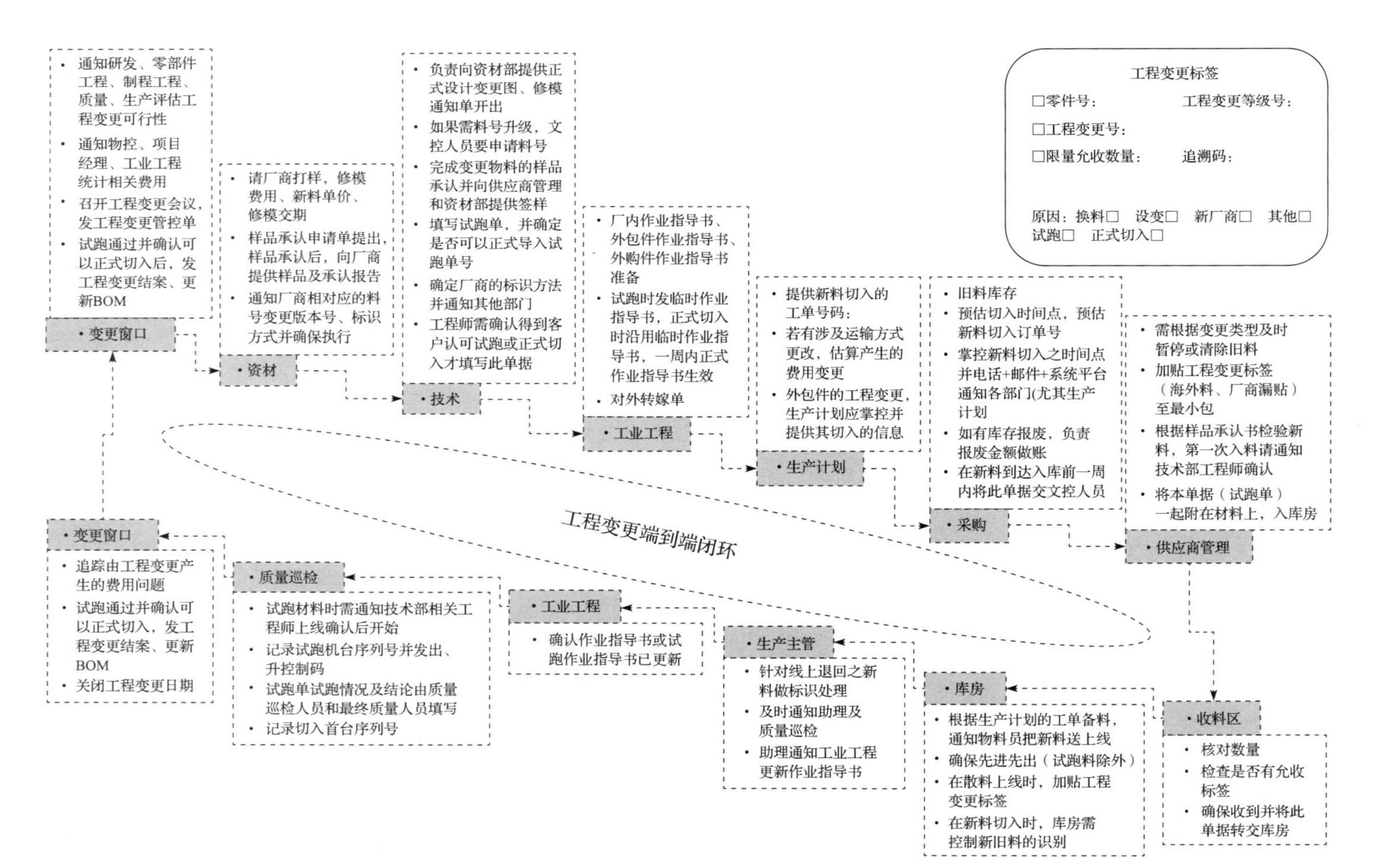

图 4.18 某世界领先企业复杂的工程变更闭环

1）来自某知名 ERP 平台中的工程变更平台只是一个新旧 BOM 切换模块（有新名词叫“断点切换”），冠以工程变更平台，是名不副实的。关键是这种名不副实的平台在大品牌的光环下，竟然还在全面推广，美其名曰推广先进的管理理念。可悲的是好多企业迷信大品牌，到最后工程变更即使在线化，也无法达成闭环，但是又不能质疑这个大品牌的产品，不能不说吃了哑巴亏。

2）工程变更几乎涉及企业所有的部门，而发起者是技术部门，即使有变更管理平台，想要以平台来推动各个部门及时完成本部门的事情，也是举步维艰。因为各个部门都有自己职责范围内的事务，各个部门都抗拒额外任务，比如生产部不愿意配合试生产、质量部不愿意积极做新零部件检验、工艺部不愿意更新作业指导书等，大家喜欢每天按部就班，所以没有哪个部门会积极主动地执行。

3）由于存在部门“墙”，导致技术人员推行工程变更，是一件谁提谁负责的事情。技术人员以技术见长，让技术人员去做极其需要管理能力的工程变更闭环，是一件超越其能力范围的事，后果就是工程变更经常“卡死”在某个部门，而技术人员不会去催促。领导询问的话，就直接反馈卡在某个部门了，然后领导也推动不了，就这样变更停滞，问题上升到高层，在高层会议上都推卸责任。即使某些工程变更闭环了，若要仔细推敲，也会发现技术人员用了各种办法，把变更关闭了，比如本来是一个全流程的各部门变更追踪，竟然做成了一个精简版，只要两个部门签字就结束了。

4）为什么先进企业的工程变更可以完美闭环，是因为有专门的工程变更窗口人员在持续不断地要求各个部门做到位。这个工程变更窗口是一个正规的职位，如图 4.19 所示，有 KPI 考核，不是技术人员兼职的，不是谁提谁负责，而是技术人员提出，各个部门执行，工程变更窗口人员全方位监督、催促。这个监督、催促过程不是一个数字化平台冷冰冰地发个消息给执行人员就行，而是工程变更窗口人员用自身强大的沟通协调能力去推动执行的。沟通协调能力不是一个数字化平台可以取代的，是线下人的因素占主导。

由工程变更窗口人员线下驱动变更闭环如图 4.19 所示。

在数字化时代，工程变更其实是最不数字化的一块业务。工程变更的有效闭环是核心，确保有效闭环，不是由数字化平台来推动的，而是由专门的工程变更窗口人员线下推动完成的。企业若实在要把工程变更在数字化平台里管起来，把各个部门的交付文件按类型上传到数字化平台即可，无须把文件都结构化，这是工程变更数字化转型的线下和线上的边界。企业若不惜一切代价要把工程变更彻底结构化，失败的风险很大。

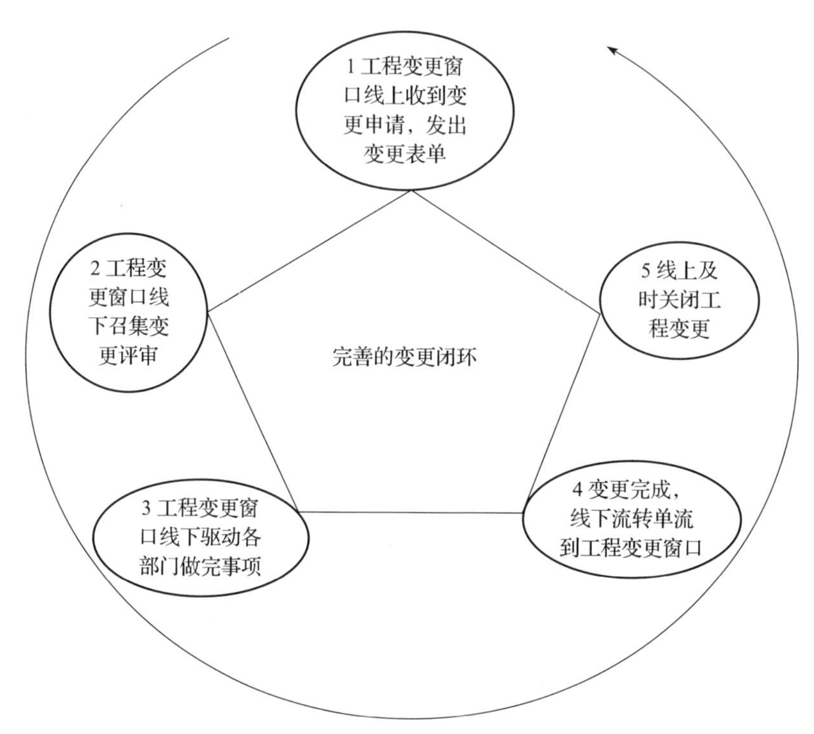

图 4.19　由工程变更窗口人员线下驱动变更闭环

3. 标准化及工程变更的负责方

制造端的差异后置年度评估由工厂的工艺部负主责。若需要改动产品结构才能达成差异后置，改动产品结构的任务由研发部负责。研发部是第二责任部门。

工程变更的主责方是工程变更窗口人员，企业想要把工程变更做好，必须设置工程变更窗口职位，不能是谁提谁负责。工程变更窗口人员要推动各个部门完成各自的任务。

4. 标准化及工程变更的年度总体目标

使用差异后置的方法提升了定制化产品的标准化程度，工程变更按时完成闭环。

5. 标准化及工程变更的年度数字化评估

（1）产品制造标准化评定

1 分评定：有提高产品制造标准化程度的知识，知晓该知识可以应用于零部件、制程技术、设备、工具等。

2 分评定：有证据显示了差异后置的理念应用到了产品和制程上。

3 分评定：差异后置方法指导了制程改善。

4 分评定：工厂积极主动地推动差异后置，以降低产品和制程的复杂度，有行动计划、关键指标等证据展示。

5 分评定：产品和制程的差异后置是持续改善的，有可量化的证据。

（2）工程变更评定

1 分评定：工厂有专门的工程变更窗口人员来统一管理技术人员发出的工程变更需求。

2 分评定：有工程变更的流程来保证变更是有章可循的，流程中规定由工程变更窗口人员来负责变更闭环，工程变更窗口人员有对执行部门的考核建议权。

3 分评定：工程变更团队商讨了变更的工作量，基于工作量的大小决定工程变更是按照单个零部件变更流程来执行还是按照大项目来执行。

4 分评定：有证据显示单个零部件的变更流转了各个业务部门，只有上一个业务部门提交了完成证据，变更单才可以流到下一个部门。

5 分评定：各个部门均充分参与了大型或小型变更项目，以推动差异后置、成本降低、产品标准化、制程设计等。

6. 如何在“标准化及工程变更”的年度数字化评估要求中找到数字化平台中的取数规则

1）从产品制造标准化维度：差异后置是一个含有复杂计算公式的 Excel 表格，联动到前端研发设计的标准化模块，跨多个部门。把表格开发进数字化平台意义不大，其只是一个在线手工。我们要在数字化平台关注差异后置的应用程度，参考年度 3 分衡量指标，可以在系统中设定日常制程改善导致的生产线重新布局或新建，需要强控提交差异后置文档。“差异后置”文档类型在系统中是结构化的，可以选择到该类型。

差异后置应用率是 KPI 指标，差异后置应用率 = 当前时刻系统中抓取到的含“差异后置”文档类型的生产线重新布局或新建的数量 / 所有生产线重新布局或新建的数量 ×100%。差异后置应用率的目标值不一定是 100%，而应该根据已经有的历史数据来自行设定。

2）从工程变更维度：前述已经说明工程变更在数字化时代是最不数字化的业务，若实在要上数字化平台，那么把交付文档的类型结构化，可以上传这些文档即可，软件要自动计算工程变更的闭环率。闭环率背后的事情，由工程变更窗口人员进行线下管理。

闭环率是 KPI 指标，闭环率 = 当前时刻系统中抓取到已经完成工程变更闭环的数量 / 当前时刻所有工程变更数量 ×100%。软件可以按月、季度、年来计算工程变更闭环率。工程变更闭环率的目标值是 100%。

本节强调并非所有的业务在线化后，效率会比线下高。在数字化转型期间，我们还是要理性思考工业数字化转型的本质是什么，做数字化为了什么。基于本质的思考，我们才能做出合乎常理的决定。

本节展示的工程变更就是经大量实践得出其是最不适合数字化的一块业务。至于标准化，在数字化管理平台中并无意义。把 Excel 表格在线化，在数字化平台里用 KPI 管理好结果即可。这是数字化转型同样要追求经济性的表现。

只有拥有精通工业逻辑（体系化的业务底层运行规则），才能准确判断哪些业务仅管好文档及类型即可，满足经济性；哪些业务要达成彻底结构化，不计成本。哪些业务要有经济性，哪些业务要不计成本，除了精通工业逻辑，还没有通行的国家级别的评判标准。这也证明了数字化转型不是一个普适业务，而是一个为企业充分定制的业务，难度极大。

第四节　厂内物料供给

1. 物料供给概述

物料供给是精益文化的体现，定义了物料的供料频率、每个料盒里放多少零件、零件在产品上的用量、看板或配料属性、料盒类型等。

物料供给包括送料、成品撤离、垃圾回收，在规定的时间周期内，将每一个工位上所需要的零部件以合适的数量、尽量无包装形式送到工位上，并同时带走空盒子和清空垃圾。

实施高效的物料供给有以下作用。

1）减少物料流转过程中的不增值时间和在制品数量。避免操作人员参与供料，使操作人员专注于增值的工作。

2）由专门的仓库小火车将成品从生产线转移至发运区，不需要生产线人员进行运输。

3）成品取走大大降低叉车在工厂里的使用次数，这使工厂内更安全。

4）计算精确的物料供给，减少物料占用面积。

5）创建好的工作环境。

6）补料到工位和取走空料盒，不会影响操作人员。

7）通过使用小火车（又叫水蜘蛛），工厂的物料周转和撤离能够类似于公交车线路（推动和拉动的结合），而不是出租车系统（仅拉动）。

先进的企业采用小火车的方式围绕生产线供料，小火车可以随车完成一些叉车的工作量，从而减少叉车去发运区。工厂使用小火车，可以减少叉车来回运输导致的供料时间浪费。

先进的企业让供料人员参与物料供给流程的设计。

1）通过改善项目，来确定小火车的最佳路线、停靠位置和完成一圈路线所需要的时间。

2）通过供料人员的现场会议，持续改进小火车的应用；实施良好的5S，以帮助目视化管理小火车的各个方面，例如小火车停靠位置、零件号、在ERP中的物理料盒位置等。

3）不断添加更多的物料供应和成品撤离，使小火车系统变得更加成熟，利用率更高。典型的小火车送料流程如图4.20所示。

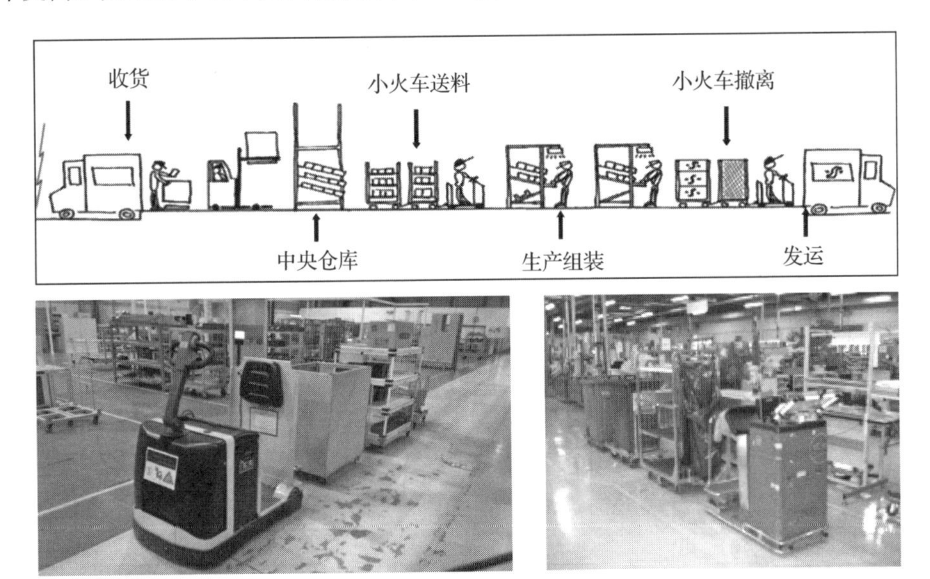

图4.20　典型的小火车送料流程

最佳的送料路线图需要通过初步计算和现场的优化组合才能得到，原始的每个料盒里放置多少物料，用公式来计算，即理论每盒数量（Y）=100%效率下的每小时产能 × 每台产品的物料消耗数量 ×2× 小火车补料频率X×（1＋安全库存率）。根据该公式，基于实际情况，当X、Y互为变量时，可以得到小火车的最经济补料周期。当X为变量时，会影响小火车的负荷率。在小火车不限于一条生产线而是全厂循环时，小火车的负荷率需要达到 100%，需要工程师充分调节 X、Y、负荷率三个参数来达到平衡。基于理论演算的送料路线示意图如图 4.21 所示，当把全厂的物料加入该表格时，能计算出基于 2h 送料周期的小火车负荷率。工程师调节送料频率会得出新的负荷率，理想的负荷率是 100%，但是很难，前提是取料盒的时间、上料时间、仓库取料时间、仓库装车时间均需要准确给出，最终形成合理的小火车补料路线图。

初始参数	
每小时产能：	1
参考生产效率：	0.87
100%效率每小时产能：	1
小火车补料频率（H）：	2.00
安全率	10%
小火车负荷率	1%
库存率	17%
库存花费	1.713
人机工程最大提重	12

序号	料号	描述	每台产品消耗	工位	总重量（KG）	每小时重新装载盒数	工位取盒时间	工位放料时间	仓库取料时间	仓库置车时间	仓库准备时间	每小时重新装载时间（秒）
1	xxx	联结排	3	A2	0.5	0.1	10	10	10	10	20	5
2	xxx	轴焊接	1	A2	0.1	0.1	10	10	10	10	20	4
3	xxx	轴	3	A2	0.6	0.1	10	10	10	10	20	8
4	xxx	绝缘板	3	A2	0.5	0.0	10	10	10	10	20	2
5	xxx	销	3	A2	0.8	0.0	10	10	10	10	20	2
6	xxx	绝缘横梁	1	A2	0.9	0.0	10	10	10	10	20	1
7	xxx	电极	4	A2	0.6	0.1	10	10	10	10	20	6
8	xxx	壳轴承	1	A2	0.5	0.0	10	10	10	10	20	1
9	xxx	停止	3	A2	1.0	0.0	10	10	10	10	20	2
10	xxx	垫片	3	A2	5.0	0.0	10	10	10	10	20	0

图 4.21　基于理论演算的送料路线示意图

明确定义物料由仓库来供应而不是由生产线的员工去仓库取料，以提升直接生产效率。一些企业的生产部要到仓库取料，这极不合理、急需改善，因为生产线上的员工把产品制造出来，产生直接价值，其他一切部门均需要围绕生产顺畅而努力。

补料遵循拉动原则即生产线发出补料信号，仓库人员收到信号，补充相应的物料到工位上，而不是仓库不考虑生产线的实际情况把物料拼命地补到生产线工位（推动）。

制造业的看板补料方式通常通过料盒触发补料信息，也有不放入料盒的方式。基于补料清单的看板补料盒如图 4.22 所示，料盒上写清楚了料号、物料描述、产线库位、仓库库位、每盒数量、看板盒数。当生产线工位上有一个物料盒已经消耗完，操作人员把空料盒放置于回料通道，小火车在循环过程发现在回料通道里有空料盒，立即取走，在下一个补料循环中把满盒的物料补充到该工位的料盒槽里。工位上的料盒槽需要贴上清晰明了的产线库位号和料号以方便补料员迅速把新补物料放入准确的料盒槽。

根据 ABC 分类法、FMR 分类法设定为配料属性的物料，必须根据零部件结构和使用频率来设计专门的周转车。注意无论在什么情况下，生产现场均不要使用木托盘，其只在打包时使用。生产线使用木托盘，会导致以下问题。

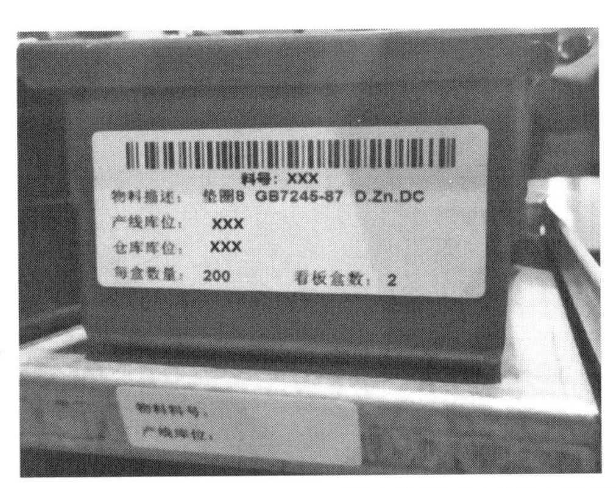

物料号	物料描述	仓库库位	产线库位	每盒数量	看板盒数	总数量	单价	总金额

图 4.22 基于补料清单的看板补料盒

1）送料效率低。

2）严重的易掉落安全隐患。

3）现场 5S 非常差，导致客户不相信在脏乱差的环境中能做出好产品。

不安全的木托盘送料如图 4.23 所示。

图 4.23 不安全的木托盘送料

配料制物料用专门的周转车进行配料。配料制物料专门定制的周转车如图 4.24 所示，读者可以参考。

图 4.24 配料制物料专门定制的周转车

2. 数字化时代的物料供给

在数字化时代，经常会看到无人小火车载了一盒物料或拉了一长串物料车穿梭在生产线过道里。小火车的不同补料形态如图 4.25 所示。到底哪种形态好呢？当然是图 4.25 中的 1、3 好，因为其效率高。小火车跑一次，所有工位的物料都配到位了。图 4.25 中的 2 是单点配送的，即从仓库到某一个工位，效率比一次配多个工位低多了。

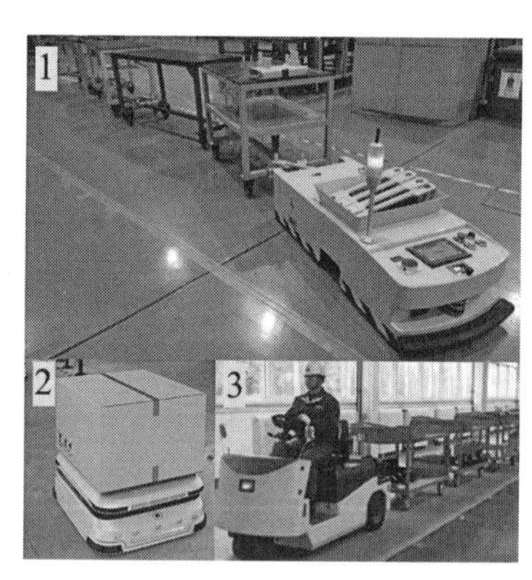

图 4.25 小火车的不同补料形态

透过现象看本质，图 4.25 中的 2 是因为没有区分看板制物料和配料制物料，没有做物料供给研究，只好简单直接地反馈给仓库某个工位的物料没有了，然后从仓库里跑出来一辆小火车把该工位的物料补完就结束了，没有从整个物料供应体系考虑高效补料，达成一次循环补所有的物料。

物料供给研究做得好，将在数字化时代更多地看到一台小火车拉着一长串物料车一次性补完所有工位的物料。

作者推荐离散的装备制造业采用有人驾驶的小火车如图 4.25 中的 3 所示。当这个属于仓库的驾驶人开着小火车经过每个工位时，驾驶人需要把小火车上的物料放到生产线的工位上，因为让生产线的操作人员停下手中的工作，走到小火车边上取走需要的物料，会浪费直接生产力。

当然，更高级的自动把无人小火车上的物料放入生产线的工位上的更加高效，这在一些大规模生产的小型标准产品的生产线上已经得到了应用。

3. 物料供给的负责方

厂内物料供给的年度评估的主责方是仓储物流部门，至于分解下来的物料属性、周转车的设计、每个工位的物料主数据等，则是由精通产品的工艺部来提供，其是第二责任方。

4. 物料供给的年度总体目标

小火车应用于全工厂配料，利用率目标百分比自行设定，追求100%利用率无意义。工厂内没有因小火车补料不及时导致的停线。

5. 物料供给的年度数字化评估

（1）小火车评定

1分评定：知晓物料供给概念且在部署阶段。

2分评定：补料和回收料盒路线制定明确，由小火车、周转车执行。

3分评定：成品撤离和部装件转运由小火车执行。

4分评定：小火车达到最大使用率，优化了补料和回收料盒。

5分评定：小火车利用率最大化，持续优化成品撤离和部装转运。

（2）补料评定

1分评定：补料由非操作人员处理。

2分评定：补料信号基于拉动系统。标准零部件2～4h周转一次；订单零部件的取料加发运8h周转一次。

3分评定：补料可控，补料规则执行到位。标准零部件的取料加发运1～2h周转一次；订单零部件4h周转一次，发运小于2h。

4分评定：标准零部件的取料加发运周转一次小于1h；订单零部件4h周转一次，发运小于1h。

5分评定：持续优化补料流程以达成无停顿的补料，没有因小火车补料不及时导致的停线。

（3）废弃物、成品的取走评定

1分评定：取走废弃物和成品由非操作人员处理，知道取走周期。

2分评定：标准产品每2～4h取走成品。不强行规定定制化产品的取走时间，但是可以基于产品的生产周期来规定，在下一批成品完成之前取走即可，一班1～2次清理物料垃圾。

3分评定：标准产品每1～2h取走成品。不强行规定定制化产品的取走时间，但是可以基于产品的生产周期来规定，在下一批成品完成之前取走即可，一班 1 ～ 2 次清理物料垃圾。

4 分评定：标准产品小于 1h 取走成品 1 次。定制化产品一旦成批完成生产立即取走，物料垃圾清理等于补料周期。

5 分评定：在补料的同时，取走物料垃圾和成品。

6. 如何在“厂内物料供给”的年度数字化评估要求中找到数字化平台中的取数规则

1）从小火车维度：小火车的利用率计算公式固化入数字化平台，平台实时显示当前时刻的小火车利用率，前提是每个物料的工位取盒时间、工位放料时间、仓库取料时间、仓库置车时间、仓库准备时间等已经在系统里维护好。可以在整个年度看到持续增长的小火车利用率。

2）从补料维度：以年度评估 3 分为参考，在数字化平台可以设定按时补料率，计数逻辑为：扫描从生产线取得的空料盒上的二维码，记录扫描时间，在下一个补料周期里把新的物料补充到工位上。放置好物料后，再次扫描二维码，记录扫描时间，两次时间的间隔小于 2h（标准零部件）、4h（订单零部件）。基于计数逻辑，当天小于 2h（标准零部件）物料行数之和 / 当天总计配送的物料行数之和 ×100% 就是按时补料率。订单零部件计算同标准零部件。按时补料率的目标值基于历史数据自行设定，需要在数字化平台里看到持续优化的证据。

3）从废弃物、成品的取走维度：废弃物无须记录，因为价值不大，线下管理即可。成品按时取走率的规则同按时补料率，通过扫描成品表面的二维码获得下线时间和取走时间来管控。按时取走率的目标值基于历史数据自行设定，需要在数字化平台里看到持续优化的证据。

本节强调在数字化时代，精确计算的物料主数据将达成精确的物料供给。数字化时代的基石仍然是准确的计算，缺乏准确的计算，一定会出现自动小火车从仓库出来一次，只送一个工位，看起来很繁忙，但是效率却很低的现象。

物料精准供给在当前数字化时代，仍然是广大企业不够重视的地方。某些企业管理者以结果论英雄，不管用什么办法，把物料送到工位上就好，较少考虑物料配送的及时性、完整性和成品的及时取走，导致生产现场的物料到处堆积、成品到处积压。现场管理者一直在向企业管理者抱怨生产场地不够，殊不知，问题的本质不是场地不够，而是没有研究好物料供给这块业务。如果用单位面积的产出来考核现场管理者，相信这些现场管理者就会静下心来仔细思考如何才能提高物料的配送效率和让成品及时取走。数字化时代，不从工业的本质进行思考，仍然只能做表面的数字化。

Chapter 5 第五章

直接制造载体之外

第一节 人机工程

1. 人机工程概述

随着社会的发展，高强度的工作带来的负面影响日益增多，而人机工程学强调从人自身出发，在以人为本的前提下研究如何才能让人们的生产、生活更加高效，消除生产、生活对人体的负面影响。

人机工程学又称为工效学、人类工程学、人体工学，是有关避免人身伤害的知识；是研究人在某种工作环境中人－机器－环境的相互作用；是研究人在工作中的安全－舒适－健康等问题的科学；是以人－机－环境关系为研究对象，以实际测量、统计、分析为基本研究方法的综合性科学。

在人－机－环境这三个要素中，人的心理特征、生理特征，以及人适应机器和环境的能力都是重要的课题。人机工程学要探索更加符合人的要求、符合人的特点的机器产品。

《工作系统设计的人类工效学原则》(ISO 6385：2016）对应 GB/T 16251—2008，说明“制造系统的设计应以人为本，尤其是要应用人机工程知识来调整”，评估者必须基于肌肉骨骼疾患（Muscular Skeletal Disorder，MSD）风险和工作条件改善来询问人机工程评估结果。人机工程学评估包含标准工位、扭曲的姿势、频繁手提重物、重复移动、有害震动（如风炮枪）等的评估。

体系化的人机工程可以有效提升操作人员的幸福感。

1）使用体系化的人机工程要点作为设计指南，减少或降低了人机工程风险。

2）体系化的人机工程要点提供了标准化的思考方式，影响相关的作业指导、生产线设计、物料供给（通道宽度）等。

3）体系化的人机工程减少人机工程问题对成本、质量、交期、安全和士气的负面影响。

生产现场的操作人员需要基本的人机工程知识，可以识别基本风险，例如负重认定为有害行为。举例：任何时候超过 10kg 的频繁搬运或推动小车使用力大于 200N 的，操作人员必须申请风险识别，人机工程负责人必须迅速给出评估结果。

图 5.1　现场人机工程标签

在人机工程评估并改善完成后，需要在工位上贴上 OK 标签，如图 5.1 所示，告知员工可以安心在该工位操作，无须担心职业健康安全问题。在改善期间，需要贴上改善中的标签。生产主管需要时刻关爱该员工的身体健康是否受到了伤害，若有，立即轮岗。

市面上有大量描述人机工程的图书，本书着重于人机工程的数字化评估。

2. 数字化时代的人机工程

在数字化时代，大量推进智能制造。有大量的自动机械手臂在生产线上全天候工作，表面上看似乎人机工程已经不那么重要了。我们如果思考其本质，会发现人机工程的知识已经隐入背后了，是更重要了，对工程师的要求更严格了。

1）即使是全无人工厂、无人化操作，工程师设计出来的机械手臂，仍然要考虑调试机械手臂的工程师的操作方便、维修方便，不能在操作或维修时出现机器伤人的情况。

2）已经有企业设计出人形操作机器人，这就是人机工程知识的应用。

3）大量的现有生产线在数字化时代需要升级，以实现更高的效率。现实中无法实现彻底的无人化，尤其是离散型制造业更无法避免人的因素，因此工艺工程师会大量应用人机工程知识来设计各类人机配合装备。某先进企业里经测评后的人机工程改进如图 5.2 所示。

推动制造业的人机工程改进，需要先有评估。评估结果不佳，才采取行动。某先进企业的人机工程测评表见表 5.1。优秀的企业已经基于该评估表开发了人机工程评估软件平台，以驱动更高效地改进人机工程。但是软件平台再先进，本质上还是依靠该评估表。

图 5.2 某先进企业里经测评后的人机工程改进

表 5.1 某先进企业的人机工程测评表

姿势 – 背部	持续时间				
	0	<30%	30% ～ 50%	>50%	评估值
坐或站的位置，上半身弯 <30°	5	5	4	3	3
坐或站的位置，上半身弯 >30°	5	3	2	1	
背部弯曲或侧弯	5	3	2	1	
北部向后仰	5	3	2	1	
姿势 – 颈部	**持续时间**				
	0	<30%	30% ～ 50%	>50%	评估值
头弯曲（向前 >30° 或向后）	5	3	2	2	
颈部侧弯或扭转	5	3	2	1	

3. 人机工程的负责方

人机工程评估是持续的行动，通常每月一次。年度主责部门是 EHS（Environment = 环境，Health – 健康，Safcty = 安全）部门，具体实施改进是工艺部，关键参与者是操作人员和生产主管。

生产线设计工程师必须接受人机工程专业的培训，以设计出符合人机工程学的生产线，保证操作人员工作期间身体不会受到损伤。

现场操作人员可以通过早会与合理化建议的方式提出不符合人体工程学的设计。

4. 人机工程的年度总体目标

人机工程的改进实现了在操作人员工作量没有增加的同时，产量得到了增长。

5. 人机工程的年度数字化评估

（1）人机工程机制评定

1 分评定：人机工程评估由专人负责。工艺工程师培训了人机工程学知识。

2 分评定：在企业高层会议上，工厂总经理领导讨论人机工程风险。有文档记录人机工程问题的改善。

3 分评定：有专门团队负责人机工程学的问题识别和持续改善。

4 分评定：有相关证据显示员工可以自由轮岗以减少疼痛、压力、疲劳（要有多技能证）。有至少已经执行了 12 个月的轮岗证据。以常态化的全体员工做工间操的方式缓解工作劳损。有已经部署的健康和健身计划。

5 分评定：有相关证据显示员工可以自由轮岗以减少疼痛、压力、疲劳（要有多技能证）。有至少已经执行了 24 个月的轮岗证据。

（2）风险评估评定

1 分评定：所有员工在开始工作之前培训了人机工程学并应用于工作。

2 分评定：由人机工程专业人员对人机工程条件进行评估，工作台的设计或调整充分考虑了人机工程风险。

3 分评定：基于人机工程体系，进行常态化的人机工程诊断，有证据显示人机工程改善正在持续进行。

4 分评定：对于新生产线或改进的生产线，安排操作人员在新的区域工作前，人机工程学已经充分评估。

5 分评定：有价值的人机工程实践已经作为标杆，通过跨工厂的培训、研讨会等形式向行业推广。

（3）提升和负重评定

1 分评定：有张贴出来的标准流程以方便识别提升、搬运、压力等。物料搬运员和搬运重物或产品的员工都接受过基本的起重技术和姿势培训。

2 分评定：根据体系标准，评估了现场物料提升的负重程度，有相关的改善方案以解决不合规的负重操作。

3 分评定：识别了现场所有超过 10kg 的提升，部分改进行动正在执行中。识别出来的 80% 的风险有建议规避的方案且 50% 已经被执行。

4 分评定：有证据显示有高级的方案以解决提升、搬运等问题（例如升降机、自由助力臂的实行、协作机器人的推广）。识别了现场所有超过 10kg 的提升，识别出来的 100% 的风险有建议规避的方案，75% 已经被执行。

5 分评定：行动计划已经到位，正在朝着完全符合人机工程体系规定的提升要求方向发展。所有超过 10kg 的行动计划有 90% 已经被执行。

（4）肌肉骨骼紊乱症评定

1 分评定：员工向主管或安全代表交流或汇报疼痛和肌肉紧绷。在操作人员参加的早会上，人机工程问题被记录在案。

2 分评定：工厂一直在评估现有状况和人机工程规定之间的差异。

3 分评定：肌肉骨骼紊乱症被记录在案，改善行动已经在执行，包括了急救和侥幸脱险的行为也记录在案并改善。

4 分评定：肌肉骨骼紊乱症的医疗事故率降低，在过去 12 个月里现实了持续的改善。

5 分评定：肌肉骨骼紊乱症的医疗事故率降低，在过去 24 个月里现实了持续的改善。

6. 如何在“人机工程”的年度数字化评估要求中找到数字化平台中的取数规则

先进企业已经把评估表格写入数字化平台，但是不能仅仅把线下 Excel 表格搬到线上，这种在线手工形式是伪数字化，应在系统中驱动人机工程的负责部门常态化地进行现场人机工程评定。

1）人机工程的按时评定率：系统中已经创建了生产现场的所有工位编码和物理照片。系统会按月创建评估需求，评估的优先级是完全人工工位、人机配合工位、自动化工位，不是按照工位的重要等级来分的。这些工位属性在系统中已经预先区别清楚。按时评定率 = 当月已经完成评定的工位的数量 / 所有工位数量 ×100%。其目标值是 100%。

2）人机工程的符合率：当前时刻生产现场贴了人机工程 OK 标签的工位数量 / 生产现场所有工位数量 ×100%，目标值是 100%。OK 标签是在人机工程改善完后，软件自动生成 OK 标签，然后用彩色打印机打印出来。如果生产线上有 MES 屏幕，在屏幕上显示 OK 标签，前提是人机工程软件平台和 MES 屏幕的数据是打通的。

3）人机工程问题的按时改进率：当前时刻在系统中抓取的按时完成的问题数量 / 所有问题数量 ×100%。

人机工程属于 EHS 部门的核心业务，故人机工程的按时完成率要和实时绩效平台关联起来，当然本书所有章节的业务都要和实时绩效平台关联。

本节强调，人机工程在数字化时代，一部分已经从台前转移到了幕后，更加重要了。遗憾的是，当前大部分企业不知道人机工程转到了幕后。很多企业在面临效率提升时，第一时间就想着要采用无人化装备，殊不知购买了智能装备后，还要招聘专业维护人员、专业操作人员，企业只是把现场操作人员的价值转移给机器来实现，之后用到的专业技术人员反而更多了。当企业着重现场人机工程改进后，用小的人机工程改动撬动了大的收益，才是正道。企业要把投资放入企业运作的整体价值流中去评估，才会意识到该理念的重要性。

第二节　环境

1. 环境概述

国际通行的环境标准是ISO14000环境管理系列标准，展示了人类发展对环境保护的承诺。

本节展示制造业所需要的ISO14000环境管理系列标准必要条款，如图5.3所示。

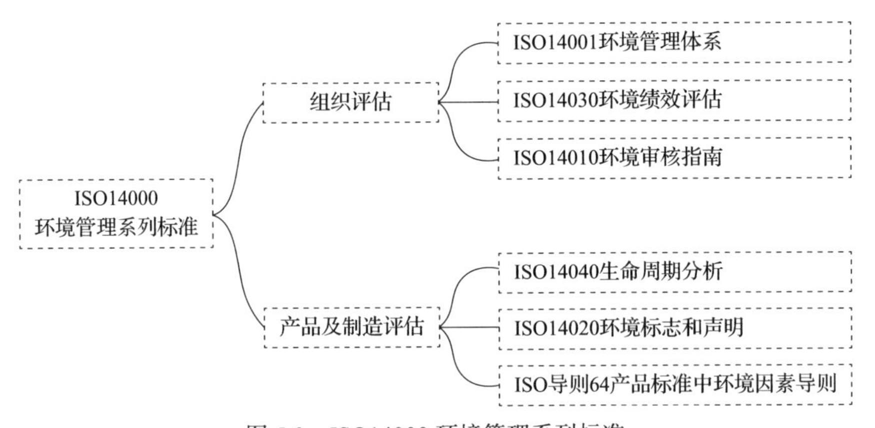

图5.3　ISO14000环境管理系列标准

通常环境、健康、安全一起出现，英文名称是EHS（Environment=环境，Health=健康，Safety=安全）。环境、健康、安全三个方面是一个整体，互为影响。环境通常存在于环境、健康、安全体系中，如图5.4所示。

本书阐述的环境是指狭义的工厂的硬件环境，不是人文环境。企业的行为必须在以下关键的方面把对环境的影响降到最低。

（1）产品层面的环境保护方面

企业要有绿色产品管理体系来践行环境保护，从环境方针到生产出货的各个环节都有体系来保证每个环节均践行环境保护。尤其是当前需要交付环境友好的产品给客户，那么就必须在产品设计之初，就遵循绿色产品设计，材料选择上必须选择不产生环境污染的材料，因此任何一个零部件的承认书必须有第三方机构出具的原材料有害物质限制（Restriction of Hazardous Substances，ROHS）报告，ROHS内容清单见表5.2。

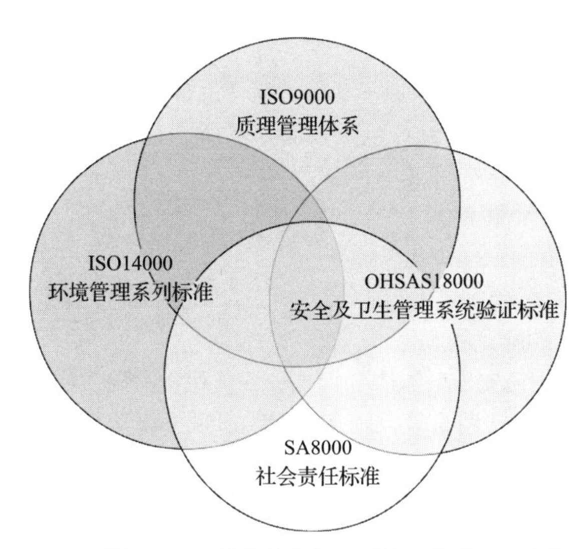

图 5.4 环境通常存在于环境、健康、安全体系中

表 5.2 ROHS 内容清单

分类	类型	有害物质	限值：ppm（mg/kg）	实测值
基本项目	重金属	包材中的重金属的总和（镉 + 铅 + 汞 + 六价铬）	Cd + Pb + Hg + Cr（VI）：100	
		镉及其化合物	1. 100 2. 电池：250	
		铅及其化合物	1. 1000 2. 电缆夹套：300 3. 钢合金：3500 4. 铜合金：40000 5. 铝合金：4000 6. 电池：4000	
		汞及其化合物	1.1000 2. 电池：5	
		六价铬及其化合物	禁止	
	有机溴化合物	聚溴联苯	1000	
		溴联苯醚	1000	
申报项目	有机氯化合物	多氯联苯及多氯对联三苯	50	
		氯化石蜡（C10 ～ C13）	10000	
		聚氯乙烯	禁止	
		石棉	禁止	
		偶氮染料	30	
		破坏臭氧层物质	禁止	
	其他金属	镍及其化合物	$0.5\mu g/cm^2$/ 周	

（2）业务设施层面的环境保护

新设施的建设或者改进，均应从以下几个方面考虑环境影响。

1）废物产生（说明种类、估计产生量、储存场所、处理），废气排放（说明种类、估计浓度）。

2）废水排放（如有，请说明）。

3）噪声。

4）是否使用石棉、多氯联苯。

5）臭氧消耗物质，如哈龙物质等。

6）化学品（是否有物质安全数据表和标识，评估化学品性质如健康危害、火灾危害、对环境的影响、估计用量等，储存场所、通风、化学品二次容器、应急泄漏清理 / 响应、应急洗眼 / 淋浴装置）。

7）特种设备（压力容器、锅炉、起重机械、电梯、叉车等）。

8）安全操作规程或说明书。

9）电气安全（接地、漏电保护、电气安全连锁等）。

10）移动 / 转动的零部件等有害的机械构造。

11）火灾保护、消防设施的应急疏散要求。

12）人工操作便利性的考虑。

13）高温、超低温、高压。

14）辐射。

（3）持续改进层面的环境保护

有效的环境体系是一个持续改善的过程，环境的持续改善过程如图 5.5 所示。企业在执行中需要经常进行环境因素鉴定。

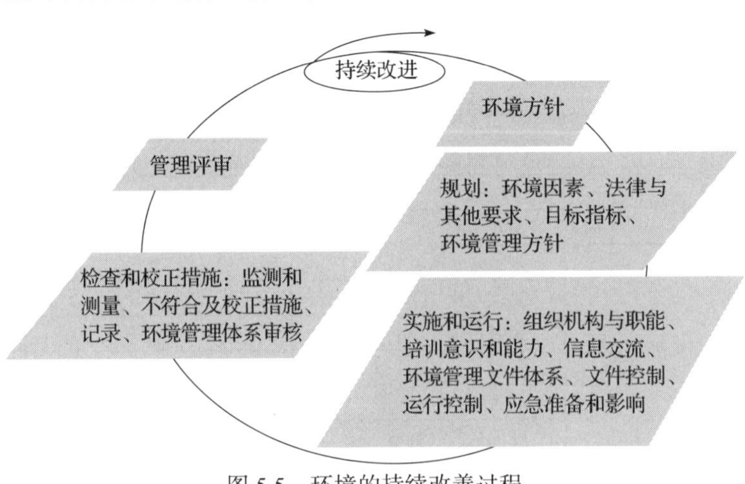

图 5.5　环境的持续改善过程

任何一个部门均需要鉴定环境因素，环境因素由 EHS 部门来审查鉴定。只要是实体组织，必定有环境因素的判定。对工厂来说，最重要的环境因素是生产现场。生产现场的环境因素打分以发生频率（F）、冲击概率（P）、严重性（S）（F、P、S 为 Frequency、Probability、Severity 的首字母）来判断，打分从 1 分至 5 分，显著性（C）$=F \times P \times S$，环境因素鉴定见表 5.3，严重性达到 5 分的表示对生命造成很大的危害，需要改善。改善的优先级按照乘积的大小来排序。

表 5.3 环境因素鉴定

项目	编号	作业名称	安全卫生风险说明	发生频率（F）	冲击概率（P）	严重性（S）	显著性 [（C）$=F \times P \times S$]
23		灭火器通道受阻	火灾	5	1	5	25
24		栈板堆放不规范	倒塌	5	1	1	5
25		电源外壳严重坏	触电	5	1	1	5
26		安全指示灯坏、遮住	其他	5	1	1	5
27		裹胶膜机移动	被撞	5	1	1	5
28		消火栓通道前堵塞	火灾	5	1	5	20
29		电源插座线外露	触电	5	1	1	5
30		配电箱外壳脱落	触电	5	1	1	5
31		成品库蚊子多	其他	5	1	1	5
32		安全出口通道堵塞	其他	5	1	5	25
33		灭火器没有标识	其他	5	1	1	5
34		使用压玻璃机	被压	5	1	1	5
35		使用高压测试仪	触电	4	1	1	4
36		使用饮水机	被烫	5	1	1	5

（4）能耗管理层面的环境保护

能耗管理主要包含水、电、气、气体排放、挥发性有机化学品（Volatile Organic Compound，VOC）、垃圾等的回收，追踪我们的生产及服务对自然环境及气候变化的影响，保护人类健康和生物多样性，尽可能地减少自然资源消耗及对环境造成的影响。

水的管理：要持续减少浪费水，并做好相应行动方案；更好地使用废水并进行废水处理及统计，以减少有毒有害水源的排放，根据实际情况做出相应的计划和方案，跟踪实施后的效果。

电的管理：由能源系统统计现有的用电区域，以便进行能源使用分析，基于分析，制订了相应的改进计划。

废弃物管理：废弃物可分为可回收及不可回收，废弃物管理包含了可利用和填埋两种方式。危废品垃圾包含在上述分类中，它的运输必须由有资质的危险品运输企业 / 车辆进行运输，处理也必须由有资质的废弃物供应商进行处理。

VOC 分类或管理：VOC 包括酒精（乙醇）、甘醇（乙二醇）、甘油（丙三醇）、石炭酸（苯酚）、蚁酸（甲酸）、水杨醛（邻羟基苯甲醛）、肉桂醛（β – 苯基丙烯醛）、巴豆醛（2– 丁烯醛）、水杨酸（邻羟基苯甲酸）、氯仿（三氯甲烷）、草酸（乙二酸）、苦味酸（2、4、6– 三硝基苯酚）、甘氨酸（α – 氨基乙酸）、丙氨酸（α – 氨基丙酸）、谷氨酸（α – 氨基戊二酸）、福尔马林等。VOC 要求有独立的空间存放，不得与其他易燃物品混放，要求专人管理，要有台账记录。

推荐构建智能能耗管理体系，在需要的设备上安装智能计量设备。智能计量表发送信息到软件里，实时显示能耗波动。企业根据能耗波动，发现改善点，推动企业改善。

2. 环境在数字化时代

在当前数字化时代，有了一个新名词环境、社会和公司治理（Environment，Social and Governance，ESG），从三个维度评估企业经营的可持续性与对社会价值观念的影响。

人们长久以来关注的环境问题，在数字化时代，再一次达到了新的热度。ESG 评估不通过，将极大地影响企业的商业行为，其重要性已经毋庸置疑了。

究其本质，还是要广大企业关注环境问题，企业不能以损害环境为代价进行发展。

3. 环境的负责方

环境的年度评估由企业的 EHS 部门主管。其中，绿色产品设计由设计部门负责。这反映了环境保护贯穿了前端设计到后端出货的每个过程，是全员参与的活动。

4. 环境的年度总体目标

政府要求的环境等级达到优良，能耗逐年降低。

5. 环境的年度数字化评估

（1）环境机制评定

1 分评定：企业的环境政策在企业的各个地方都可以轻松获得。

2 分评定：有专门受控的地方存储有害废弃物和化学品。

3 分评定：执行了环境管理系列标准，通过 ISO14000 认证。

4 分评定：和行业内其他工厂一起参与了关于环境方面有价值的实践的讨论，一起做了持续改善。

5 分评定：基于常态化的内外部审核，企业的环境在行业内树立了标杆。

（2）环境影响评定

1 分评定：有环境体系的负责人。当有环境事故发生时，可以立即通知到工厂总经理，若不在厂内，立即电话通知。

2 分评定：每个制程都有环境方面的影响清单，其至少每年更新。

3 分评定：基于环境保护的程序文件，改善环境的计划已经制订，并正在实施中。

4 分评定：已经实施完成的环境改善行动是卓有成效的。

5 分评定：持续重复评估环境影响，工厂持续寻找新的方法以减少环境危害。

（3）能耗管理评定

1 分评定：追踪能耗费用和使用量。

2 分评定：识别出最大的能耗费用，以推动能耗降低。工厂已经安装了电子计量或可以获得来自设施本身计量器的实时信息。识别出潜在的节约点。

3 分评定：工厂展示了节约能源的办法，包含了能源团队、月度能源检讨。能源节约的项目正在推进。基于计量信息分析能耗趋势。

4 分评定：有专门的软硬件工具，用于监测各个环节的能耗并整体展示出来。能耗改善行动收到了良好的效果，3 年内能源消耗降低了 10% 或过去 12 个月能源节约了 3.3%。

5 分评定：工厂已经实施了所有设备的能耗测量措施，这些措施都在 3 年内得到了的回报。3 年内能源消耗降低超过了 10%，而 3 年内能源使用量均无增加。

（4）绿色产品评定

1 分评定：环境政策已经宣传到产品设计部门，设计部门逐步减少非环境友好型材料的使用。

2 分评定：供应商处的环境审核已经达标，供货到客户的产品均有环境保护承诺书。

3 分评定：在工厂内使用的每个零部件都有 ROHS 检测报告。

4 分评定：生产设施的零部件符合环保要求，不存在生产设施对零部件的二次环境污染。

5 分评定：交付到最终用户的产品，没有因不符合环保要求被客户投诉。

（5）废弃物管理评定

1 分评定：有广泛传播的废弃物管理政策。

2 分评定：废弃物仔细隔离和称重，达成废弃物的精准记录。

3 分评定：通过企业自身的流程或第三方回收公司，达成了废弃物的最大化利用，达成了最小化的垃圾填埋量。

4 分评定：企业有清晰的废弃物减少战略目标，过去 12 个月里，工厂有小于 15% 的废弃物是填埋的。每年节水 10%，每年二氧化碳的排放减少 10%。

5 分评定：工厂被认为是零废弃物填埋，能回收的全部回收。

6. 如何在“环境”的年度数字化评估要求中找到数字化平台中的取数规则

1）从环境机制维度：从年度 1 分到 5 分，均是线下主导的行为，强行转至线上只是在线手工，没有意义，故维持原线下方式。

2）从环境影响维度：类似上节人机工程的数字化平台，首先在数字化平台里建好工位库，该工位库联动到结构化工艺的工位库。工厂不仅有用于生产的工位，而且有各类设施，同样也要有区域编码。区域编码在平台里已经提前设置完成。按时环境评定率 =（当月已经完成环境评定的工位 + 区域编码的数量）/（所有工位 + 区域编码数量）× 100%。按时环境评定率的目标值是 100%。环境问题的按时改进率 = 当前时刻在系统中抓取的按时完成的问题数量 / 所有问题数量 × 100%。需要看到按时改进率有上升的趋势，目标值是 100%。

3）从能耗管理维度：在同一个数字化环境平台中，可以抓取到当前时刻所有已经安装了计量装置的能耗值。包括当前能耗和去年同期的对比值，可以筛选到月度和季度。年度能耗降低率是 KPI 之一。年度能耗降低率 =（上一年度总能耗 – 当年度总能耗）/ 上一年度总能耗 × 100%。降低率目标可以基于历史数据在系统内自行定义。

4）从绿色产品维度：在数字化平台里，设定绿色产品普及率为 KPI 指标，绿色产品普及率 = 当前时刻从系统中抓取的含有 ROHS 通过报告的零件数量 / 系统中零件总数量 × 100%。该维度需要把零件认证报告结构化，结构化的 ROHS 报告就包含在结构化的零件认证报告里，难度比较大。

5）从废弃物管理维度：在 ERP 平台里查询结果，即过去几年的废弃物对外出售的金额和数量有持续下降的趋势。

以上内容强调，在 ESG 大行其道的当下，专注制造业的环境其实是一直以来的要求，建设环境友好型企业是每个企业的义务。

在工业领域，环保的重要性不言而喻。我们不能做喊口号的环境保护者，而应该做环境保护践行者。数字化平台的导入将实现自动取数 KPI 来衡量环境保护的效果，极大地推动企业对环境的改善，和原传统的仅仅依靠人的线下巡查方式大不一样。

第三节 安全

1. 安全概述

安全是 EHS 的一部分，安全是重要的一环，安全是每个员工的最重要的需求。国际安全专家做过统计，安全有 300∶29∶1 法则，即当一个企业有 300 起安全隐患，将很可能导致 29 起轻伤、1 起重伤或死亡事故。安全贯穿于企业业务全生命周期，每一个环节都不允许有安全隐患。

建立推行 EHS 管理体系的目的就是保护环境、改进我们工作场所的健康和安全、改善劳动条件、维护员工的合法利益，对增强工厂员工的凝聚力、完善工厂的内部管理、提升工厂形象、创造更好的经济效益和社会效益将起到极大的推动作用。

典型的 EHS 体系如图 5.6 所示。

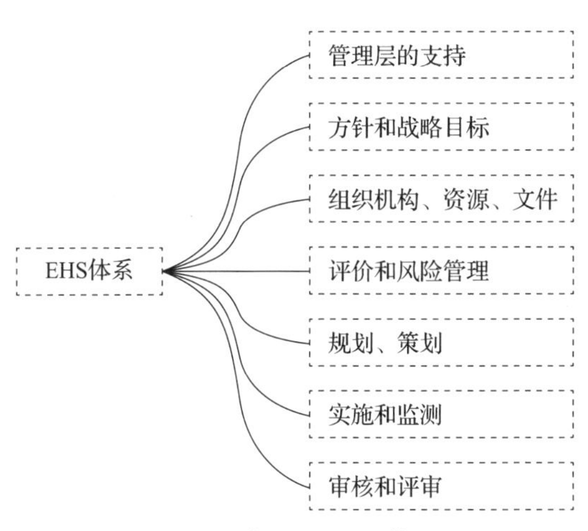

图 5.6 典型的 EHS 体系

企业必须追求 0 安全事故，需要在显著位置悬挂安全天数牌，以鼓励并督察持续保持安全天数，如图 5.7 所示。

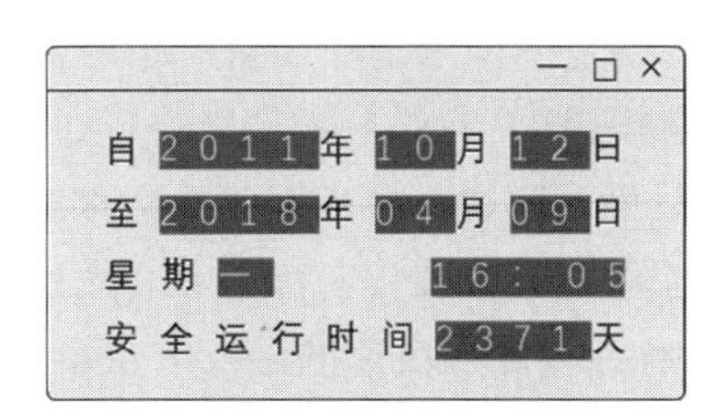

图 5.7 安全天数牌

为防止万一出现安全问题，无法及时逃脱，工厂需要在安全天数牌边上张贴清晰明了的消防安全紧急疏散图，如图 5.8 所示。

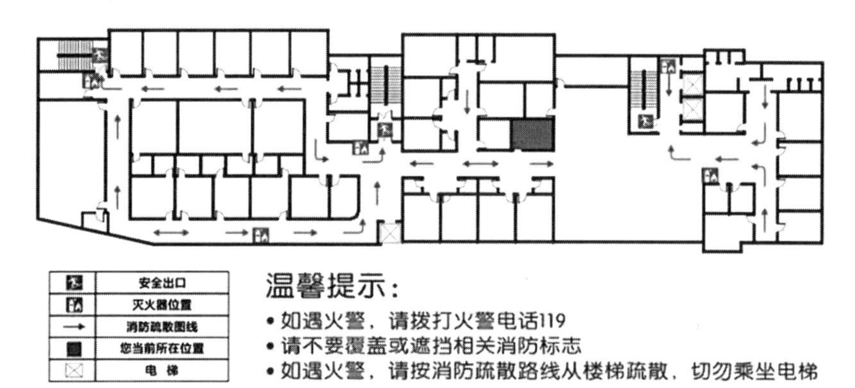

图 5.8 消防安全紧急疏散图

EHS 部门有责任常态化地组织工厂员工进行逃生演习。一个正规的逃生图必须含有图 5.8 所示的全部信息。

有任何安全事故，第一时间通知安全责任人，工厂任何人员均有权利拒绝和指出不安全的行为。开工前 EHS 评估必须已经执行，并在工位上张贴“EHS OK”的标签。告知员工可以放心操作，不要有安全方面的担忧。

生产现场通常会存在以下重要的安全风险，本书罗列如下，但是不限于以下清单。

1）电动叉车：原则上，生产区域不得使用叉车。叉车仅在厂区外，上下货区使用。叉车行驶速度不得超过 5km/h。在叉车的前后端均有警示投影灯投影到地面，以告知人员有效避让。

2）触电：要求所有设备可靠接地，只有有资质的设备人员才能操作动力箱。企业动力箱可以随意打开是非常危险的行为，一旦发生电击，需要注意救助人员不要接触被触电人员，而应该立即切断电源，呼叫请求帮助，实施心肺复苏急救等。

3）挂牌上锁：挂牌上锁是一种用于在设备维护时防止能量意外释放的方法，通过在工作开始前在能源隔离开关上挂上锁具来达成。在维修、设置、清洁设备之前执行上锁挂牌程序，从而预防设备突然起动、运作或能量释放而带来的伤害。

4）心脏骤停：当患者出现心脏骤停、无意识（无反应）、无呼吸或仅有喘息时，在救护车达到之前，唯一有效并快速的治疗方法就是使用除颤仪。在进行现场抢救的同时，拨打 120 救急电话。企业有专门的人员维修除颤仪，有多人可以正确操作除颤仪。

5）洗眼器的使用：洗眼器是企业专门为防止生产过程中有危险品溅入眼睛，防止造成伤害而专门购置的专业洗眼设备。眼睛是人体中非常重要和非常敏感的器官，企业应坚持以人为本的企业文化，使用专业洗眼器最大限度地保护员工的眼睛不受伤害。在车间的多个位置设置洗眼区域，给车间的所有员工（重点是经常接触危险品的工序）培训使用方法。

6）防护穿戴：防护用品是指保护劳动者在生产过程中的人身安全与健康所必备的一种防御性装备，对于减少职业危害起着相当重要的作用。以下是常见的危险因素（不限于此清单，必须要有安全防护规范）：从事高空作业的人员，不系好安全带发生坠落；从事电工作业（或手持电动工具），不穿绝缘鞋发生触电；在车间或工地不按要求穿工作服，而是穿裙子或休闲服；穿工作服，但穿着不整，敞着前襟，不系袖口等，造成机械缠绕；长发不盘入工作帽中，造成长发被机械卷入；不正确戴手套，该戴不戴，造成手的烫伤、刺破等伤害，不该戴而戴，造成卷住手套而将手带进机器，甚至连胳膊也带进去，造成伤害事故；不及时佩戴适当的护目镜和面罩，使面部和眼睛受到飞溅物伤害或灼伤，或受强光刺激，造成视力伤害；不正确戴安全帽，当发生物体坠落或头部受撞击时，造成伤害事故；在工作场所不按规定穿劳保鞋，造成脚部伤害；不正确选择和使用各类口罩、面具，不会熟练使用防毒护具，造成中毒伤害。每个工位尤其是设备操作工位必须有员工穿戴规范。

7）高处坠落：高处坠落是工作场所死亡事故的第一杀手，企业需要有相关规定：上下楼梯搭扶手，高处维修时佩戴全身式安全带，绝对不可以从高处向下跳，不可站在叉车的升降双叉臂上进行操作，高处维修选用升降车或脚手架。

8）起火：火灾初起时灭火效果最好，员工需要有操作灭火器的能力。若无法第一时间灭火则立即逃生，从离员工最近的逃生门离开建筑物，沿着制定的路线撤离，之后到达指定的聚集地点。保持逃生和灭火通道不被占据。

9）人员划伤：对大量出血的伤病者立即止血，避免失血过多导致休克死亡；防止感染，伤口用洁净水洗净或用干净软布毛巾等盖住；若是切伤或刺伤，创伤面要挤出少量血液，以排除伤口中进入灰尘和细菌；预防感染，要到正规医院清创缝合，注射破伤风。现场止血方式有指压止血、包扎止血（加压包扎、填塞止血、止血带止血等）。

10）有害气体释放：危险气体需要重点控制，根据鉴定表进行打分，有明确的警示不可随意排放。

11）静电：因一些电子元件对静电非常敏感，静电很容易对电子元件造成损害，轻则性能下降，重则电子元件被击穿短路，所以在接触裸露电子元件时一定要做好静电防护，佩戴防静电手环。当设备异常时，可能会发生设备漏电，若此时还佩戴防静电手环（虽然静电手环内有 1M 欧的阻抗），就会发生通过人体形成通路，导致触电的情况。

12）有害溶液泄露：各种化学溶剂的泄露挥发导致员工受伤害；各种化学油的随意堆放、取用导致环境污染。

13）滑倒或绊倒：消除滑倒的因素——保持地面干净整洁；维持一个干净有序的工作场所；及时清理地面上的液体；清除杂物和灰尘；发现泄漏点时，先停工去修补漏点；在潮湿的工作环境中应安装吸湿设备；使用警示标志或者隔离架。消除绊倒的因素——捡起放在地上的工具、垃圾，以及其他材料；地面和工作场所无钉子、碎片、漏洞或不牢固的地板和瓷砖；文件柜抽屉应关闭；电源线不应放在过道上；对于不平整的地面，做出警示或者修理。

2. 安全在数字化时代

并非数字化时代的来临使安全的重要性突然上升了，而是只要有企业存在，安全永远都是最重要的。

在数字化时代，有人的操作工厂，会基于数字化平台的有效管理，更多地提高现场员工的安全意识和实质性的安全保护。安全性的提升是一个持续改善的过程。

在智能化无人工厂里，似乎没有人，就可以放松安全警惕，其实各类安全要求被设计工程师设计进了各类自动化装备。在机器运行过程中，若发现某个安全参数异常，即可自动发出警告甚至停机。此时，专业的设备维修工程师会赶到现场排除安全故障。这种方式把原先对人员的安全鉴定转移到对设备的安全鉴定，安全问题在数字化时代会减少，但是不可能完全消失。

3. 安全的负责方

安全的年度评估由企业的 EHS 部门负责。所有人员都要为自身和他人的安全负责，是全员参与的活动。

4. 安全的年度总体目标

按季度进行安全演习，年度未出现安全事故。

5. 安全的年度数字化评估

（1）安全机制评定

1 分评定：常态化追踪法律规定的安全指标。当工厂有任何与工作相关的医疗事故发生时，第一时间通知到工厂总经理。如果工厂总经理不在单位，立即电话沟通。

2 分评定：工厂总经理立即达到事故地点，停止工作，推进改进预防措施。

3 分评定：安全负责人在高层会议上讨论工伤和疾病，并记录在案。

4 分评定：每个部门领导需要定义本部门的安全目标，是年度绩效的一部分。

5 分评定：安全管理体系由第三方认证的专家评估过，以确保匹配政府和企业的安全方针。

（2）风险评估评定

1 分评定：所有员工在开始工作前，受到了与他们工作匹配的安全和环境培训。逃生计划张贴在每个工作区域，每班每年至少演练一次（下沉到工位层级很重要）。

2 分评定：安全经理或其他指定的员工完成了风险评估培训，以便有能力做风险评估。

3 分评定：风险评估需要员工参与来完成而不是坐在办公室想（到现场去）。高优先级的风险根据企业规范需要有更细致的风险评估。

4 分评定：工厂安全专家评估了新产品及制程的新设计或优化、快速改善、产品转移、设备到达工厂前等业务的安全风险，并签字。

5 分评定：行业标杆工厂中有价值的实践被本企业采纳。

（3）安全持续改进评定

1 分评定：安全巡查以确保操作员工有充足的安全防护用品使用。

2 分评定：安全巡查常态化地执行，问题以照片描述，有改善计划。安全委员会每年进行 4 次安全检查，追踪安全改善计划。

3 分评定：有正式的 EHS 系统，并有效运作。安全环境委员会每月召开安全会议，指导工厂区域和办公区常态化进行安全环境检视，陈述安全环境上发现的问题并推动解决。由每个部门的经理负责安全改善行动。

4 分评定：针对风险分析、事故或重复问题实施快速改善，以确保安全的工作条件。若是集团公司，子公司必须采纳集团总公司层面的风险评估。

5 分评定：有证据显示企业的安全改进已经是本行业的标杆。

（4）绩效考核指标评定

1 分评定：追踪考核指标——事故时间损失率（Lost Time Incident Rate，LTIR），损工天数率（Lost Time Days Rate，LTDR）即一年有多少天被工伤损失了，医疗事故率（Medical Incident Rate，MIR）。所有结果充分展示。

2 分评定：根据风险分析定义安全政策和流程。微小（轻微第一时间救助）事故（包括人机工程问题）记录在案，每个医疗事故都有根源分析。

3 分评定：过去 6 个月企业医疗事故率小于企业所在地的控制线。

4 分评定：过去 12 个月企业医疗事故率小于企业所在地高一级行政区域的控制线。

5 分评定：过去 24 个月本地医疗事故率小于企业所在地高一级行政区域最好的控制线。

6. 如何在“安全”的年度数字化评估要求中找到数字化平台中的取数规则

1）从安全机制维度：参考年度 3 分标准，企业要有一个统一的 EHS 平台来承载各类紧急安全问题、安全评估行动、安全改进监督等。

2）从风险评估维度：类似上节人机工程的数字化平台，首先在数字化平台里建好工位库，该工位库联动到结构化工艺的工位库。工厂不仅有用于生产的工位，还有各类设施，同样也要有区域编码，区域编码在软件中已经存在。按时安全风险评估率 =（当月已经完成安全风险评估的工位 + 区域编码的数量）/（所有工位 + 区域编码数量）× 100%。目标值是 100%。安全风险问题的按时改进率 = 当前时刻在系统中抓取的按时完成的问题数量 / 所有问题数量 × 100%。需要看到按时改进率有上升的趋势，目标值是 100%。

3）从安全持续改进维度：被上述风险评估维度覆盖。

4）从绩效考核指标维度：事故时间损失率 = 当年度因安全事故导致的制造工时损失 / 年度总计制造工时 × 100%，损工天数率 = 当年度因个人工伤导致损失的天数之和 / 所有员工总天数 × 100%，医疗事故率 = 当年度需要到医院就医的，但不影响第二天及以后正常上班的事件数量 / 总计的医疗事故 × 100%。这些 KPI 均由后台自动取数，不是在线手工输入一个百分比，目标值毫无疑问是 0。数据源头是常态化的评估记录、事故记录，在平台里的事故时间损失必须由手工填写。不可能人身伤害事故已经发生了，还要先现场扫个码记录时间。这和 MES 不一样。

在数字化时代，安全的边界扩展到了智能化装备。在智能化装备的加持下，安全保障更加有效，比如负责安全监管的政府部门在辖区内企业里的高安全风险区域安装了远程智能摄像机。该远程智能摄像机拥有可以智能判断安全参数是否超标的能力。一旦超标，可以第一时间传输到主管单位，实现了高度的安全可控，打破了安全仅仅是企业内部的事情这个边界，真正扩展了安全边界，实时监控安全。

当然，高端的硬件必须配套软件才能实现高效管理，作者建议企业在开展 EHS 数字化工作时，开发专业的平台，环境和安全放在一起，人机工程专门用一个模块，因为人机工程中的人和产品制造关联更大。EHS 分两个模块位于某先进工业平台主页面如图 5.9 所示。

图 5.9 EHS 分两个模块位于某先进工业平台主页面

第六章 | Chapter 6

持续精进的制造能力

第一节　制程稳健

1. 制程稳健概述

制程稳健是使用科学的方法论如设计失效模式分析（Design Failure Mode and Effects Analysis，DFMEA）、制程失效模式分析（Process Failure Mode and Effects Analysis，PFMEA）、产品质量控制计划（Product Quliaty Control Plan，PQCP）、制程控制计划（Process Control Plan，PCP）、过程流程图（Process Flow Diagram，PFD）、监督试验、防呆和自动化、可视化作业指导书等来确保制程能力指数（Complex Process Capability index，CPK）>1.5，最终满足客户对产品的质量要求。

稳健过程控制识别了现有的并预见了潜在的过程波动，它制定了确保过程满足规范要求所必须采取的相应措施。

图 6.1 是制程稳健的关系图：PFD、PFMEA，以及 PCP 应结合使用发挥最优效果；过程控制系统在创建时如果能得到一个跨职能团队的输入（包括操作员），过程的稳健性就可以提高；稳健的过程控制系统需要定期进行评价和更新、持续改进。

（1）过程流程图

过程流程图是确保稳健的过程控制的一种工具。一个过程流程图能够可视化地描述流程，用来识别所有的过程步骤，包括从原材料入厂到生产出货。产品工艺流程图是过程流程图的一部分。

图 6.1 制程稳健的关系图

过程流程图提供了过程架构，可以用来识别产品特性在某个过程中如何被影响以及被监控。过程流程图有两个主要因素：第一，关键过程步骤的识别；第二，对过程每一步的重要特性和其过程控制要求的识别，如过程描述、设备类型、控制的特性、过程参数、其他要求和建议。

作为稳健过程控制的一部分，过程流程图应有效结合制程失效模式分析、制程控制计划，以及作业指导书一起使用。

过程的识别必须遵循流转过程，从前到后逐个识别，不能前后颠倒。

一个过程如果没有在过程流程图里被识别，我们就无法确信该过程的风险得到评价或者过程得到相应的控制。

应该在过程流程图中包含返工和检验的细节，确保识别产生的隐藏浪费，体现入厂到成品入库的流程见表 6.1。

表 6.1　体现入厂到成品入库的流程

步骤	生产	搬运	库存	检验	返工	报废	退货	过程名称/操作描述	控制文件编号	特性			特殊特性分类	方法					反应计划
										编号	产品	过程		产品/过程规范/公差	评价/测量技术	样本 容量	样本 频率	控制方法	
1								原材料进厂	—	1	规格	—	★	2mm	游标卡尺	—	每批	材质证明　进料送检单	采购部反馈供应商
										2	数量			与发货单一致	点数/称重	100%			
										3	外包装			无脏污、破损、变形	目视	100%			
										4	材料品名			纯铁板	目视	100%			
2			是		否			来料检验		1	材质确认	材质	★	纯铁	—	1件或3件	每批	进料检查作业指导书、原料进厂检验标准	质保部检验组发出“不合格品处理单”
										2	尺寸	板材厚度		2mm	游标卡尺				
												—		—	—				
										3	外观	—		无锈蚀、划伤、压伤	目视核对				
										4	质量保证书			国家标准	目视核对				
3								原料入库	—	—	材料分类	—	□	按材料编号/等级	目视核对	—	每批	—	采购部仓库
											先进先出								
											贴标识								
4								领料	—	1	填写工序卡	—	□	外观无破损、无数量差异	目视核对	100%	整批	先进先出	生产部金工车间
										2	领料								
5								压力机加工	—	1	落料、冲孔	压力机	□	—	游标卡尺	100%	整批	图纸	生产部金工车间
										2	折弯			—					
								准备	—	1	划线	钳工台钻床	★	图纸	高度游标尺 游标卡尺 螺纹规	—	整批	图纸	生产部金工车间
										2	装夹			图纸		—			
								钻孔		3	钻头φ2.2			钻螺纹底孔孔		—			
								攻螺纹		4	M3丝锥			图纸		—			
			是		否			首件检验		5	尺寸			图纸		100%			
											外观			外观检验标准					
10								电镀	—	1	镀锌	酸洗池	★	除油、除锈		1件	批	—	电镀厂
												镀槽		镀锌					
														钝化					
												烘箱		干燥					
11			是		否			检验	—	1	镀层厚度测试	—	★	8μm	厚度测试仪	1件/批	批	图纸检验指导书	质保部检验组
										2	外观			外观检验标准		100%			
12								入库	—		数量	—	□	—	目视	全数	—	先进先出	采购部仓库

注：★—重要性；□—次要性。

（2）制程失效模式分析

制程失效模式分析（PFMEA）是一种提前对过程评估以降低风险的工具，和我国的古语“三思而后行”不谋而合一样，能规避风险。

PFMEA 的最终目的是达成稳健的过程控制，这是一个系统性的工程。

针对新产品开发，在产品开发过程中的业务流程如下：

1）研发制造工程师释放量产时提交 DFMEA、PQCP、组装关系图给量产工艺工程师。

2）工艺工程师制作作业指导书，并针对作业指导书里的每一个步骤写 PFMEA，将入厂到出厂的整个 PFD 伴随 PFMEA 一起制作出来。

3）质量工程师根据 PFMEA 制作 PCP。

针对非产品开发的导入类产品，可以没有 DFMEA 和 PQCP，但是必须提供证据以证明 PFMEA 是用在生产线上对发现的缺陷进行评审的，并且是基于客户反馈的问题进行评审的。其他业务流程同新产品开发。

对严重度、发生频率、可探测度进行相应的评审，如果风险优先序数（RiskPriorityNumber，RPN）值≥ 125 和（或）严重性≥ 8（有些企业把 RPN 值定义为 120 或 100 更好，因为乘积越小越体现了企业对制程稳健的重视），则必须采取行动以降低风险。客户抱怨和人机工程点必须写入 PFMEA 文档。

制程失效模式及后果分析业务流程图如图 6.2 所示，注意必须要开会讨论而不是一个人写文件，通常参与部门是工艺部、质量部、生产部、计划部、EHS 部、设备部、出货部、仓库等，负责人是工艺人员。

如果打分超过 125 分，就必须要有改善对策并追踪到对策执行到位。如果没有外部的抱怨，通常每半年更新一次 PFMEA。有试跑、客户反馈、正式量产前必须做 PFMEA。

PFMEA 对于人工参与的过程是非常有用的工具。不是为了做文件而做 PFMEA，我们的目的是降低风险优先序数，降低过程风险。

PFMEA 计算出风险优先序数，是三个指数（缺陷的严重度、发生频度、缺陷被探测的机会）的乘积。失效模式的数字化衡量方式如图 6.3 所示。

失效模式的打分表示例见表 6.2。

典型的失效模式分析表见表 6.3。针对大于 125 的项目必须有防呆和自动化的改善措施，而不是一而再地宣导。如果有以手工为主，且年产量极大的企业，该推行低成本自动化（Low Cost Automation，LCA）设备来解决手工装配导致的人为问题非常合适。

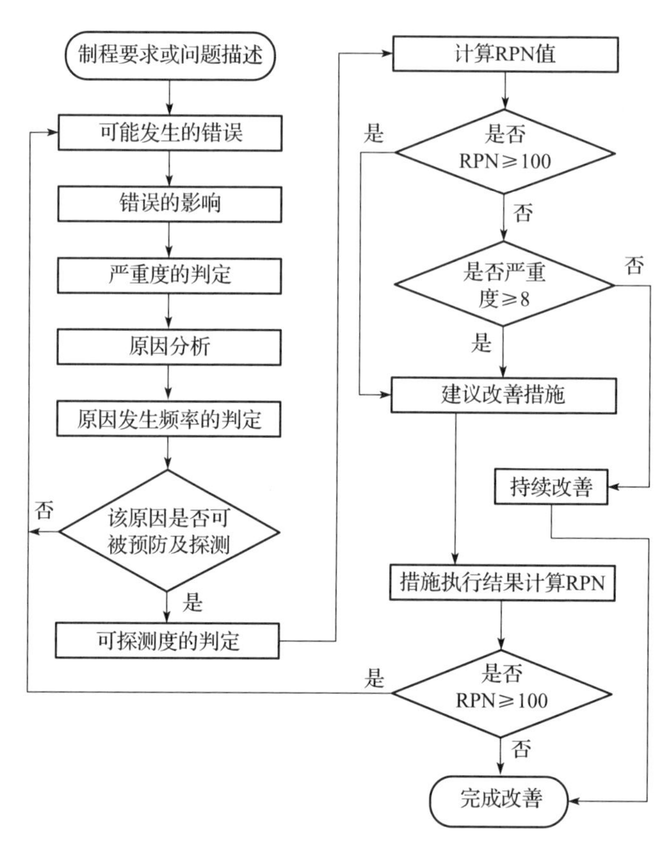

图 6.2　制程失效模式及后果分析业务流程图

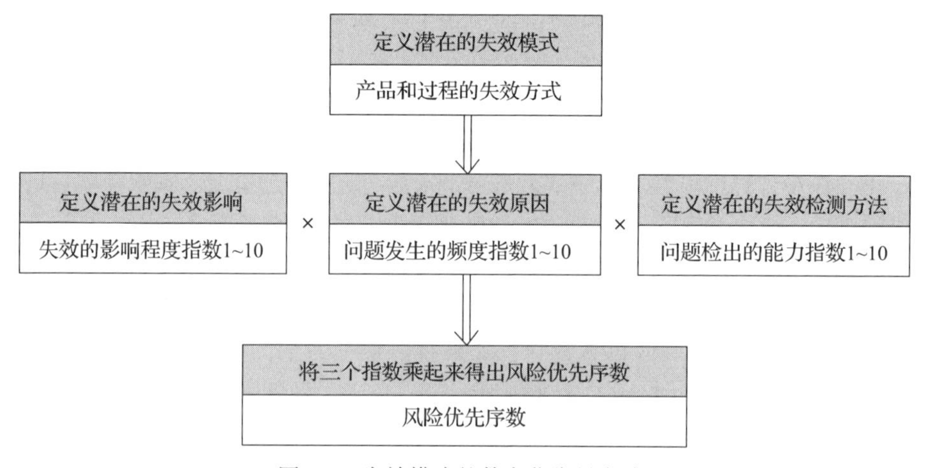

图 6.3　失效模式的数字化衡量方式

表 6.2 失效模式的打分表示例

严重性			发生频率			可探测度		
指数	顾客后果	组装后果	指数	失效率	可能性	指数	探测分级	检查类型
10	伤害（顾客或员工）	可能危及作业员而无警告	10	≥ 15 次 / 月	很高：持续性发生的失效	10	无法探测或没有检查	操作员
9	违法	可能危及作业员但有警告	9	12 次 / 月		9	仅以抽样实验发现	抽样试验
8	使产品或服务不适于使用	产品可能必须要 100% 报废	8	10 次 / 月	高：反复发生的失效	8	目视 / 自检	操作员
7	造成顾客极端不满意	部分产品可能必须要报废	7	8 次 / 月		7	二次目视检查	操作员
6	将造成部分功能失灵	所有产品可能需要返工，有零件报废	6	6 次 / 月	中等：偶尔发生的失效	6	统计过程控制 / 生产线定时抽检 / 100% 操作	测量
5	引起性能损失，可能会造成客户投诉	所有产品可能需要返工，无零件报废	5	5 次 / 月		5	100% 检测	测量
4	引起较小的性能损失（比如未紧固，漏螺栓，磨损……），可能导致投诉	库存差异	4	4 次 / 月		4	以后工序可发现	检错
3	外观，可能导致投诉	部分产品需要返工，有零件报废	3	3 次 / 月	低：很少有相似失效	3	下一操作可发现	检错
2	外观，不会导致投诉	部分产品需要返工，无零件报废	2	1 次 / 月		2	100% 自动检查	检错
1	不会引起注意（小问题）	导致不便	1	≤ 0.5 次 / 月	极低：失效不大可能发生	1	在工艺流程中或设计中应用防呆	防错

表 6.3　典型的失效模式分析表

制程潜在失效模式和后果分析（过程 PFMEA）																	
文件编号：					过程责任：			编制人：　FMEA 日期（编制）：						项目：			
版本：					核心小组：			FMEA 日期（修订）：									
													措施结果				
过程功能 / 要求	装配过程	潜在失效模式	潜在失效后果	SEV 严重度	潜在失效起因 / 机理	OCCUR 频度	现行过程控制	DETEC 探测度	RPN	建议措施	PIC	责任及目标完成日期	采取的措施	SEV	OCC	DET	RPN

在给事项打分时，必须当场定下改善工作的负责人和预计日期，并注明未来的 RPN 小于 125。在会后，需要有常态化的周会来追踪改善的进度以匹配截止日期。截止日期前没有完成的，需要计入该员工月绩效考核。

（3）制程控制计划

制程控制计划是确保稳健的过程控制的一种办法。在给出的过程中总结所有的控制特性，包括控制什么、怎么控制、谁去控制。基于失效模式的制程控制计划表见表 6.4。

制程控制计划控制产品及其生产过程，将可变的因素最小化，以满足客户的需求。制程控制计划是失效模式的下一个步骤，只有工艺部门提供了失效模式分析，质量部门才能够根据失效模式做出来制程控制计划。

制程控制计划的制订要遵守以下 4 个主要原则。

1）过程信息中记录所有的过程步骤。

2）过程特性要具体描述需要控制的内容。

3）控制方法要给出操作步骤。

4）控制计划里需列明失控后的反应计划。

表 6.4 基于失效模式的制程控制计划表

工厂		创建		日期		签字确认	质量		日期		文件编号
过程		版本		日期			生产		日期		
产品							工程		日期		

序号	生产过程						控制参数			控制过程						
										检验系统				纠正计划		
											人工检验					
	工位号	工位名称	操作描述	设备/工位/工装/工具	类型	产品特性	过程特性	关键等级	规范	控制频次	检验员	操作人员	控制方法	记录	产品反应计划	设备/过程/工装反应计划

结合工艺流程图、失效模式分析和操作指导去完成制程控制计划，是比较好的方式，因为避免了单一输入源。定期检查制程控制计划，以持续改进信息记录的质量。

巡检（In Process Quality Control，IPQC）根据制程控制计划生成每日巡检表，按小时或半小时巡查生产线产品生产是否符合规范。基于制程控制计划的巡检表示例见表 6.5。

表 6.5 基于制程控制计划的巡检表示例

生产线： 日期： 巡检员： 审批者： 版本：

工位	巡检项目	巡检描述	时间段				
			上午		下午		加班时间段
			1	2	3	4	5

注：1. 此表由巡检员填写，由质量主管审批。

2. 无异常项目在空格内填写“OK”，有异常项目填写“NG”。

（4）问题库

“问题库”是记录制造过程中（可以延伸到研发端）发生的问题的一个资料库。本书重点说明在制造端的问题库。

问题库的意义是识别重复或者类似问题，让相关人员知道问题的来龙去脉及解决的对策；推动重新评价过程流程图和过程失效模式及后果分析（PFMEA），以及过程控制计划的更新，并且根据“问题数据库”来决定是否对过程特性实施防呆，自动化和统计过程控制；作为教材培训员工，使其了解在制造过程中可能发生的质量问题。

所有的问题都应该被收集，包括实际发生的物流问题（迟交货、缺件、运输问题等）。“问题数据库”必须及时更新（新问题、老问题的更新）。问题数据库中的问题必须常态化地在生产线展示，每个工位的 MES 屏幕可用于展示本工位的问题库。若无 MES 屏幕，可以打印展示。企业需要进行持续的历史问题警示，以防止再次发生。

工厂的质量经理必须确保“问题库”的建立、标准化表述及内容更新。这就是初步的数据治理，为把数据放入数据池奠定基础。问题数据库必须包含以下内容。

1）辨识：需要写明这个问题所处的工厂、产品家族、生产线、零件号、供应商（内部或者外部）。

2）问题呈现了什么：产品失效的详细描述，采用实际照片这种形象化（少用文字描述）的描述手段来描述问题是好的方式。

3）问题导致的后果：对客户的影响，如缺货、安全影响；对自身企业绩效的影响，如非质量成本损失、业绩减少、安全风险等。

4）什么时候：发现的日期、受影响的生产周期、序列号、设备或服务的交付日期、订单号等要体现。这就要求企业是一个全方位追踪管控的企业，精细化管理每个过程。

5）谁发现：明确哪个员工发现了这个问题，有员工的工号。

6）在哪里：在哪里发现这个问题？来料检验、制造过程的某个工序、最终检验、审核过程、客户厂验、客户退货等。

7）相关联的问题：受此问题影响的产品 / 零部件的数量，估计的不合格率，如何发现，是否使用了外观检查，后续有没有防错法，控制图是否要更新等。

问题库不仅是对问题的记录，而且有对应的解决方案，方案由 8D 分析报告而来。8D 分析报告是针对难题的，一般问题不需要 8D 分析报告。因为都是显而易见的，没有必要浪费精力做一个 8D 的壳子。

所以问题库严格意义上是8D分析报告的最后一个步骤，即防止问题再次出现。在开发问题库平台时，在问题库中链接8D分析报告是一个强管控方式。在数字化平台中，问题库要一键生成历史问题报表。基于结构化问题库的报表输出见表6.6。

表6.6 基于结构化问题库的报表输出

柜型	×××	供应商	×××	料号	×××
问题历史：					
1. 2010.09.24 发现A问题					
2. 2011.09.07 发现B问题					
描述：					
问题概览					
1. 图片描述的问题细节					
2. 图片描述的问题细节					

（5）防呆和自动化

防呆和自动化是针对RPN大于125分的强制措施。防呆是预防错误产生，或是使错误一目了然的一种装置。Jidoka是探测出制程中的缺陷，防止其被传递到下一个步骤的装置。如果生产线是自动化线，那么该线必须要有探测不良的能力，发生不良后，整条生产线停线，防止大批量的不良品流到下个工位，待不良问题处理后再开线。

所有制程都有产生错误的可能，由此会对客户产生不利影响。防呆是试图消除错误的一种装置，特别是针对人为错误。因此，它是过程控制的一个重要工具。

防呆装置是控制制程风险最有效的工具。

建立体系化的防呆地图如图6.4所示，以有效管控防呆措施的有效性。防呆措施的多少显示了企业制造技术水平的高低，因为要采用防呆措施，必然是RPN超标的事项。

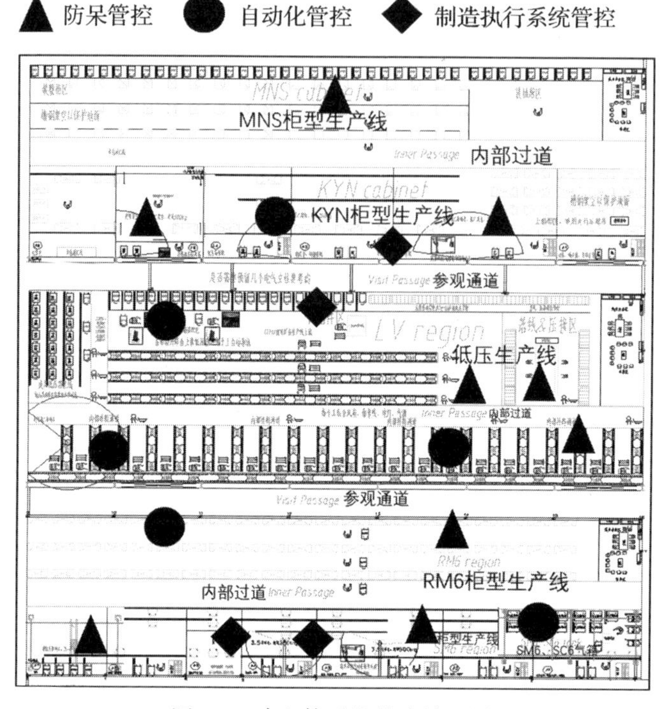

图 6.4　建立体系化的防呆地图

防呆工具必须由质量部巡检员每日检查是否完好，检查表有效归档。防呆措施巡检表见表 6.7。当发生异常时，需要立即报警，告知设备维护人员。

表 6.7　防呆措施巡检表

日期：　　　　　　　　　　　　　　　　　　　　　　　　检查员：

序号	防呆场景	产品模块	数量	类型	防呆目的	生产线	检查方法	正常 / 异常
1								
2								
3								
4								
5								

（6）监督试验

作为制程稳健的一部分，监督试验是对成品的周期性的性能测试以确保符合设计规范。监督试验的合格也证明了制程是稳健可靠的，企业的各种管控措施合理并执行到位。根据不同的产品类别，定义其周期性的抽样数量和频率，可以是每周、每月、每季度或者每年进行试验。工厂有相关的监督试验安排及试验不合格后的处理对策。

这些试验能检查产品目前实际性能和产品目录册里宣称的规格是否一致。在发生关键客户投诉前，提前探测到过程和零部件的变化（这些变化不能通过常规检验、最终检验来探测到）。

监督试验可以在工厂内部，或者第三方实验室进行。

真实的场内监督试验必须要任意抽取生产线上的一个产品，不做刻意的改制，模拟客户现场的使用环境和操作方式，进行实实在在的试验，获得一手真实的数据，为后续商务投标提供产品性能的最基础支撑，以便做到心中有底不慌乱，不盲目夸大自身产品的性能，否则对客户和自身都是极大的不负责任。

监督试验管理如图 6.5 所示，遵循了 PDCA 流程。工厂必须根据流程制定出相应的管理规程以应对年度审核。

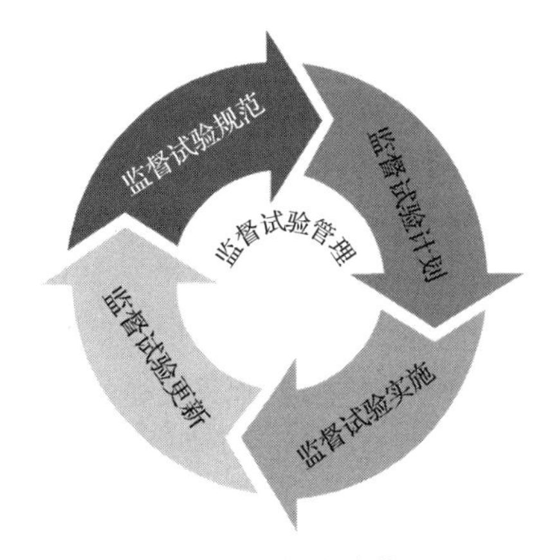

图 6.5 监督试验管理

2. 数字化时代的制程稳健

在数字化时代，大量投入自动化硬件设备就可以实现自动巡检，把巡检员从烦琐的巡检中解放出来，避免了人为的偏向性巡检取数，提高了产品质量的稳定性。

在数字化时代，问题库软件平台就是数据池的建设，基于长期的数据清洗、数据治理形成了庞大的问题数据池。沉淀到数据池中的数据都是企业在发展过程中的积累，在人工智能的帮助下，工厂内的类似问题均可以第一时间在数据池中找到解决办法。

在数字化时代，基于问题池的历史问题记录会常态化地展示到现场工位，让操作人员不再复发类似的问题，促进了员工素养的提升。

制程稳健做得好，对企业大有裨益。但是我们要知道，做好的背后还是工业逻辑的精通，数字化手段只是一个高效的辅助手段。

3. 制程稳健的负责方

制程稳健的年度评估的主要负责方是工艺部，因为在先进制造企业里，工艺部是为生产制定方法的部门，践行工艺定方法（制造技术）、质量监督、生产执行的闭环。本节中充分展示了质量部用到的制程控制计划的来源就是制程失效模式，它是环环相扣的。第二责任部门是质量部，它要展示最终的质量统计数据，维护问题库以形成符合数据规范的问题池。

4. 制程稳健的年度总体目标

企业每个班组的制程稳健度或者集团的每个制造工厂的制程稳健度有持续上升的趋势，目标值根据历史数据而定；因生产线上的制程不稳定导致的不良转嫁逐年减少，目标值根据历史数据而定。

5. 制程稳健的年度数字化评估

制程稳健的子项太多，年度数字化评估将着重结果类的子项和关键过程子项。

（1）制程失效模式分析评定

1 分评定：工艺工程师、质量工程师和精益专员参加了制程失效模式的相关知识培训，有证据显示在之前 24 个月里参加了至少 1 次。制程失效模式分析部分应用于部装或组装工位。

2 分评定：制程失效模式分析文档由文控中心归档，企业各个部门都可以查阅到。所有新产品都有 12 个月内的制程失效模式分析存档。基于计划完成了导入类产品的制程失效模式分析。

3 分评定：制程失效模式分析必须完成且覆盖 80% 的主要产品。有流程确保在问题发生及解决后，制程失效模式分析更新。所有严重度大于 10 的评分需要分析并给出实质性的行动计划。

4 分评定：制程失效模式分析必须完成且覆盖到 90% 的主要产品。有证据显示在出现新问题、内部和外部出现问题，以及过程发生变化时，制程失效模式分析将立即更新。

5 分评定：所有产品都有制程失效模式分析。制程失效模式分析用于驱动持续改善，尤其是打分项中分值大的部分。

（2）制程控制计划评定

1 分评定：有制程控制计划描述了制程步骤和控制。制程控制计划推动了防呆、自动化的制程改善方案。

2 分评定：制程控制计划显示了每个制程的步骤参数和控制要求。在每个过程和产品修改后，控制计划都要进行评审和验证。

3 分评定：制程控制计划 100% 执行到位，在制程和产品更新后进行检查和验证。关键和主要问题由制程失效模式分析识别，清楚地列明在制程控制计划表里，这些关键点的控制都不是由操作人员通过不可接受的目视检查来完成。

4 分评定：目视检查明显减少，没有因关键参数的失控而导致产品缺陷。产品的报废和返工在过去 12 个月里明显减少。

5 分评定：证据显示制程控制有效，问题不再复发，现场没有目视检查。

（3）制程稳健整体评定

1 分评定：追踪了产品制造不良率和制造质量不良率排行榜靠前的 3 个产品的制程控制计划，有效控制了质量检测手段和制造流程。

2 分评定：制造不良率和制造质量不良率覆盖了 50% 的产品。有一年两次的问题库分析，问题一旦发生即要记录在案。

3 分评定：制造不良率覆盖了 100% 的产品，制造质量不良率覆盖了 80% 的产品，两者持续改善中，前 6 个月有良好趋势。制程稳健至少每年评估和追踪一次。通过各种方法来审核问题。

4 分评定：制造缺陷都被记录在案，制造质量不良率覆盖了 100% 的产品。每月有制造不良率和制造质量不良率的分析，前 12 个月有良好趋势。

5 分评定：每月有详细的制造不良率和制造质量不良率分析，过去 24 个月持续优化。

（4）防呆、自动化评定

1 分评定：工厂的工艺工程师、质量工程师、精益专员有充分的防呆、自动化、零缺陷的技能。通过制程失效模式分析出关键点和重要点，50% 的关键点和重要点都相应的防呆或自动化方案。

2 分评定：工厂提交了过去 12 个月中新的防呆和自动化证据。

3 分评定：针对定制化工厂，80% 的关键点和 30% 的重要点来自客户问题和内部不合格品的分析，定期检查防呆和自动化手段，该手段的维保集成到工厂设备的维护和校准计划中。

4 分评定：防呆和自动化覆盖了 100% 的关键点和 50% 的重要点。不再有防呆和自动化覆盖不足导致的工厂退货。定期评估问题库中的防呆和自动化方案的效果以检查其是否有效。

5 分评定：制程失效模式中的所有关键点和重要点都有防呆和自动化措施。防呆是工厂的基因，广泛使用于制造现场、办公室、信息流程等。没有因防呆和自动化覆盖不足影响了制造不良率、制造质量不良率、退货率、设备不良率等。

6. 如何在“制程稳健”的年度数字化评估要求中找到数字化平台中的取数规则

根据以上概述和年度评估，可以知道制程稳健是强线下的过程，不可能员工坐在办公室里查看数据就可以让现场更加稳健。达成好的制程稳健，需要长期在现场实践。

年度评分非常复杂，比如把制程失效模式开发入数字化平台（现在已经实现），就不能是一个在线手工，需要和第一章第二节阐述的作业指导书关联，即作业指导书的每一个步骤都要进入制程失效模式分析的模块，作为输入源，这就非常复杂了。数字化转型要把复杂的东西简单化，达成精于心简于形。非常复杂的线下业务全部结构化开发入数字化平台，工程量浩大且收益不足。因此，采取以结果为导向的数字化平台中的 KPI 取数规则是合适的。

设定制造不良率和制造质量不良率这两个数字化平台中的 KPI，在质量管理平台中取数。

1）制造不良率：某个时间段某条生产线做出来的不良品数量 / 总计数量 × 100%，是指一次通过时的不良数，不是返修过的不良数。全厂的制造不良率为平均值。在数字化平台中，由软件自动取数到生产线工位的智能设备上最好，若不能，由巡检员手动扫不良码进入系统。

2）制造质量不良率：是制造不良率的分支，计算方式是一样的，软件平台的操作方式是先选定归于零部件问题的质量门类，然后自动计算。前提是必须在系统中配置完成各类不良代码。代码的颗粒度可以到质量、设备、人员素养、环境等粗维度，也可以再下沉一个维度，比如质量分解到哪个工位的质量、设备分解到哪个工位的设备等细维度，甚至可以分解到哪个工位的哪个质量关键点。这种细化程度带来庞大的数字化转型工作量，结构化工艺倒是可以承载。

总体上的制程稳健参考制程稳健年度评定 3 分标准，企业在当前时刻可以看到自身的制程稳健度。作者开发了一个制程稳健平台，较好地承载了该理念。制程稳健平台示意图如图 6.6 所示。

基于国家标准工艺优化方法和世界先进企业特色，该软件模块是跳一跳够得着的制程稳健审核体系。

1）用于常态化审核产品制程是否稳定。

2）有图有真相地展示改善前后。

3）真正实践了扁平化数字化管理，企业各级领导根据权限可以查看到当前时刻的制程稳健度。制程稳健度 = 已经完成彻底改进的问题的数量 / 全部问题数量。

4）若企业是集团公司，可以看到各分公司的制程稳健度排行榜，用于管理层对后进单位进行重点关注。

5）有整个工厂的当前制程稳健程度展示。

6）软件设定制程稳健审核每半年一次，设定审核事项必须在半年之内完成。若没有完成，会转移到下一个半年度，驱动最终完成。

7）该软件要求审核人员必须有较强的工业能力基础，才能审核各制造单位。

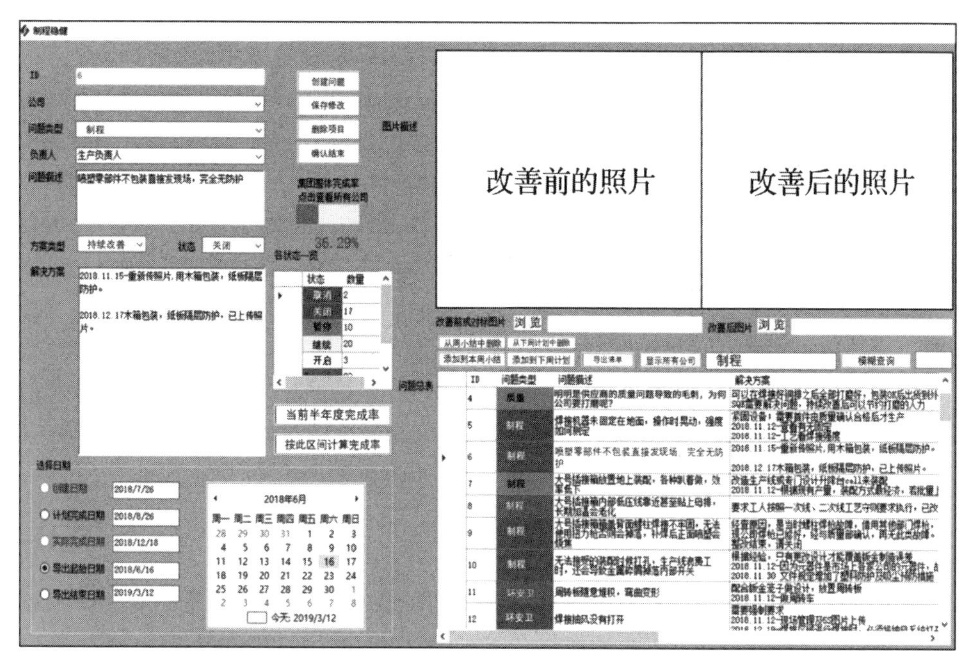

图 6.6 制程稳健平台示意图

软件把问题类型、解决方案类型、状态类型、颜色类型都结构化开发入平台，用于结构化取数制程稳健度，类型的页面如图 6.7。

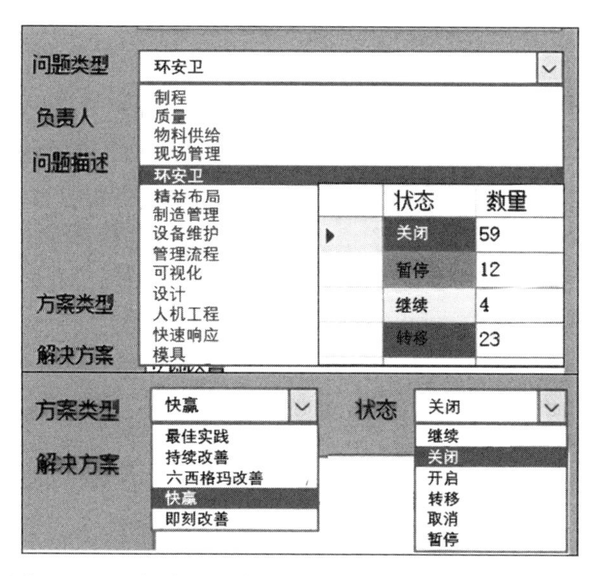

图 6.7 已经把审核出来的问题类型配置入制程稳健平台

1）问题类型的解释：Process = 制程问题，Quality = 质量问题，5S = 现场整洁问题，Lean-MPH = 精益物料供给问题，EHS = 环健康安全问题，Lean-Layout = 精益布局问题，Mfg = 制造管理问题，Mainten = 设备维护问题，Procedure = 流程问题，VC = 可视化问题，Design = 设计问题，Ergo = 人机工程问题，Lean-SIM = 及时响应问题，Tooling = 工装夹具问题。

2）方案类型的解释：Quick Win = 快速改成，Best practice = 最好的实践（让人眼前一亮的实践），DMAIC = 六西格玛项目，I See I Do = 即刻改善。

3）状态解释：Close = 该项事务结束；Ongoing = 该项事务正在处理中；Open = 该项事务已经记录，但没有执行；Transfer = 该项事务没有在当前半年内解决，转移到了下半年度；Cancel = 审核出来的该项事务不合适，无须处理；Hold= 该项事务要做，但是现在先不执行，待时机成熟时再执行。

在数字化时代，即使是全自动的无人工厂，也需要制程稳健的理论知识。这是工业运营的地基。全人工工厂更需要不折不扣地执行制程稳健体系，这也是几十年来世界先进企业稳居排行榜前列的不二法门。在数字化平台里设定自动取数的KPI，将由数字化平台来驱动达成线下和线上强耦合的制程稳健度。

第二节　快速换型

1. 快速换型概述

快速换型（Single Minute Exchange of Die，SMED）即快速换模。在型号切换时，外部辅助时间的影响降到最低，机器设备的切换时间最少化。

换型时间为因从事制造不同产品的切换动作，而使机器或生产线减慢生产的速率达到停止状态，再恢复到之前正常生产速率的总时间，即完成前一批次最后一个合格零部件至完成下一批次第一个合格零部件之间的间隔时间。形象化的换型时间如图 6.8 所示。

实现快速换型的目的是减少动作浪费、等待浪费、废料浪费、搬运浪费、库存浪费、仓储空间，标准化换型。

快速换型的原则是由操作人员执行的换模时间追求 0 秒切换，聚焦于减少切换时间从而确保平稳的制程输出。

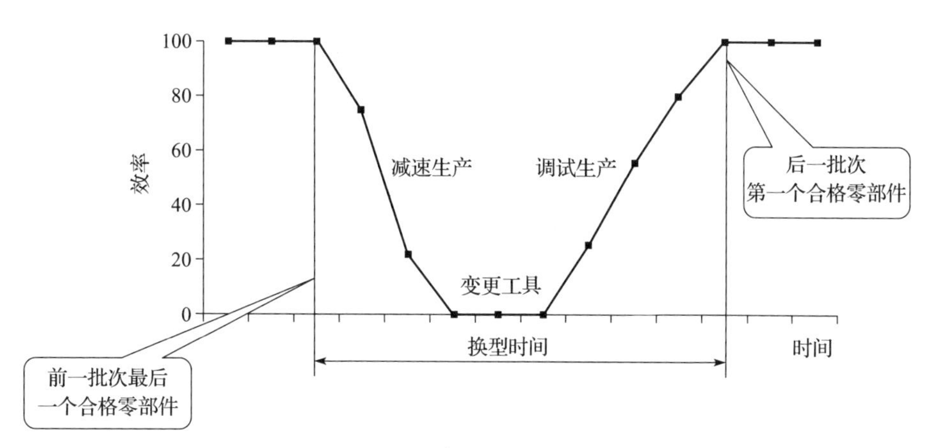

图 6.8 形象化的换型时间

实施快速换型的步骤如下。

1）测量换型时间。

2）区分内部要素和外部要素。内部要素——机器必须停止运行，外部要素——机器可以继续运行。

3）将内部作业转移到外部作业。

4）减少内部作业。

5）减少外部作业。

6）换型流程标准化并严格执行。

在实际运作中，画出换型的所有路线图，记录每个步骤、路线的时间，用录像分析来甄别增值和非增值时间，做出的优先改善是不花成本的减少距离、改进作业手段、平行准备工作、内外部时间的优化切换等。在以上方法全部用尽的情况下，再考虑购买工装夹具。

快速换型通常会产生可观的效益，可以通过增加 UT 来提高生产过程的效率，有时可以推迟甚至取消为了增加产能而进行的硬件投资。

切换不仅用于设备，工作单元、流水线、手动装配线也可以从一个型号切换到另一个型号。

重新规划一下路线，就可以实现辅助时间的大量减少。低成本的布局改善可提升快速换型效率如图 6.9 所示。绘制换型路线图，路线图在工业领域被形象化的称为“意大利面条”。从路线中，可以看出低成本的布局改善就可提升增值时间，减少辅助时间。

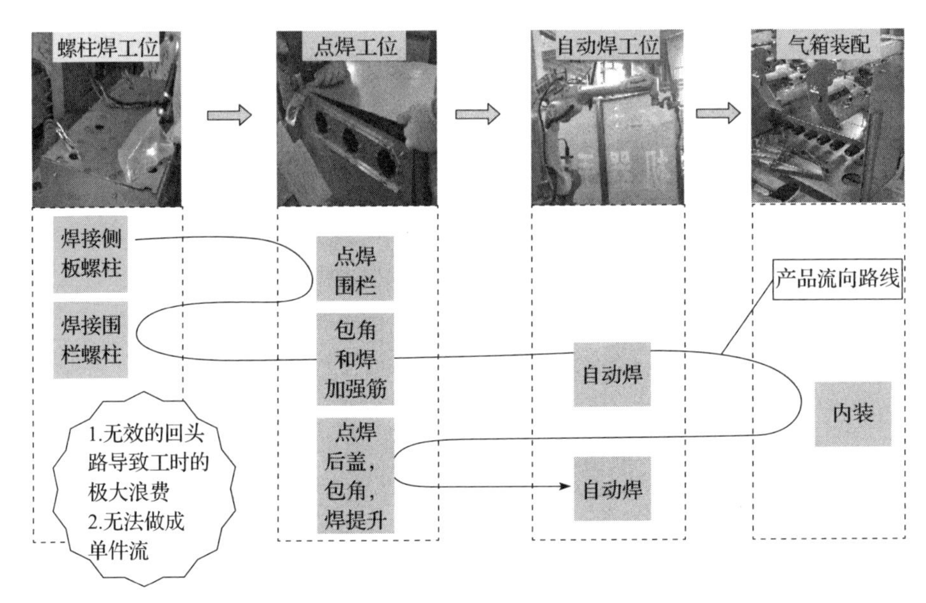

图 6.9　低成本的布局改善可提升快速换型效率

2. 数字化时代的快速换型

在数字化时代，操作人员戴上了形迹追踪设备。设备中的数据可以实时传输到数字化平台中，软件平台会给出推荐的分析建议——建议哪些时间可以从外部时间转换为内部时间。工程师最终确认软件平台的建议是否需要采用或者工程师利用设备数据自行手动分析。

一旦操作人员戴上了形迹追踪设备，实际换型时间会被完整地记录下来，可以和数字孪生平台中的理论换型时间进行对比，最终达成理论和实际的一致。数字孪生平台复刻了物理世界。

未来，体现用户个性的需求将越来越普遍，快速换型为此而生。企业掌握了快速换型的理念和方法，将在数字化时代下的先进智能装备帮助下，提高产出率，为小批量多品种制造做出更大的贡献。

3. 快速换型的负责方

快速换型的年度评估由生产部负主要责任，工艺部是第二责任部门，因为要负责工时和行踪分析。

4. 快速换型的年度总体目标

快速换型对提高产出率做出了贡献，贡献有逐年上升的趋势。注意需要尽量专注于提高瓶颈工位的快速换型，因为瓶颈工位决定了产能高低和能否高效出货给客户，非瓶颈工位的快速换型对出货给客户并没有贡献。

5. 快速换型的年度数字化评估

总体评定如下。

1 分评定：知道所有设备和工作单元的换型时间，该时间是归档的正式受控文件。

2 分评定：操作人员每日追踪切换时间。

3 分评定：快速换型的练习已经完成并归档。追踪所有的换型时间，有减少内部时间的行动计划且已经执行到位。

4 分评定：切换时间的减少促进了更多的小批量换模和库存的优化。

5 分评定：基于设备总体运行时间计算设备利用率时，设备的快速换型时间占设备总体运行时间的比例 <10%。基于客户指导，供应商推行了快速换型项目。

6. 如何在“快速换型”的年度数字化评估要求中找到数字化平台里的取数规则

基于年度 3 分的评定，我们可以在快速换型的数字化平台里设定如下 KPI。

1）快速换型评估普及率：当前时刻在系统中已经做完快速换型评估的工位数量 / 当前所有工位数量 ×100%。该软件平台可以抓取到结构化工艺里的工位库，抓取的信息导入快速换型软件模块中。在该操作平台中，把是否已经完成评估关联到工位。

2）快速换型按时完成率：当前时刻已经完成快速换型改善的工位数量 / 当前所有工位数量 ×100%。工艺部在该模块填写新的内外部时间、新的操作照片等信息。这些信息反馈到结构化工艺平台，驱动重新更新结构化工艺中对应的信息，发布新版本的结构化工艺。

快速换型貌似简单，其实是强线下执行的行动，而且是由生产一线充分实践的活动。来自生产一线的实践，一定要简单直接，不能把简单的事情复杂化。分析时间和路径的复杂事情要交给工艺部来做，生产部只要戴好手环，就会收获工艺部为其量身定做的改善方案，执行到位后，生产部员工还能获得奖励。这是各方都获益的实践活动。有了数字化，该业务将迅速发展。

本节不重点讲解快速换型，还有一个原因是想要纠正一直以来的思潮，即广大企业苦苦追求的 0 秒换型。在作者看来，是走入了误区。

快速换型要打破通常的认知，快速换型要分瓶颈工位的快速换型和非瓶颈工位的快速换型。若瓶颈工位没有达成快速换型，导致的损失是交付给客户的成品数量少，内部损失 = 销售单价 × 损失数量。因为瓶颈工位决定了最终交付给客户的成品数量，而在非瓶颈工位进行快速换型时，减少 1s 和减少 1h，不会影响交付给客户的成品数量。企业在数字化转型的路上一定要深度独立思考，找到自己的道路，不盲从、不人云亦云。

第三节　持续改善

1. 持续改善概述

持续改善是贯穿于生产制造的各个方面和时期的优化，最终目标是杜绝浪费，实现降本增效。根据改善的难度，可以分为即刻改善（I See I Do）、快速改善（Kaizen Blitz）、亮点改善（Best Practice）、持续改善（CI，Continue Improvement）、精益六西格玛改善（Define，Measure，Analyze，Improve，Control，DMAIC）。

改善的对象是工业工程的七大浪费及管理的浪费。七大浪费是指过量生产、窝工、搬运、加工本身、库存、动作和次品的浪费。管理的浪费针对企业中没系统学过、没系统做过、没系统提高总结过的“三无管理层”。这些人随着企业的发展晋升到管理层，需要指导员工和团队的时候却无法有效管理，这种管理层属于被改善的对象。任何一名管理人员，必须要有体系化的知识储备，才能领导团队。

作者已经说明当前数字化转型的真谛就是把优秀的管理思路固化入数字化平台，因此管理的浪费在线下就要清除，否则把不良管理固化入数字化平台，就是对浪费推波助澜，数字化平台将无法促进提质降本增效。数字化时代下的八大浪费如图 6.10 所示。

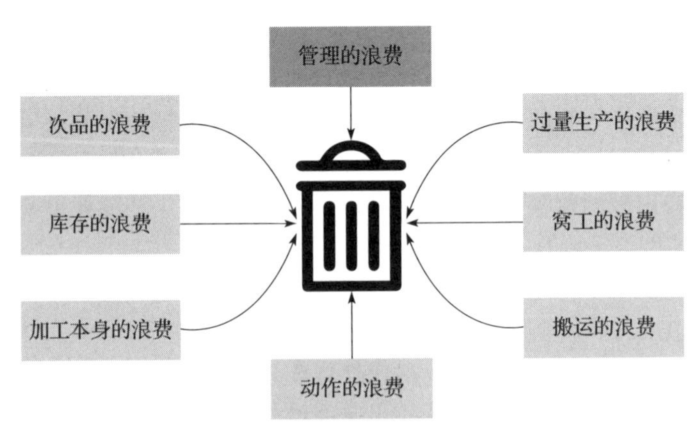

图 6.10　数字化时代下的八大浪费

（1）即刻改善

即刻改善是指企业所有层级的员工，在工厂的任意区域，发现了可以立即改善的事项，动手进行改善，或者立即联系责任部门处理并追踪到问题的结束。若有需要，事项可以输入快速响应体系中，用系统来追踪事项的进度。

即刻改善要求员工有充分的主人翁意识，摒弃旧的理念：遇到问题视而不见、绕道而行，还有抱怨。拥抱新的理念：看见问题，立刻改变，如无能力，寻求帮助；他人相助，我来跟踪，齐心协力，共同成功。

每一个员工在运用即刻改善理念时，需要尽量达成今天能完成的就不要拖到明天去解决。即使当自己无法按时完成任务，并且问题已经升级时，仍然需要跟踪问题，直到问题解决。

适合即刻改善的有：地上有垃圾，捡起来扔到垃圾桶；危险物挡道，将危险物移走；员工长距离移动物料，启动一个改进项目去改进流程；设备漏油，告知维修，一起讨论这个问题，修理设备。

使用即刻改善卡片是正式化执行的展示。即刻改善卡片放置在工厂入口处或者厂区内各个区域的显眼处，可以即刻取用。即刻改善卡片如图 6.11 所示。

即刻改善（I See I Do）卡			
姓名	部门/区域	所在工厂	提出日期
	生产部		
联系电话/邮件地址	标题		编号
问题描述		解决方案	
问题的根源		达到的效果	

图 6.11　即刻改善卡片

（2）快速改善

快速改善是在短期内就可以达到效果的改善，通常持续时间为 5 个工作日。快速改善是简化版的六西格玛改善，同样需要经过定义、测量、分析、改善、控制这 5 个阶段。快速改善持续周期如图 6.12 所示。快速改善针对短平快事务，例如检具偏差的改善、不良零部件的整改、工装夹具的磨损、操作人员能力欠缺、人机工程问题等。

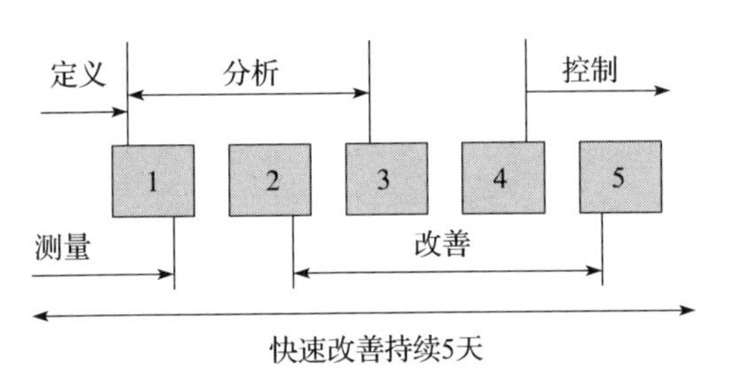

图 6.12　快速改善持续周期

针对工艺部门的考核要求是每周一个接地气的改善，是年度调薪的依据。例如，一名工艺工程师的年薪是 10 万元，那么该员工为企业创造的年度价值为 $10 \times 10=100$（万元），超过 100 万元后的价值才是调薪的参考数据。

（3）亮点改善

亮点改善又叫作最好的实践，聚焦于生产现场，是除了日常改善，让人眼前一亮的改善，以小投资获得大回报。亮点改善是持续一个月内的改善，花费的时间比即刻改善和快速改善多。比如购买了简单灵巧的人机工程工装夹具，大幅提升了生产效率；每个生产线的线头都配置了生产主管办公区，便于生产主管在现场办公，实现快速现场管理；水杯放入专门的水杯架并标识到个人；通过增加工位可视化手机盒，解决生产现场玩手机等问题。

（4）持续改善

我们可以把所有的改善称为持续改善。本书根据时间长短、工作量大小来区分改善类型，也为了在工业软件平台中把改善分类，以时间长短来排工作量的优先级。在本书中，持续 1 ～ 3 个月的改善称为持续改善。

（5）精益六西格玛改善

精益六西格玛改善通常用于解决制程和变化大的问题，企业的黑带或绿带要达到 50% ～ 80% 的利用率，充分尊重精益六西格玛改善方法。精益六西格玛改善路径如图 6.13 所示。

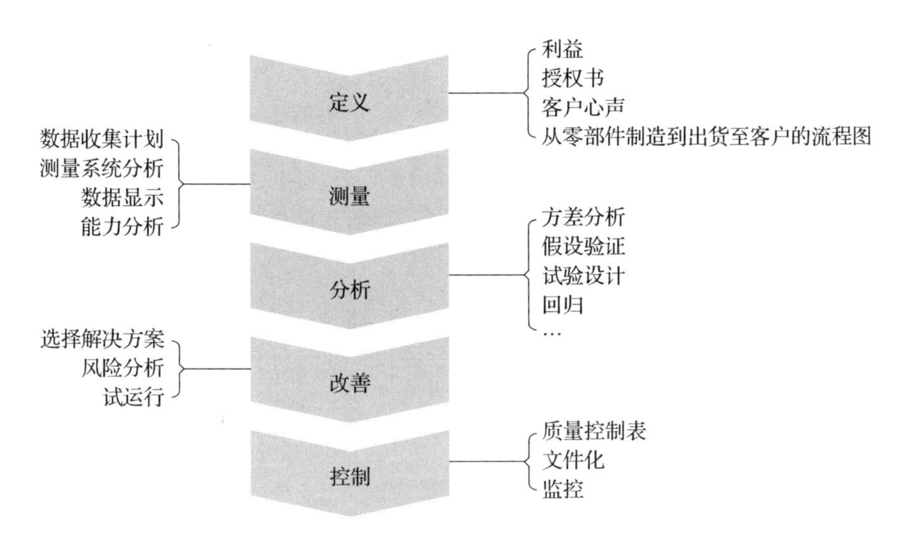

图 6.13　精益六西格玛改善路径

精益六西格玛改善使用如下手段来执行。

1）SMART（Specification= 有规范的，Measurable= 可量化的，Achievement= 可达成的，Relevant= 相关联的，Time-able= 有时间限定的）。

2）4M1E［人机料法环，使用要因分析鱼骨图（Fishbone Diagram）］。

3）4W1H（What，Where，When，Who，How 发生什么，在哪里，什么时候，谁发现，如何呈现）。

4）5Why，即对一个现象问 5 次为什么。

5）PDCA（戴明环）。

6）Pareto（柏拉图）。

7）8D，解决问题的 8 个维度。

8）正态分布图。

9）标准偏差。

10）SPC 管控。

11）条件交叉验证。

12）Poka-yoke（防呆），Jidoka（自动化）。

13）B 2 B，D 2 D，E 2 E（Back to Basic，Down to Detail，Execute to Excellence，追本溯源，追求细节，追求卓越）等理念和手段。

精益六西格玛的一个基础是必须每个步骤都有数据支撑，不能出现应该、大概、或许、可能等模糊字眼。例如，工艺方面的设计生产线就必须遵循生产线设计的 8 大步骤，每个步骤必须要有数据支撑，上一个步骤的结论数据是下一个步骤的输入数据；工作台的设计必须要有物料主数据，只有拥有了充分的物料主数据，才能定义每个工位放置什么物料、放多少、送料小火车送料到工位的间隔时间，进而才能设计出精益工作台。

本书定义的各个改善的时间关系如图 6.14 所示。用改善时间的长短来区分改善的类型，目的是便于把持续改善业务开发入数字化平台。

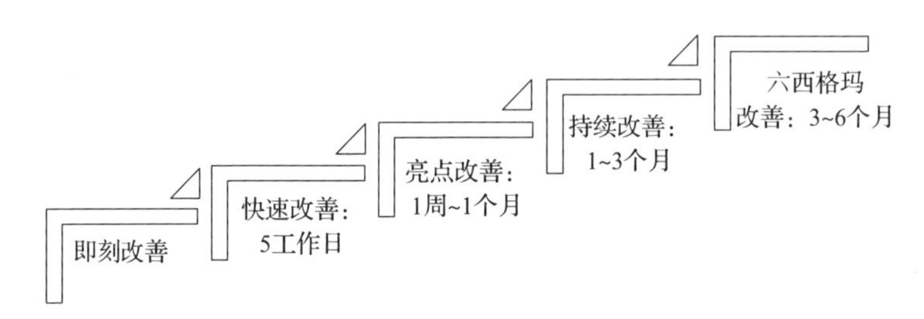

图 6.14 本书定义的各个改善的时间关系

执行改善的原则如下：

1）在精益文化中，尊重员工以人为本是持续改善最重要的出发点。

2）每周必须有一个接地气的持续改善，这是生产或工艺工程师领导改善的基本要求。

3）一般来说，如果 3 天之内没有发现改善点，肯定有什么事情做得不到位。

4）企业高层必须举行每月持续改善会议并给前三名颁奖，必须要有公平的评分标准。

5）持续改善是员工绩效工资的基础。

6）如果不得不花费大量费用去改善，一般来说，那是方向错了。

7）通常每 50 个直接员工（做出产品的一线员工）有一个大型改善，如六西格玛改善。

8）改善都要折算成财务上的资金节约。

9）改善要有工业美感、仪式感。

10）践行“行动派”理念，可以运用胶带、绳子、纸板迅速找到改善的初步方案，并由此找到最合适的方案，增加持续改善的乐趣。

每月，企业高层需要开展改善评比活动，步骤如下。

1）布置活动会场。

2）总经理或制造总经理致开场白。

3）竞赛代表现场演讲。

4）公正的评委评分表见表 6.8。

5）现场公布前三名，采用中国传统称谓："状元""榜眼""探花"。

6）现场对前三名进行实物奖励（不要发现金），建议对应实物价值额度为1000元、800元、600元。

7）主持人致结束语。

表6.8 公正的评委评分表

项目名称	投资回报	演讲	团队合作	耗时	总计
×××					
×××					
×××					
×××					
×××					
×××					
×××					
×××					
×××					
×××					

注：每个分项25分，总计100分。

2. 数字化时代的持续改善

在数字化时代，大量的自动化、智能化甚至是无人化装备投入现场，由机器制造机器，表面上看已经全无人了，是否需要持续改善？实际上，持续改善要考虑是否有可能持续提升设备效率，又由于设备的任意一次升级，会涉及大量的费用，故成功率要尽量高，尽量避免失败的改善。所以，在数字化时代，对实施改善的人员要求更高了。要求实施人员不能仅着眼于当前一台孤立的设备，而应着眼于甄别该设备在整个设备体系中是否是瓶颈。若不是瓶颈，提升效率的意义不大。持续改善在数字化时代提升了员工的素养，尤其是全局观素养。

在智能化、无人化装备大行其道的数字化时代，仍然有大量的存量设备、工位需要人工操作，持续改善平台会驱动员工达成越来越多的改善，以花费小的人机配合装置来提高操作效率，也提升了企业的整体效率。

3. 持续改善的负责方

持续改善的年度评估的主要责任方是企业的制造运营部，改善的发起者是运营经理，工艺主管、生产主管是执行者。关键参与者是操作人员，因为操作人员是最终用户。

4. 持续改善的年度总体目标

有证据显示持续改善对生产效率的提升是显著的。

5. 持续改善的年度数字化评估

（1）快速改善评定

1 分评定：快速改善部署到现场操作区域，在过去一年里使用了标准的方法，完成了若干个快速改善。

2 分评定：快速改善方法部署到现场支持区域和办公区域，有若干个快速改善完成。

3 分评定：内部员工培训过改善方法，工厂不需要外部支持可以自主应用快速改善方法。

4 分评定：当年年度内，在多个业务领域推动了一系列的快速改善活动。生产一线人员本身就是有经验的快速改善推进者。

5 分评定：快速改善迅速增加，改善时间可能更短，但是频率更高，快速改善时间 0.5 ～ 2d 是正常状态。

（2）精益六西格玛改善评定

1 分评定：一年至少完成了一个精益六西格玛项目，使用了标准的改善方法。

2 分评定：若干个绿带、黑带精益专家使用合适的精益或质量工具来领导改善项目。

3 分评定：持续改善团队推动各方面的改善，例如制造、客户服务、工程设计前后端、质量等。每 50 个直接员工有一个六西格玛项目。

4 分评定：本地持续改善团队推动项目，不需要外部团队的支持。

5 分评定：六西格玛知识广泛传播。各个层级的员工积极参加，推动了精益六西格玛项目成功。

（3）效果评定

1 分评定：持续改善行动用于驱动战略目标的可量化，在持续改善行动帮助下，工厂每月报告直接生产效率以验证改善的效果。

2 分评定：在持续改善行动帮助下，工厂直接生产效率每年都持续向好。持续改善效果促进了制程控制计划的更新。

3 分评定：在持续改善行动帮助下，当年的直接生产效率增长 >5%，并且和改善报告中的分析保持一致。

4 分评定：在持续改善行动帮助下，持续 18 个月的直接生产效率增长 >5%。

5 分评定：在持续改善行动帮助下，持续 18 个月的直接生产效率增长 >6%。

6. 如何在“持续改善”的年度数字化评估要求中找到数字化平台中的取数规则

持续改善在某些企业中是精益部门负责的事情，其实并不恰当。精益部门的人员把企业各个部门的人教会持续改善的方法即可，由企业各个业务部门来开展持续改善行动才是正道。

基于年度评估条款，最终要体现到企业的收益，以结果来倒推对持续改善的数字化管理，作者自行编制了一个持续改善平台，简单直接地和工资挂钩，效果极佳。这在当前制造业是领先的，读者参考后可自行开发适合自己企业的持续改善软件平台。持续改善平台示意图如图 6.15 所示。

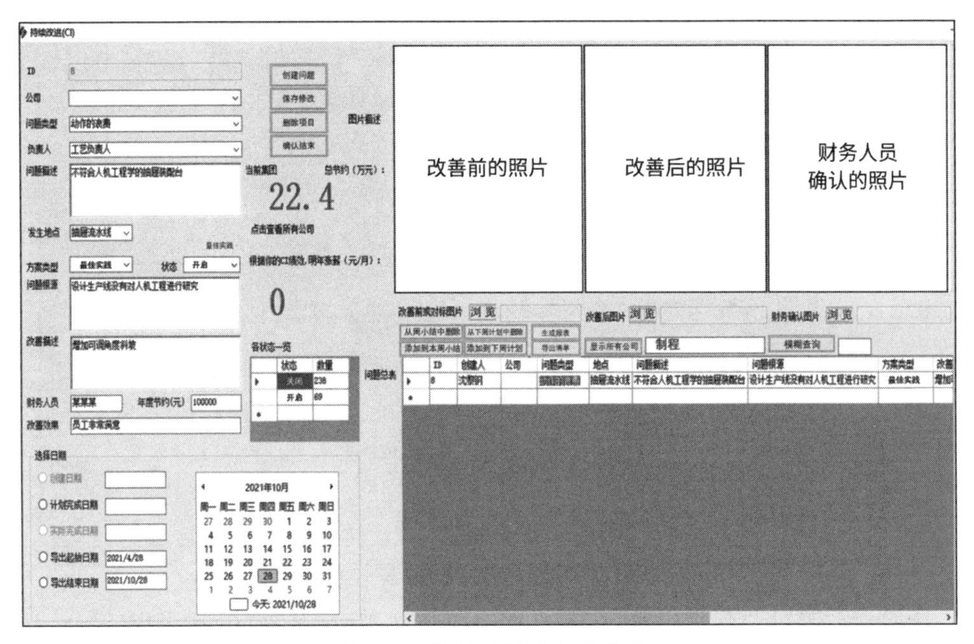

图 6.15 持续改善平台示意图

基于国家标准工艺优化方法和先进制造业特色，该软件模块是跳一跳够得着的持续改善体系。

1）软件驱动每个部门工程师级别的员工每三周需要有一个接地气的改善，改善无论大小都值得奖励。

2）改善的绩效联动到员工实时绩效管理平台。

3）有图有真相地展示了前后改善对比。

4）有初步的财务收益评估，是员工年度调薪的参考因素之一。

5）把工业工程专业的改善方法、各改善类型固化入软件平台，使改善有的放矢。

6）是广为宣传工厂改善氛围的平台，带动各个部门参与改善。

软件平台实现了一键输出改善报表，达成了年度评估中要求的持续改善，已被广泛传播。由软件输出的持续改善报表样式见表 6.9。

表 6.9 由软件输出的持续改善报表样式

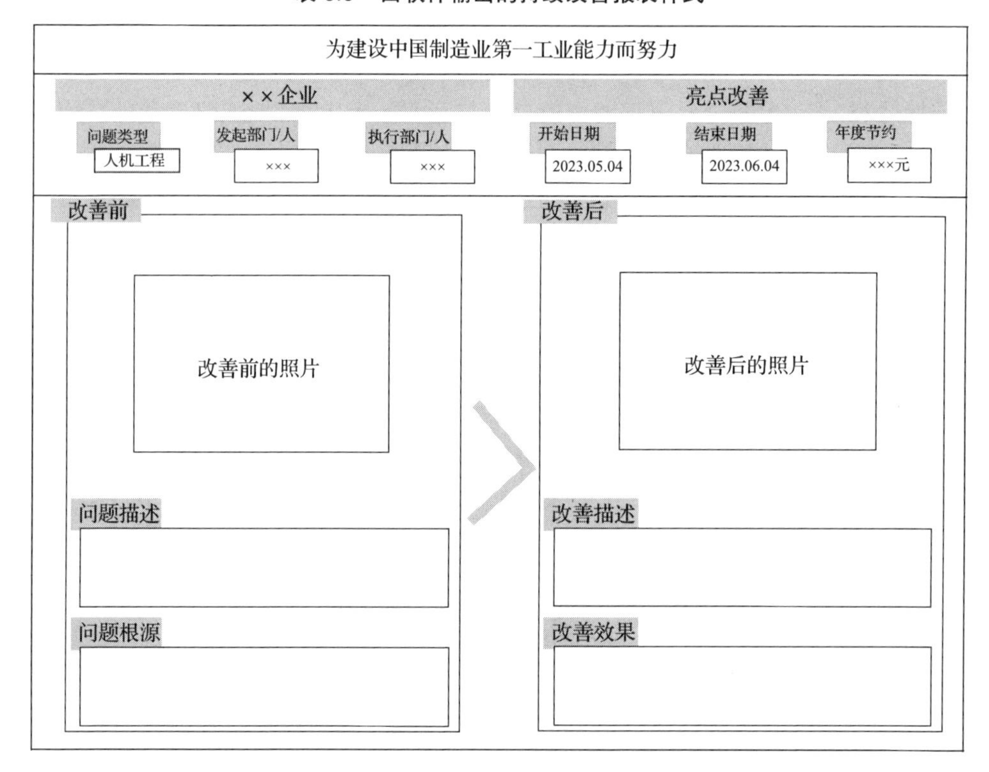

持续改善行动在先进企业中本来就是日常活动，只是在当下企业界，仍然有不少企业把持续改善当作一个口号，没有把持续改善当作一项事业来做。

在数字化时代，当我们用数字化思维仔细思考如何改善时，自然而然地会想到要有改善效果的衡量标准。改善效果要经过第三方的财务确认，改善的收益要让各个利益相关者有获得感。这些思维，不是临时起意的，而是工业常识。因此在数字化时代，数字化手段会让我们回归到常识的深度践行，本节讲的持续改善软件平台就是重要的推手。

第四节　全员生产维护

1. 全员生产维护概述

广义的全员生产维护（Total Productive Maintenance，TPM）是指在生产体系各个环节上持续不断地进行改善，通过标准化活动，保持创新取得的成果，最终达成整体上的创新飞跃。狭义的 TPM 是针对生产设备的，本书专门针对生产设备来说明。广义的 TPM 体系如图 6.16 所示。

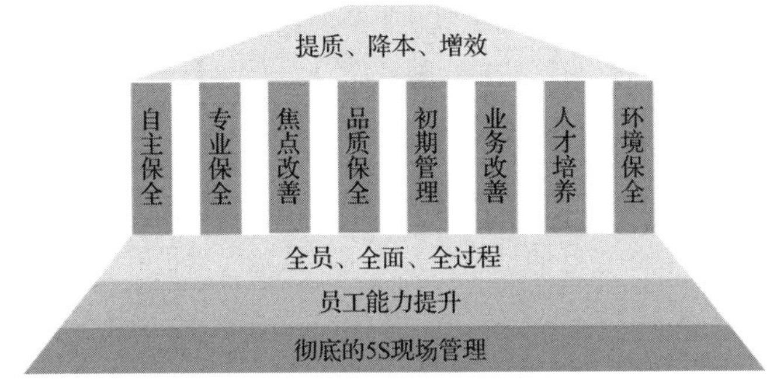

图 6.16　广义的 TPM 体系

1）自主保全：提倡培养员工主人翁的敬业精神，“设备谁使用，谁负责保养”，注意该保养是日常性的擦拭、点检等保养，并非专业保全。很多企业混淆了自主保全和专业保全的差异。自主保全和专业保全的差异如图 6.17 所示（基于第一性原理绘制）。企业要求生产线操作人员做专业保全是不合理的，因为生产线操作人员是创造直接价值的人员，产生的价值远大于辅助部门。

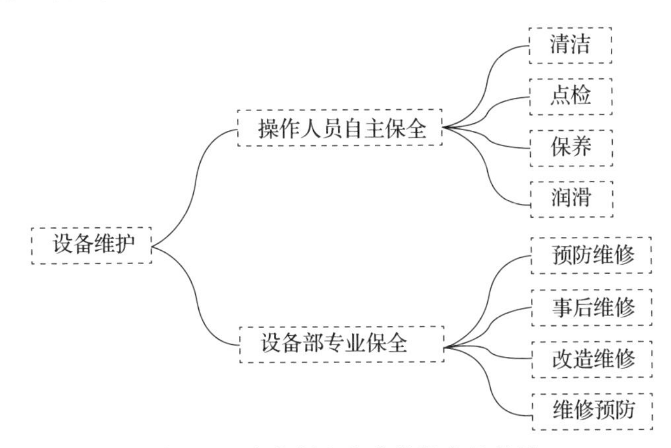

图 6.17　自主保全和专业保全的差异

2）专业保全：有专业人员专门解决企业面临的设备管理问题。对工厂来说，设备部门是设备维修、重点保养的负责人。设备部门需要制订设备日保养、周保养、月度保养、季度保养、半年度保养、年度保养等保养计划，确保生产设备长期处于正常状态，不损失生产效率，若因设备问题导致停线，相应的工时损失效率要转嫁到设备部门。

3）焦点改善：在改善体系中，该改善可以归结到设备方面的“最佳实践”。专业的设备工程师需要常态化地对设备给出效率提升改善建议，以提升生产线的效率。一个好的精益化流水线，员工可以上下工位互助，但是专业的设备无法互助，因此设备永远是工时瓶颈，如何降低设备的工时瓶颈是设备工程师的KPI。例如，电气行业充气柜的氦检设备，通常充气时长是根据单元数的大小决定的，如0.3m宽的充气柜充气时长是25min，2m宽的充气柜充气时长是110min。当进行了一些设备改进后，0.3m宽的和2m宽的充气柜的充气时长可以均为25min，极大地提升了生产效率。

4）品质保全：创造良好的机制，为产品零缺陷保驾护航。和质量部相关的测试设备必须按时校验。在校验有效期之内，才可以使用测试设备。定制化装备行业由于大部分产品均为非标定制，标准化程度低，难以推广自动化，因此要杜绝生产线人为因素导致的问题，质量部设定监督机制就非常重要。当产生人为不良后，质量部要体系化地解决问题，而不是把该问题当作单一问题，即使怀疑该问题是单一问题，也要有相应的流程验证该问题是单一问题，要意识到任何一个问题的背后，都是体系和流程的缺失。质量部需要持续更新程序文件来杜绝流程体系的漏洞。程序文件要规定在发生问题后，有哪些事项要做。比如作业指导书是否更新、失效模式是否更新、控制计划是否合理。对于设备导致的质量问题，质量部需要制定相关程序文件避免问题再次发生，比如点检是否有效执行、常态化保养是否到位、备品备件的流程是否完善等。

5）初期管理：将现场问题反馈到设计部门，在产品、设备的设计初期做出改善，也叫作同步工程。理论上，产品和设备的设计师需要精通整个制造的方方面面，践行设计为制造服务。实际上，设计师能力的高低决定了不可能有全局考虑，因此其他部门参与前端设计反馈是避免将来出问题的好办法。

6）业务改善：即设备的持续改善。

7）人才培养：营造人才学习和培养氛围，创造人才辈出的局面。设备维护部门经常需要进行设备保养维修技能竞赛。总经理需要重视该活动，以确保把设备问题对生产的影响降到最低。

8）环境保全：创造良好的设备工作和运行环境，不因设备的“跑冒滴漏”而污染了设备上制造出来的零部件。

以下为实际工作中的关键要点阐述：

1. 针对小型工具

设备管理从小处着手。企业中归于设备范畴的工具较多，然而大部分企业对小工具不够重视，到处堆放，现场操作人员找工具浪费了大量的时间。到处堆放的工具及改善后的效果如图 6.18 所示。

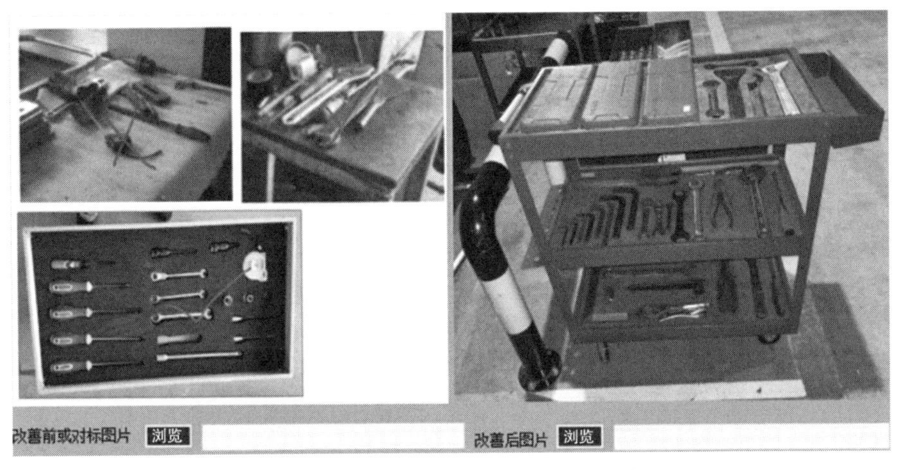

图 6.18 到处堆放的工具及改善后的效果

要维持该状态，以数字化手段来保证。采用如下步骤建立工具管理体系：

1）生产需要增购工具，增购申请单交给设备部。

2）工具到工厂后，设备部签收。

3）设备部建立工具档案，在工具上刻编码。工具体系如图 6.19 所示。

4）发放至生产线。

5）生产主管更新工具点检表。

6）员工常态化执行工具点检。

7）若有工具失效，需要交还设备部，以旧换新。

8）体系中有维修保养更新履历、有扫描说明书、有校验记录。

在数字化转型推动得比较好的企业中，工具体系里的工具被结构化工艺调取，结构化工艺又联动到 MES，工具的点检在 MES 中单击执行，用于生成 MES 点检需要的工位工具清单见表 6.10，以确保开机生产时的生产要素人、机、料、法、环中的机是完好的。

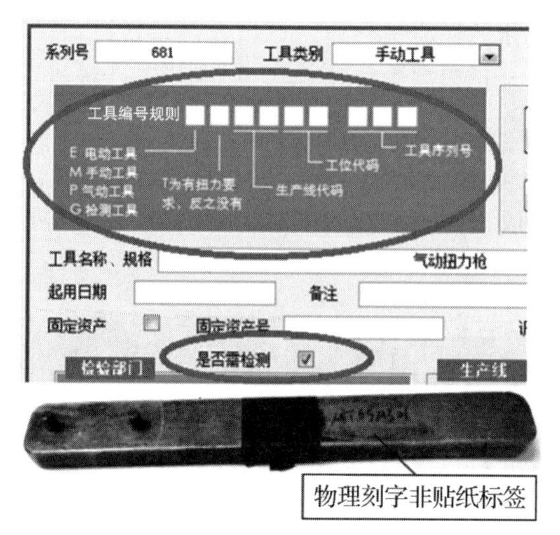

图 6.19　工具体系

表 6.10　用于生成 MES 点检需要的工位工具清单

工位编号：A1						
工具类别	编号	工具名称	规格 / 描述	数量	工具编号	备注
手动	26	铁榔头		1	×××	丢失，需购买
手动	27	尼龙锤头	Φ40mm	1		
手动	28	尼龙锤头	Φ60mm	1		
手动	29	梅花螺丝刀	T20×100	1		
手动	30	3/8″ 六角起子头	8mm	2		
手动	31	通用手锉	L：250mm	1		
手动	32	加长杆 3/8″	L：75mm	1		
手动	33	3/8″ 六角起子头	5mm	1		

（2）针对大型设备

自主保全（TPM Autonomous Maintenance，TPM-AM）是 TPM 的八大支柱之一，是 TPM 的基础部分，具体是设备的使用人员对设备进行正确的操作、调整、基本条件设定、异常预知和早期发现、日常点检、常见异常及时处理、大型异常汇报和处理工作的配合等相关活动和过程。设备使用人员进行设备的自主保全工作，可以避免大量的设备故障。

推行自主保全，操作人员执行以下工作。

1）正确地操作设备，正确地调整设备。

2）按照要求进行一级保养（生产线人员）和二级保养（TPM 认证人员）。

3）通过培训后，TPM 认证人员有能力处理常见的设备故障。

4）不能处理的设备异常需要及时报告。

5）针对问题进行小范围改善。

做好“TPM-AM”的好处如下。

1）因设备业绩的提升，促进个人绩效的提升。

2）TPM 作为多技能的一种，可以获得相应的多技能补贴。

3）个人能力和技能的提升，拓宽了职业发展面。

4）提升自身工作的舒心度。当发生设备异常时，“求人不如求己”。

5）参与阶段性的 TPM 管理激励，如可以获得模范奖励等。

怎么进行生产线人员和 TPM 培训人员等级认证？

1）生产线人员等级认证：由 TPM 认证人员对生产线员工进行认证。

2）TPM 培训人员等级认证：①由 TPM 工程师制定技能清单和技能手册；② TPM 认证人员按照手册进行学习；③ TPM 工程师安排维护技师对 TPM 人员进行培训；④ TPM 工程师安排对 TPM 认证人员进行考试认证。

（1）点检

点检是指按照一定的标准、一定的周期，对设备规定的部位进行检查，以便早期发现设备的故障隐患，及时加以修理调整，使设备保持其规定功能的设备管理方法。值得指出的是，设备点检不仅是一种检查方式，而且是一种制度和管理方法。

为了提高、维持生产设备的原有性能，通过人的五感（视、听、嗅、味、触）或者借助工具、仪器，按照预先设定的周期和方法，对设备上的规定部位（点）进行有无异常的预防性周密检查，以使设备的隐患和缺陷能够得到早期发现、早期预防、早期处理。

实行全员管理，专职点检员按区域分工管理；点检员本身是一贯制管理者；点检按照一整套标准化、科学化的流程进行；点检是动态的管理，它与维修相结合。

一个完善的点检体系需要包含以下内容。

1）定人：定设备操作者兼职的和专职的点检员。

2）定点：明确设备故障点、点检部位、项目和内容。

3）定量：对劣化倾向的定量化测定。

4）定周期：对不同设备、不同设备故障点，给出不同点检周期。

5）定标准：给出每个点检部位是否正常的依据，即判断标准。

6）定点检计划表：点检计划表又称作业卡，指导点检员沿着规定的路线作业。

7）定记录：包括作业记录、异常记录、故障记录及倾向记录，都有固定的格式。

8）定点检业务流程：明确点检作业和点检结果的处理程序。如有急需处理的问题，要通知维修人员；不急需处理的问题则记录在案，留待计划检查处理。

（2）缺陷检查

贯彻精益理念，针对自动化设备必须有缺陷检查的功能。缺陷检查是对设备功能的检测。缺陷检查具体是使用缺陷样块对设备进行检查，通过了缺陷检查，说明设备可以检测出有缺陷的产品；没有通过缺陷检查，说明设备不能检测出有缺陷的产品。因此设备工程师在撰写设备技术需求时，必须明确说明该设备要有自动判断不良品的能力。

产品制造过程有零件制造、焊接、装配、调试等。这些过程中有可能出现各种缺陷，在生产过程中，我们必须把所有的有缺陷的产品挑选出来。做缺陷检查的主要目的是检验生产设备是否能够正常运行，挑出缺陷产品，防止缺陷检查产品到达客户手中。缺陷检查不过关，停止生产，报有关部门。

（3）校准

测量设备的校准：确定制造过程中使用的测量设备或检测工装测量是否准确，必须通过使用标准的量具对其进行校验。校验过的设备和量具都具有一定的有效期，正常为一年。

校准的目的是保证用于产品检验和测量的设备准确可信，在制造过程中能够提供正确的测量来保证生产产品的质量；为符合不同国家的各种质量认证如 CE、UL、CCC 等；遵守 ISO9000 的要求。

需要校准的设备包括：新置且用于产品检验和测量的设备；在有效期内，但修理过的设备；有效期已过的设备；每天用于验证设备使用的标准样品；经过剧烈震动的设备；暴露在不正常的环境中的设备；客户要求校准的设备。

质量部需要整理出需校准的测量设备和测试工装清单。清单中包括下列信息：设备校准编号；设备名称；设备校准周期 / 校准日期 / 校准有效期；设备使用部门 / 保管人；设备型号 / 规格 / 出厂编号。

质量部负责制订所有校准设备的校准计划，协调、收集和实施校准，保管校准证书，更新校准清单中的相关信息。

所有校准完成的设备必须有清晰可见的校准标签。标签内容包括：设备校准编号、设备当前校准日期、下次校准日期等。

2. 数字化时代的全员生产维护

数字化时代来临，将会在企业现场架设各类自动化、智能化，甚至是无人化的生产线。基于本节阐述，这些高端装备必须要有缺陷自动检查功能，忽视这种功能，一旦生产出第一个不良品，那么后续所有产品都是不良的。如果所谓的高端生产线对不良品的流出熟视无睹，这是伪数字化。

如何让高端装备有缺陷自动检查能力，在数字化时代，对设备开发工程师的要求更高了。设备开发工程师不能仅仅着重于达到产能，更要懂得产品运作机理。从这个层面上讲，全员生产维护在数字化时代迫使设备工程师的技能往前推移到产品开发端，不经意间提升了设备工程师的技术能力。

当企业建立了一整套数字化设备管理软件平台时，并不代表设备管理就好了，还是有大量工作要在线下开展，比如设备维护工程师仍然要跑到现场查看设备状态，即使可以借助 5G 人工智能高清识别，设备的实时状态也千变万化，不可能把千变万化的状态都开发入人工智能比对库里。在当下，只能实现了 5G 高清远程查看，查看者是人。这在高危险环境下非常管用，但是若想达成查看者是人工智能，还是任重而道远。

我们可以朝人工智能自动识别设备是否需要维保的状态发展，比如在设备的关键部位设定“跑冒滴漏”视频监测，一有异常即刻通知设备工程师并自动记录到设备维护软件平台中。设备工程师带好维保材料去现场即可，省去了工程师现场巡查所需要的时间，提高了效率。

设备管理在数字化时代仍然是基于基本的设备维护方法，只是在高端装备的帮助下，方法不那么明显了。

3. 全员生产维护的负责方

全员生产维护的年度评估的主责方是设备部，质量部使用的测试设备校验由质量部负责。尽管质量部在年度评估中属于第二责任部门，若年度评估不达标，设备部会把责任转嫁给质量部，责任是清楚明了的。

由于设备部负主责，就必须在数字化时代把设备部设置为生产部的平行部门，而不是生产部的下级部门。然而，我国大量制造企业的设备部归生产部管辖，这种方式偏离了现代企业“三权分立”的原则。在数字化时代，要把组织架构分清楚，不能打着团结合作的名义揉在一起。

4. 全员生产维护的年度总体目标

不一定要追求 OEE 设备利用率，因为很难算得准。读者可以参考《精益落地之道》一书中详细解释的要得出真正的 OEE，是多么艰难，即使是精益化做得比较优秀的企业，也不敢说 OEE 多么准确，只是相对准确而已。

务实的企业会把设备的完好程度当作年度总体目标，追求没有因为设备不良导致的生产效率降低，即设备部收到的关于设备不良的转嫁费用为 0。年度数字化评估就体现了该做法。

5. 全员生产维护的年度数字化评估

（1）整体评定

1 分评定：设备部有颗粒度到设备零部件级别的保养数据库，该数据库常态化更新，包含了企业内外部的设备、设施。无法在内部保养的设备，已经和专业的保养供应商签订了协议。

2 分评定：备品备件的库存精度大于 90%。有关键备品清单，该清单内的备品可以确保一天之内达到工厂。

3 分评定：关键设备有归档的“后备或应急”计划，现场操作人员也知道。所有外发保养协议已经全部和供应商签订。

4 分评定：设备部参与了新设备开发和生产线设计。在某些情况下，供应商基于其专业性，参与设计了生产制程。

5 分评定：所有工具和设备都有文件化的“备份或应急”计划，现场操作人员也知道。

（2）预防保养评定

1 分评定：企业内外部的工具和设备都有正式的预防保养程序，由 TPM 经理或主管管理。保养内容包含了设备设施、高压电、消防等。

2 分评定：工具和设备维保计划 90% 以上按时执行，维保包含了消防和电气系统。

3 分评定：大于 50% 的资源用于预防保养，小于 30% 的资源用于被动维修，执行了自主保全，实施了消防电气系统标准审核。

4 分评定：大于 60% 的预防保养是自主保全，对关键设备进行预防保养，效果良好。

5 分评定：小于 10% 的资源用于现场维修，广泛实践了预防保养。

（3）计量和校验评定

1 分评定：计量和校验是关键维保的一部分，需求定义清楚，常态化监控是否超期、是否有精度丧失。

2 分评定：所有测试和测量设备都按照计量程序进行控制和校准。

3 分评定：外发计量和校验的要求告知了供应商，供应商进行了归档管控。

4 分评定：计量和校验后的效果由 GAGE R&R（测量稳定性分析）来验证。

5 分评定：所有的工具和设备均进行了校验，有可视化的最新的校验确认标签。

（4）关键指标评定

1 分评定：有工厂内外部关键设备的维保历史数据，含任务报告、备品清单、人工资源等。

2 分评定：有工厂内外部所有设备的维保历史数据，记录了因维保导致的生产时间损失，连接到生产效率方面的浪费。

3 分评定：需外发维保的关键工具和设备，要追踪设备效率、平均故障间隔、平均修复时间和维修成本花费。

4 分评定：平均故障间隔，平均修复时间有超过 6 个月的积极改善趋势。从人力花费、零部件、时间损失维度查看到维修花费持续降低。

5 分评定：过去 18 个月没有由于工厂内外部设备不良导致的客户投诉。

6. 如何在"全员生产维护"的年度数字化评估要求中找到数字化平台中的取数规则

设备的稳定对制造至关重要，任何一个企业管理者都希望生产设备永远不要出问题，但是这不可能达成。设备若是注重了日常保养，就会大量减少紧急的"救火式维修"，自然就会大量减少年度评估中提及的平均故障间隔、平均故障修复时间等一系列 KPI。KPI 本来就是一个事后结果的展示，而不是先知。事前工作做得好，事后的 KPI 就消失了。

设备效率（OEE）是找到设备整体效率的方法，正常情况下 OEE 以百分比来表示。OEE= 可用性比率 × 质量比率 × 效能比。

可用性比率 = 设备可用于操作的时间 / 计算 OEE 的总日历周期；质量比率 = 合格产品产量 / 总产量；效能比 = 去除设备暂停、低速、空转等的时间机器运转时间 / 机器总运转时间。

平均故障时间（Mean Time Between Failure，MTBF）= 平均故障间隔 = 整体运行时间 / 停机次数。

平均故障修复时间（Mean Time To Repair，MTTR）= 平均故障修复时间 = 整体停机时间 / 停机次数。

在数字化时代，预防保养才是大量减少问题的核心。作者自行开发了全员生产维护平台，深刻践行了预防保养的理念，同时覆盖了年度评估要求的其他指标。

基于设备维护国家标准、世界先进企业的设备管理体系，该平台成功被打造成了制造业一流的智能化设备维护体系。全员生产维护平台示意图如图 6.20 所示，和某些大平台仅仅是状态维护的做法，完全不一样。

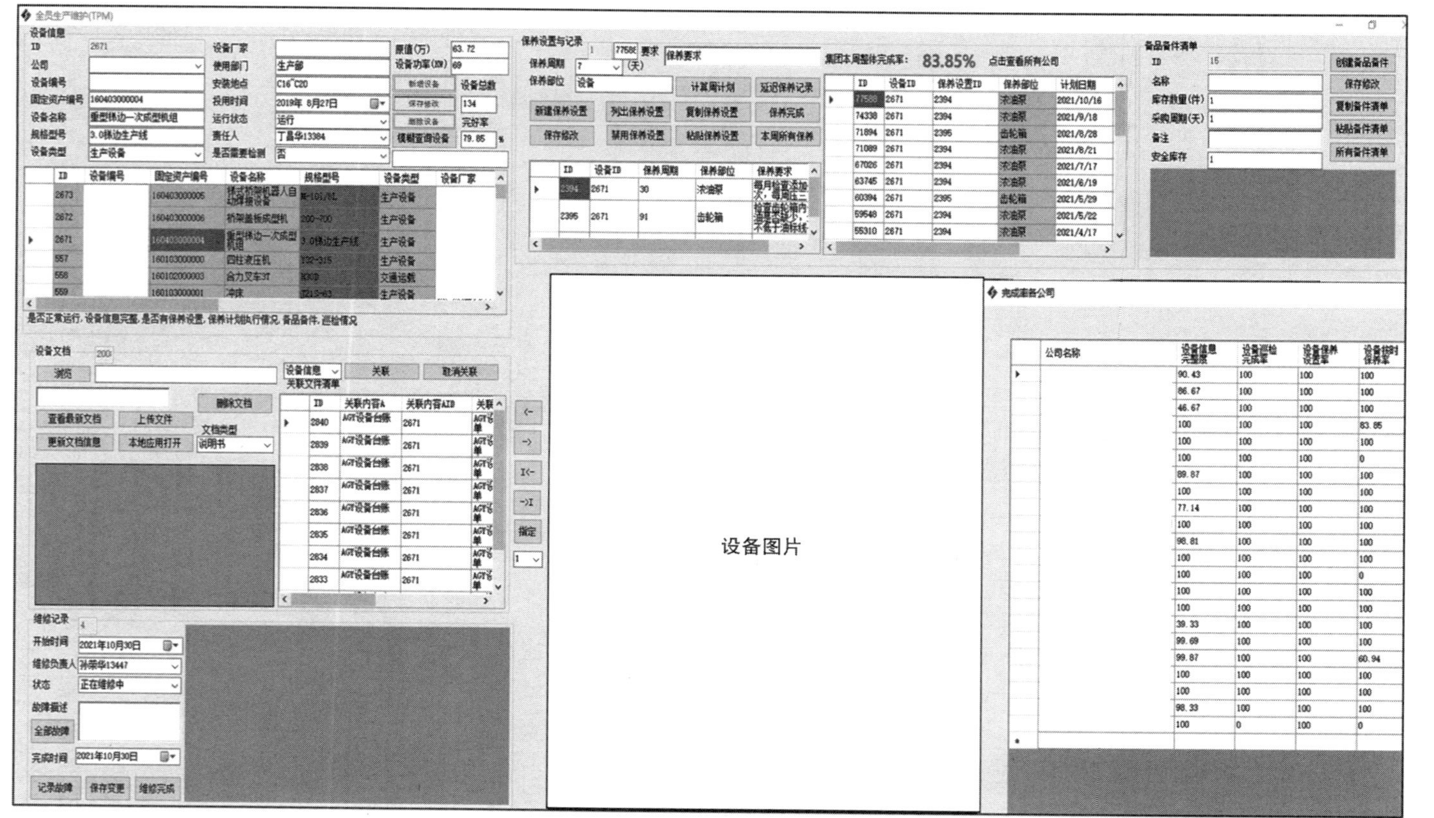

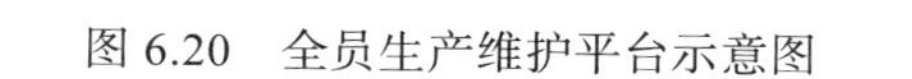

图 6.20　全员生产维护平台示意图

1）基于财务部台账的设备管理状态可视化展示，定岗到设备维护人员，有设备的完好率显示。

2）基于设备说明书的保养要求，在设备管理体系中预先创建保养需求。该平台常态化按周自动创建保养需求，驱动设备维护人员进行设备维护。

3）打造了设备的备品备件库，防止紧急状态下关键备品不足，承载了年度评估要求的库存精度。

4）打造了设备的维修履历平台，用于后续计算平均故障间隔、平均故障修复时间，维修责任到人，联动绩效。

5）真正实践了扁平化、数字化管理，企业各级领导根据权限可以查看到任何一台设备的当前状况。

6）若是集团公司，有整个集团每周的设备保养完成率，有分公司每周的设备保养排行榜，用于各级管理层对后进分公司的设备进行重点关注。

7）小型工具和检测设备同样由该平台管理，结构化工艺可以调取该平台中的工具库、检测设备库和生产设备库。

8）设定了设备信息完整度、设备巡检完成率、设备保养设置率、设备按时保养率四大指标助力设备预防保养更完善更精准。体现 KPI 的预防保养排行示意图，如图 6.21 所示。

各公司完成率

	公司名称	设备信息完整度	设备巡检完成率	设备保养设置率	设备按时保养率
		19.57	15.22	97.83	0
		28.77	96.49	20.47	0
		9.26	12.96	0	0
		0	4.55	0	0
		100	100	100	0
		0	3.14	0	0
		0	1.1	0	0
		7.28	20.16	100	0
		7.23	100	100	0
		64.49	4.08	69.39	0
		18.89	16.67	27.78	0
		40.79	12.87	4.46	0
		21.52	19.57	9.78	0
		7.9	0.84	0.84	0
		94.75	14.89	41.84	0
		15.86	6.9	0	0
		26.49	2.7	2.7	0
		17.05	0.92	0	0
		0	1.14	0	0
		48.77	14.04	0	0
		0	4.17	0	0
		0	8.33	0	0
		100	100	100	0

图 6.21 体现 KPI 的预防保养排行示意图

年度评估要求的保养协议、不良费用转嫁、维修人力配备、紧急备用计划等大部分是线下部门内部的事务，难以开发进数字化平台，即使开发进数字化平台也几乎没有收益，还是按照线下管理执行即可。年度评估时需要查询证据，即使是线下的文件，其实也可以追溯到来源。若追溯不到，那就是年度评估不合格，线上的方式只是让追溯更方便了。

在数字化时代，设备维保是一块要专注过程、专注预防胜于治疗的业务。所以，不能仅关注设备在当前时刻的好坏，当前时刻坏了，损失已难以挽回。

数字化平台的核心作用是推动预防，因此在开发数字化平台时，抓住该核心点开发出真正契合业务需求的软件和 KPI 取数才是王道，而不是仅在平台中管理到设备好坏这个结果，至于结果怎么来的，却是业务线下的事情。

除了小型工具，生产设备是重资产设备，不好好管理导致的损失是巨大的。比如无法按时交货给客户、设备起火、设备被黑客攻击、设备漏电等损失都是巨大的。所以设备管理是一个体系化工程，不从体系上管理设备并设定数字化平台里的 KPI 取数规则，即使是数字化平台，也无法有效管理好设备。

以上三章从厂内高效制造方面充分阐述了优秀的方法。我们应该如何参考 GB/T 39116—2020，设定年度评估指标，如何把线下的年度评估标准转化为在数字化平台中的 KPI 取数，这些技术难度大的事务，企业负责数字化转型的信息部搞不清情况，只有业务部才能想清楚线下 KPI 及未来在数字化平台中的 KPI 取数规则。信息部能做的事情就是告知未来软件以什么样式、什么场景来承载 KPI 取数规则。

高效制造是每家企业孜孜不倦的追求，数字化时代到来，其将大踏步地走向“深水区”，路途艰辛。希望每一位对数字化转型抱有美好期待的企业家能够按照正确的思路进行，而不是南辕北辙。

供 应 篇

基于价值链的传递，要先设计出来产品，才有后面的制造。

作者认为供应链价值的等级次于设计、工艺、工程、质量，不能以偏概全地把供应链提到最高价值层面。如果连零部件图都没有，供应什么呢？营销也是同样的道理，没有产品，拿什么营销呢？所以数字化转型的重点就在于设计、工艺、工程、质量、制造层面的数字化，其他都是外围的，属于第二梯队。这是作者得出的经验判断。

本书不是专门讲供应链的图书，重点讲数字化的 KPI 设定。由于供应链处于价值第二梯队，所以本篇相对于以上两篇专门围绕人的素养和产品制造技术数字化衡量的内容，更加言简意赅。

供应链虽然属于第二梯队，本篇仍然要写，因为不写出来，不符合第一性原理这个严谨的逻辑树。基于第一性原理将其拆分在以下三章中，内容有一定的难度。

1）第七章中价值流程管理属于精益拉动范畴。实现拉动是企业的追求，在数字化时代也一样。这节难度较高，读者要结合前文进行思考，尤其是要结合 ABC、FMR 的应用。

2）第八章中主生产计划属于供应链业务，最有难度的是要达成准确的预测。现实是预测基本不准确，作者将说明如何达成准确的预测，有什么办法持续改进到预测相对准确，基于结果倒推的数字化手段是一个明智的选择。

3）第九章中鉴于本书的整体逻辑框架，作者把供应商质量归入供应链（一开始更应归入由研发部负责的零部件认证），供应商质量讲述了如何达成真正的零部件承认结构化，这是当前数字化转型业务实践中难度最高的一个业务。

第七章 Chapter 7

拉动生产

第一节 价值流程管理

1. 价值流程管理概述

价值流程（Value Stream，VS），顾名思义即是让价值流动起来。何为价值？生产活动中的实物、驱动实物流动的管理行为都可以称为价值。精益生产 5 大原则全部体现在价值流程里，即准确定义产品价值、识别价值流、价值流动、客户拉动和尽善尽美。

（1）准确定义产品价值

价值不是由企业内部的工程师定义的。工程师能够定义产品的价格，但是不能定义价值。当工厂生产出来的产品是一种新颖的小东西、结构简单、成本较低、市场上暂时无竞争对手时，产品价值就因为其在市场上的稀缺性而得到极大的提高。因此，在市场经济条件下价值由市场决定，而不是由价格决定。企业需要充分发掘市场上的蓝海机遇，而不是在红海里苦苦挣扎。企业要在低利润的传统制造业中发掘新亮点业务以引领市场，需要前端市场人员和研发人员的拼搏。同样，贯彻价值流动，是后端工厂制造端修炼内功降低自身成本的有效手段。

（2）识别价值流

价值流是指从原材料到成品赋予价值的全部活动。识别价值流是实现精益思想落地的第一步，并按照最终用户的立场寻求全过程的整体最佳。精益思想的企业价值创造过程包括：从概念到投产的设计过程，从订货到送货的信息过程，从原材料到产品的转换过程，全生命周期的支持和服务过程。如何识别价值流不光是精益工程师的职责，更是工厂运营经理的责任。识别价值流必须要了解整个过程、有全局观，不能仅专注于某一个流程。

（3）价值流动

精益思想要求创造价值的各个活动或步骤流动起来，强调的是“动”。传统观念是“分工和大量才能高效率”，但是精益思想却认为成批、大批量生产经常意味着等待和停滞。精益将所有的停滞作为企业的浪费。精益思想号召“所有的人都必须和部门化的、批量生产的思想做斗争，因为如果产品按照从原材料到成品的过程连续生产的话，我们的工作几乎总能完成得更为精准有效”。精益生产的最终目的是杜绝浪费，只有流动起来的价值，才能达成人和生产要素的无缝配合，再也没有一大堆的物料在等待被使用，而是工位只一个一个地接收物料，加工完一个，该物料就流动到下一个工位继续加工，每个环节的劳动因素均被调动起来，没有无效的等待。当下制造业还大量存在孤岛式生产，例如某大型产品的底座大批量生产后占用大量的空间。与之相配合的上组件大批量生产后又占据大量的空间。这两大模块全部装完后，已经占据了大部分生产空间且持续了相当长的时间。若采用流动生产，做好一个底座和上组件后，立即把两者装配好，然后把该装配件流到下一个工位生产，极大地提升了周转效率。减少了空间占用。孤岛式生产和流动生产的差异如图 7.1 所示。如果在宏观层面上把两个步骤当作连续流，那么中间的在制品（Work In Process，WIP）数量巨大，占用了大量的空间和周转时间，阻碍了价值流动。

（4）客户拉动

对生产来说，拉动生产是只在某个工位需要的时候，才向上一级取用生产要素，比如该工位缺料，那么拿出看板卡片给仓库人员，或者按下安灯缺料电子信号给到仓库人员。

该工位员工已经把自己的操作步骤装完，那么必须向上一个工位取用待装零部件。若计划倒过来下单到生产线的最后一个工位，那么最后一个工位前的各个工位都要逐个向上一个工位索取零部件，在此状态下实现了单件流。

既然有拉动，对应的就有推动。推动生产简单地说是上一个工位拼命生产，在计划范围内一下子全部做完，不考虑下一个工位的生产节拍，大量在制品堆积在该工位，强行推给下一个工位加工。推动和拉动显著的差异是大量在制品的存在，但是不代表拉动生产没有在制品。拉动生产也有在制品，该在制品是因上下两个工位节拍时间的不平衡导致的，而不是推动生产拼命生产导致的。推动和拉动形象化的差异如图 7.2 所示。

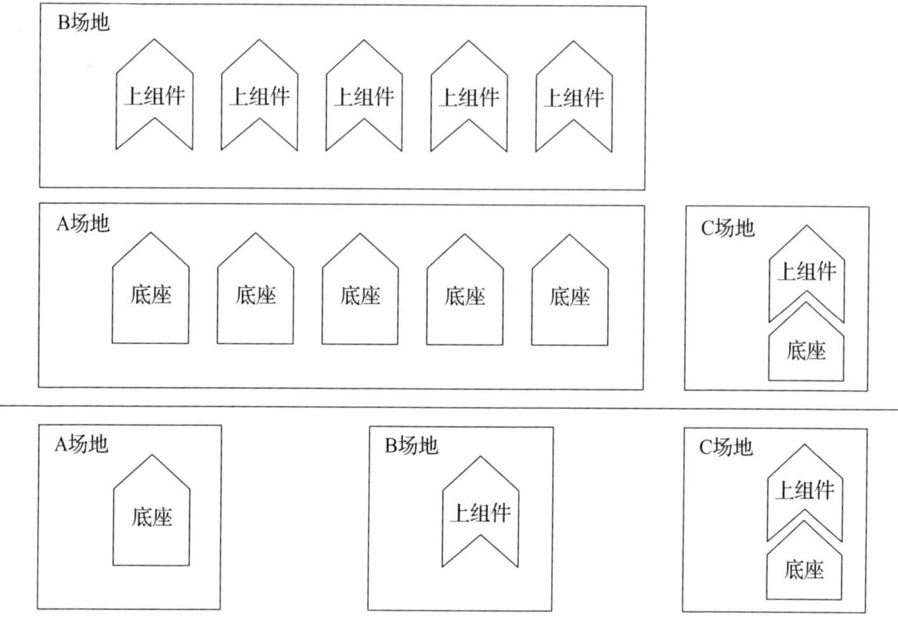

图 7.1 孤岛式生产和流动生产的差异

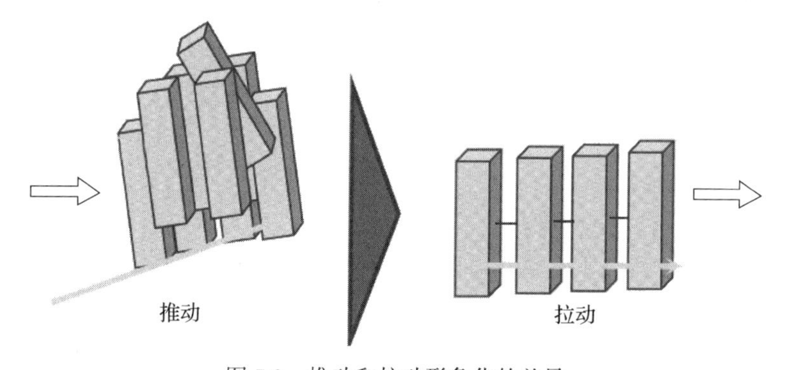

图 7.2 推动和拉动形象化的差异

大量传统制造企业的做法属于孤岛式生产、推动生产，甚至在 ERP 里还固化了推动生产的规则，于是产生大量的在制品，占用了时间、空间、现金流。拉动生产要贯彻三大因素，即物料供给、单件流、弹性柔性，不能仅仅为了拉动而拉动，需要各种基础数据来支持拉动的实现。三大因素将对现有的制造流程做彻底的改造，使产品开发周期、订货周期、生产周期大幅降低，只是任重而道远。

（5）尽善尽美

精益思想阐明企业的基本目标是用尽善尽美的价值创造过程为用户提供尽善

尽美的价值。《金矿Ⅱ》一书阐述精益制造的目标是"通过尽善尽美的价值创造过程（包括设计、制造和对产品或服务整个生命周期的支持）为用户提供尽善尽美的价值"。精益制造的"尽善尽美"有3个含义：用户满意、无差错生产和企业自身的持续改进。企业的制造体系是一个持续改善体系。

全体员工需要"自我批评"，否则无论多高端的数字化平台都无法驱动员工自查自纠问题，难以推进持续改善。

价值流程管理不只是一个价值流程图（VSM），而是产品、物料流、信息流的有机整体，追求各个环节的顺畅，更是关于"看到整个"的能力：看到创造客户价值的活动由很多跨部门的人一起完成；看到价值把这些人、部门和组织连接成一个无缝的端到端的过程或价值流；看到以客户为驱动，了解流程的重点，消除非增值的步骤，根据客户需求调整工厂全方位的配合，带来明显的竞争优势。

价值流程是庞大的知识体系，和本书讲的数字化评估不一致，故作者仅简述关键点，附上一个应用价值流程分析的小故事，读者就知晓价值流程的原理和重要性了。

故事：以价值流程分析出缓解秦始皇兵马俑景点拥堵的办法

作者以亲身经历的2018年7月参观秦始皇兵马俑为例，画了一个简易的价值流程，给出了解决参观拥挤对策。

基于产品价值由客户定义，那么作为游客，参观一个景点要获得的价值必然是安全、高效及产生愉悦心情。对景点来说，参观景点的游客产生价值，如何让游客流动起来是最重要的。实际上是排队购票都要花很长时间，有些游客不想等待就离开了。秦始皇兵马俑景点的价值流程图如图7.3所示。图7.3显示了典型的拥挤及拥挤的时间分析，凹凸时间线的底端线是增值时间，上端线是每个步骤之间拥挤时间，比如买票花1min，而买票前排队20min，买票后又排队检票30min，检票花0.5min，检完票到乘坐内部周转车又排队20min，然后花5min增值时间乘车，经历了各种无效的等待，最夸张的是增值参观20min，但是参观之前排队花了60min，相当于在制品的游客拥挤非常严重。对于游客来讲，参观兵马俑的真正增值时间是底端线时间之和，但是总计花费的时间是凹凸时间线的总和，该两个时间相除即得出生产周期效率（Production Cycle Efficiency，PCE）非常低下，仅21.77%。改善爆炸点是两个60min的等待，是进入一号坑和二号坑参观之前需要排队等待的60min，因此在该价值流程中，解决两个爆炸点的问题是第一优先级。作者想出的办法是在一号坑顶部增加悬空透明栈道，人员可以在上面俯瞰坑里的兵马俑，把原来的参观道改造成立体的透明参观道；把一号坑和二号坑之间的步行转移道改造成类似机场中的平地快速电梯，可以快速到达目的地。再结合图7.3其他改善措施，作者认为未来的PCE值应该可以达到60.23%。

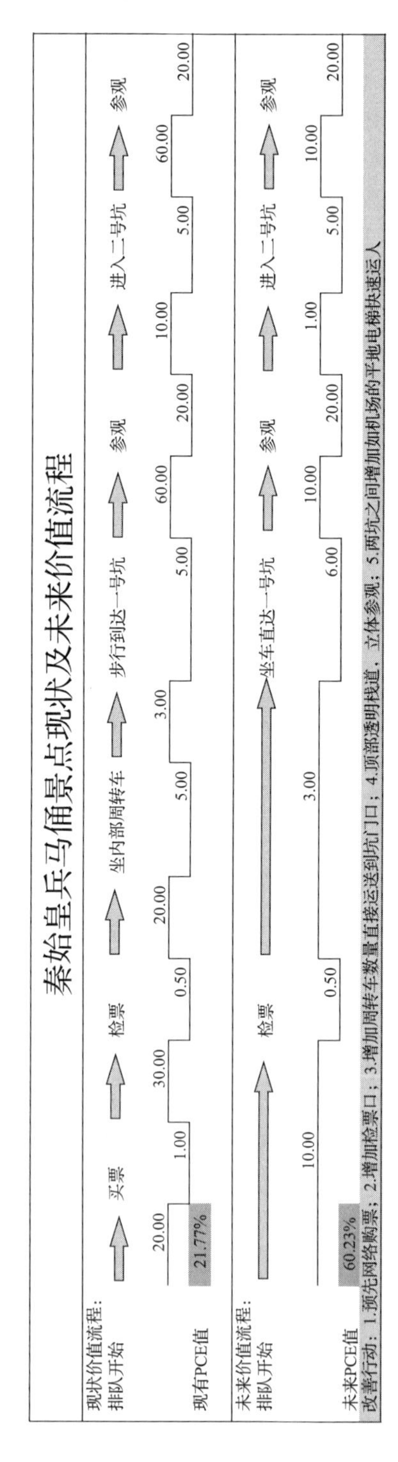

图 7.3　秦始皇兵马俑景点的价值流程图

我们再以生产线建设的分析思路来分析秦始皇兵马俑景点为何拥挤。

如果一年内参观景区的游客有100万人，年度参观小时数是2340h，那么每8.42s就有一个人从景区出来。理论上，人员要经历的停留点数量是56.5min / 8.42s = 403个点位（56.5min是图7.3中上半部分的增值时间之和），而实际上才只有7个点位，所以拥挤，也印证了目标PCE值不可能达到100%。

进行价值流程的诊断顺序是：任意时间点到生产线识别拥挤而不是被生产线刻意安排过→画出现状图→发现在制品→计算现状PCE值→识别爆炸点（拥堵最严重的工位）→画出将来图→计算将来状态PCE值→持续改善。注意要随时去现场诊断，当被刻意安排过后，得出的原始基础数据是不真实的。基于不真实的数据，后续一系列的改善行动均无效。通常精益团队的人员在办公室商量好之后，一人走到生产现场查看即可，不要有助手，不要有生产主管陪同，获得的数据要有图片为证，以便支撑后续的生产线改善。

价值流程现状图需要在现场群策群力、集合团队的力量来完成，而不是按一个人的想法在计算机上画出，应该在集合大家的思路之后，才在计算机上画出。团队合力手动绘制出线下价值流程图如图7.4所示。

图7.4　团队合力手动绘制出线下价值流程图

2. 数字化时代的价值流程管理

价值流程是看到工厂内外整体制造拥挤状况的手段，提高PCE就能达成高效的产品交付。这和数字化时代的提质、降本、增效的目的一样。工业领域的价值流程不是通常的快递追踪展示那么简单，其切实达成需要底层数据的强大支撑，比如拉动需要的看板制属性，不得不设定推动的配料制属性，这些属性的定义又必须基于仓库运营 ABC、FMR 设定，环环相扣，底层的数据应用能力才能真正实现价值流程对效率的提升。数字化时代追求的高效率，对价值流程提出了更高的要求，必须保证底层数据的准确才能有准确的输出，否则数字化平台只会基于不准确的底层数据输出错误的 PCE，误导企业经营。如果连时间都是计件制工时，价值流程无论如何都是假的。

3. 价值流程管理的负责方

价值流程管理的年度评估的主要责任方是精益办，若企业没有精益办，理应由生产部负主要责任，因为生产部背负高效出货的指标，至于下一级的各类制造工时的准确性，由工艺部负责。

4. 价值流程管理的年度总体目标

制程周期效率（PCE）有逐年提升的趋势。不计算 PCE 的价值流程分析是伪数字化。

5. 价值流程管理的年度数字化评估

（1）价值流程图评定

1 分评定：严格按照体系要求来创建价值流程图。绘制了现状价值流程图，以此作为管理工具，绘制了将来的价值流程图。

2 分评定：现状价值流程图和将来价值流程图作为管理工具，用于识别改善机会，比如推动组织架构的调整。

3 分评定：价值流程驱动了制程改善，比如通过各种改善实践、六西格玛项目、快速换模等以缩短制程生产周期。

4 分评定：价值流程管理是稳健的，财务部确认了新旧流程图改善后的收益。

5 分评定：价值流程是管理工厂的核心方法之一。所有层级的员工有基本的对价值流程的阅读和理解能力。

（2）基于价值流程的持续改善评定

1 分评定：价值流程负责人推动在新价值流中的主要行动计划。

2 分评定：工厂应用精益原则、戴明环，以便持续评估将来状态。工厂总经理领导价值流程管理。

3 分评定：价值流程至少一年更新一次。将来状态里的行动完成后，立即执行标准化，创建一个新的现状价值流程图和行动计划。

4 分评定：价值流程每半年循环一次，在 18 个月内有 3 个循环。有证据显示价值流程明显促进了需求波动的减少、在制品的减少、生产和客户之间的拉动。

5 分评定：价值流程每半年循环一次，在 36 个月内有 6 个循环。

（3）产品生产周期、制程时间评定

1 分评定：产品生产周期（拥挤下的从入料到出货的时间）和制程时间（不拥挤下的从入料到出货的时间）正确地计算出来，识别出了从入料到出货的主要流程。

2 分评定：对工厂交期进行分析以缩短运输到客户端的交期，有相关证据。

3 分评定：每季度追踪产品的生产周期，它与价值流程中的产品生产周期的差距要识别出来。

4 分评定：每条生产线的平均产品生产周期每年至少缩短 10%。

5 分评定：在过去两年里，每条生产线的平均产品生产周期每年至少缩短 10%。

6. 如何在“价值流程管理”的年度数字化评估要求中找到数字化平台中的取数规则

在年度评估的所有条款里，都最终指向了生产周期要缩短，即使是制程周期效率的提升，也是为了促进生产周期缩短。鉴于价值流程庞大的技术体系，尤以工时的准确为核心，故无法全部开发进软件平台中。退而求其次，在数字化平台中设定生产周期缩短率是合理的。

1）在数字化平台中开发了专门的价值流程模块，主要是结果模块，次要是过程模块。

2）该价值流程模块可以和工时模块双向联动，取自工时模块的工时进入价值流程模块，自动计算某一个产品的制程时间。

3）软件驱动每半年或一年一次的价值流程活动，在线下绘制完成价值流程图后，把数据输入价值流程模块。此时，若发现系统中的标准工时和现场有差异，工时模块和价值流程模块中的工时一并调整。

4）软件自动计算当前时刻的生产周期，制程周期效率一并计算出来。

5）以每半年为间隔，软件计算出生产周期缩短率。生产周期缩短率 = 某产品（上半年价值流程图中的生产周期 - 下半年的价值流程图中的生产周期）/ 上半年价值流程图中的生产周期 ×100%。目标值由企业基于历史数据自行设定，不一定按年度评定条款里的以缩短 10% 为目标。

供应链涉及很多方面的基础数据，包括技术部的数据、工艺部的数据、质量部的数据、仓库的数据等。只有基础数据的稳固、准确，才能做出正确的价值流程，进而推动改善。因此对于价值流程的数字化平台开发，作者建议以结果为牵引，再思考部分的结构化。找准结果再设定精准的数字化平台中的 KPI，是此类灵活性强、复杂性高、随机性大的业务践行数字化转型的好方法。

第二节 在制品管理

1. 供应链和在制品管理概述

本节基于上节深入说明在制品该如何处理。在价值流程整个大图中，在制品的数量是一个已知结果。在制品的多寡极大地影响了生产周期，因为每一个产品流经某工位的实际花费时间是要用在制品数量乘以节拍的。在制品数量越多，该产品流经该工位所耗的时间就越长。

形象化比喻就是某人开车上班，整条路上只有他一辆车，有若干个红绿灯，那么他开车到单位是一路顺畅的，等待绿灯是不得不浪费的时间，因为不可能去拆红绿灯柱子。当此人开车上班一路拥堵时，每个红绿灯前面都排了好多辆车，那么此人必须等前面的车都过了绿灯，他才可以过去。前面的车越多，他等的时间越长。以红绿灯堵车来说明减少在制品重要性的示意图如图 7.5 所示。此人前面的车辆类似于价值流程中的在制品，每减少一辆排队的车，此人从家里到单位的总计时间就减少一点。

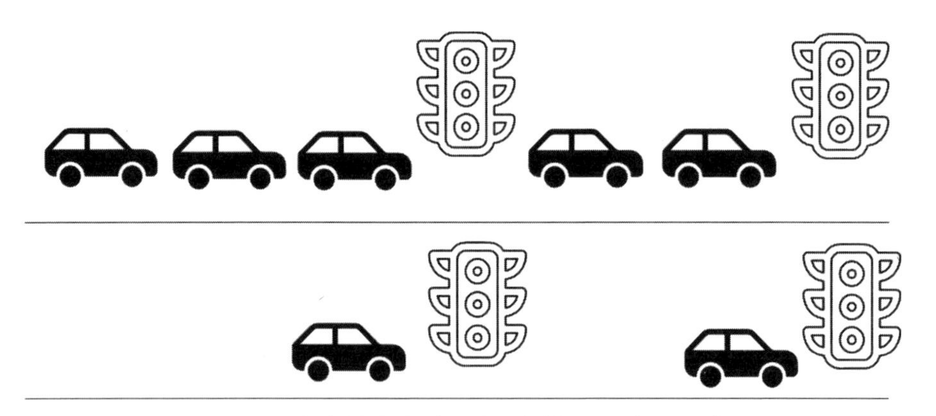

图 7.5 以红绿灯堵车来说明减少在制品重要性的示意图

在制品管理的目的是支持制程改善、减少浪费、改善服务。工厂有持续改善的行动来保证有效控制了在制品数量，充分运用即时（Just In Time，JIT）原则持续减小产品批量，快速换型是常用的手段。JIT 物料的显著特色是看板制，当然配料制也是可以达成 JIT 的，只要换型速度足够快。

需要采用各种软硬件手段来保证在制品数量的有效控制，比如看板、可视化信号、有限的物料空间确保不能无限制放物料、流水线工位之间的在制品在作业指导书中明确规定等。

对供应商的订单要确保最小化不停线原则，推行 JIT 送料，只有在需要的时候才把需要的物料数量送到工厂。

2. 数字化时代的在制品管理

在制品减少的理想状态是每个工位之间的在制品为 0，供应商的物料在工厂提前需要的时候只生产了需要的量，不多不少刚刚好。达到这个理想的状态，需要零部件质量稳定地合格，不至于送到工厂时发现不合格并被退货；进入生产现场的物料由小火车围着生产线按照频率补料，生产线上的空间存放的数量也是固定的，不能超标；每个工位即使存在工位时间不平衡，也确保了在制品数量就是理论计算的数量；等等。减少在制品，必须基于价值流程整体梳理出的结果，按照优先级从最多的在制品区域逐个减少。

数字化时代的到来，减少在制品有重大的促进作用，比如可以使用软件平台把工厂需要的数量实时展示给供应商，提前通知供应商备适当的物料量；可以在工位之间设置在制品数量监控装置，一旦在制品超标，就通知异常；可以在工位上发出拉动信号，告知仓库的小火车提前备料、备多少、送至哪个工位等。数字化手段的运用，将协助逐渐减少在制品。

3. 在制品管理的负责方

在制品管理的年度评估的主要责任方是供应链部门。

4. 在制品管理的年度总体目标

工厂内外的在制品数量通过拉动生产达成了逐年降低。

5. 供应链和在制品管理的年度数字化评估

（1）供应商在制品评定

1 分评定：供应商意识到缩短周期和减少库存的重要性。

2 分评定：在制品水平和产品生产周期是供应链的关键指标。

3 分评定：工厂和供应商一起立项以减少供货周期，送货到工厂的 JIT 物料越来越多。

4 分评定：有持续改善的 JIT 送料，20% 以上的供应商按周送料，5% 以上的供应商按天送料。

5 分评定：工厂辅导供应商进行在制品的精益改善项目或六西格玛改善项目，以便达成在制品持续减少。

（2）厂内在制品评定

1 分评定：基于主计划拆分到生产现场的订单小于 5 天的客户需求量。

2 分评定：广泛使用先进先出路线、用地轨限位周转车、超市看板、可视化等在制品控制方法，有证据显示在制品持续减少。

3 分评定：基于主计划拆分到生产现场的订单小于 2 天的客户需求量。根据精益理念执行小批量多品种的换型。

4 分评定：拆分到生产现场的订单小于 1 天的客户需求量，生产线上的被加工件在生产线工位之间的流动是单件流转，没有拥堵，实现了单件流。

5 分评定：因在制品的减少促进了制程周期效率在过去 18 个月持续向好。

6. 如何在“在制品管理”的年度数字化评估要求中找到数字化平台中的取数规则

1）从供应商在制品维度：按照年度 3 分评定，在工厂和供应商共享的供应链平台里设定 JIT 物料的比例，目标值根据历史数据设定。JIT 物料比例 = 当前时刻在系统中被标记为 JIT 物料号的数量 / 所有的物料号数量。系统判断 JIT 的条件是交货期，交货期由企业根据历史数据和供应商商定。

2）从厂内在制品维度：使用本章第一节的生产周期缩短率。

基于精益单件流原则，在制品是不择不扣的浪费，但是实际情况下，还是有不得不存在的在制品。这看似矛盾的事情将在数字化手段的运用及 KPI 考核下，逐步达到平衡，最终对缩短交货周期做出贡献。

Chapter 8　第八章

工厂内部供应

第一节　主生产计划

1. 主生产计划概述

双向不断修正的体系化计划生态链如图 8.1 所示，从需求侧到供应侧有一系列数据输入输出，来回反馈，从而达到预测、销售、生产、资源配置、供应的平衡。

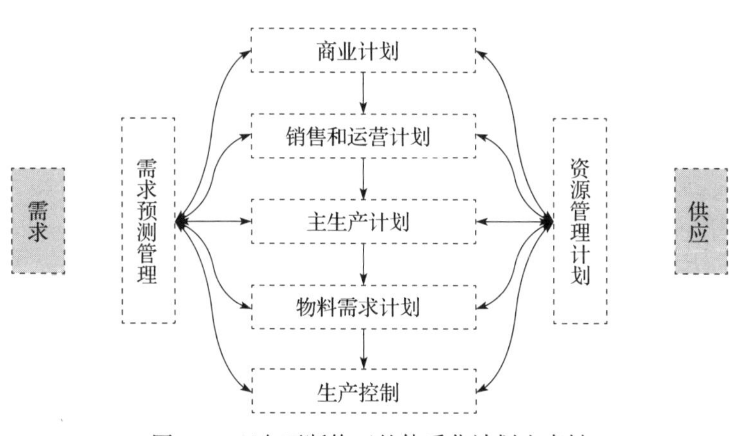

图 8.1　双向不断修正的体系化计划生态链

（1）需求

管理好客户需求要建立一套流程，实现对产品的设计、价格、促销、分销等的计划、执行、控制和监控。

（2）需求预测管理

需求预测管理尝试对销售和产品的数量做预测分析，以提前安排采购和生产。影响需求的因素有：趋势、周期性、季节性、突发性、促销等内部因素。

1）预测的原则。

①不管你使用多么复杂的统计技术，不管你多么聪明或者多么有经验，预测几乎都是错的。预测需求只是对未来发生的需求的一种预估，要尽可能降低一些突发性事件的发生。

②预测需要包含预估的错误，例如我们利用统计数据分析需求差异，得到了一个预估错误，当实际错误已经超出预估错误时，需要改善预测的流程或者调整供应链以适应这些变化。

③预测产品组往往比预测单个产品要准确。

④短期内的预测比长周期的预测更准确。

2）预测的流程。

①确定预测的目的。

②确定预测产品组还是单个产品。

③确定预测时间的范围数据可视化——把有效的历史数据呈现在图表上，可以发现明显的趋势或者季节性。

④选择预测的方法和模型，定性的、定量的或者两者都有。

⑤准备数据。

⑥利用历史数据对未来的需求进行测试。

⑦开始预测。

⑧展示销售与运营计划。

⑨定期回顾差异的水平，并改善预测准确性。

3）预测的方法。

①定性预测法：主要依靠判断，缺少科学的精度，当没有历史有效的数据时被引用，比如一些新产品。

②判断预测法：执行者、销售、市场分析员等会通过对产品及客户的深入了解，以及前期预测的差异来判断并生成产品预测。

③定量预测法：分时间序列预测和关联预测，时间序列预测使用更广泛，因为该方法不那么复杂，因此更容易向决策者解释，该方法假设影响过去的因素会持续到未来。关联预测是使用从一个或多个内部或外部来源收集的数据来预测一些假定相关的某事，是长期预测的最佳方法，尤其是对总体水平预测。

4）预测差异的衡量。

①预测差异是指实际需求和预测需求之间的绝对值差异，预测差异 =| 实际需求 – 预测需求 |。

②预测准确性一般以百分比的形式呈现，预测准确性 $=1-\frac{|A-F|}{A}\times 100\%$，式中，$A$ 为实际需求，F 为预测需求。

③偏差是指一段时间内累积的实际需求和预测需求之间的差异：平均绝对偏差（Mean Absolute Deviation，MAD）$=\frac{\sum|A-F|}{n}$。式中，n 为预测区间的数量。

④标准偏差：标准偏差的近似值 = MAD × 1.25。

⑤均方差：均方差（Mean Squared Error，MSE）$=\frac{\text{每个预测区间的差异平方之和}}{\text{预测区间数量}}$。

⑥平均绝对百分比误差：平均绝对百分比误差（Mean Absolute Percentage Error，MAPE）$=\frac{\sum\left(\frac{|A-F|}{A}\right)\times 100\%}{n}$。

有优先级的订单如图 8.2 所示。

项目	冻结区间			计划区间					活动区间	
区间	1	2	3	4	5	6	7	8	9	10
预测	20	22	21	25	24	23	21	21	25	25
客户订单	19	17	15	11	9	5	2	1	0	0
预计可用库存	31	14	49	24	0	27	6	35	10	35
承诺可用库存	14		15			43		49		50
主生产计划			50			50		50		50

需求时间界限　　计划时间界限

图 8.2　有优先级的订单

时间界限如下：

1）冻结区间：已经下了工单的无法更改的订单，冻结区订单优先安排。

2）计划区间：工单还没有下的订单。

3）活动区间：还没有完全确认的订单。

（3）供应

供应的分配如下：

1）预计可用库存 = 初期库存 + 供应量 – 实际需求量。

2）承诺的可用库存 = 在手库存 + 主计划生产数量 – 下一个主计划生产之前

所有客户订单之和。

3）基于订单的时间界限，供应的分配需要适当的聚焦。

图 8.1 中的主生产计划是制造工厂的重点，商业计划、销售和运营计划是主生产计划的前提。

（4）商业计划

1）商业计划：战略计划是 5 年以上的长期计划，聚焦于如何配置资源执行战略行动以实现企业愿景；商业计划用于设定目标以达成未来 1 年或 3 年的战略，以数值来衡量，以产品类型来进行组合。

2）总体规划：总体规划是商业计划的下一步，是一个长期的资源计划，是根据商业计划中的长期目标拆分到中期目标的销售和运营计划。

3）资源规划：基于未来 15 ～ 18 个月的工厂产能，配备各方面的资源。

（5）销售和运营计划

销售和运营计划的概念最早诞生于 20 世纪 80 年代中期，在欧美企业中获得推广。后来随着跨国企业在中国设立公司，这套管理理念逐渐被引入了我国。销售和运营计划主要是为了解决企业经营中遇到的以下难题。

1）需求和销售信息缺乏：如果缺乏这方面的信息，会导致企业做决策时不能统揽全局、效率低下、错失发展良机。

2）供应和产能信息缺乏：很多企业早期的发展模式以拿订单为导向，但是忽略了自身的产能约束，导致企业接下订单后，不能按时足量交货，没挣到钱反而做了赔本生意。

3）新品开发缺少生产支持：当生产任务很重，产能趋于饱和时，新品试制很难被安排下去。结果是新品项目开发进度被推迟，遭到了客户的严重投诉。

4）年度财务目标是否能达到：商业企业的最终目的是赢得利润，需要有一套流程，每月回顾财务目标的达成情况。

5）库存什么时候可以降下来：经济形势好的时候企业感觉不到库存量大是个大问题，一旦销售增长放缓，库存量大的负面影响就会越来越大。

6）管理层缺少做决策的依据：企业该在什么时候增加投资、什么时候缩减开支，需要有准确的预测信息，才能做出正确的判断。

7）部门之间缺少有效的沟通：企业发展到一定的规模，各个职能部门之间的责任都会比较明确，设立各自的 KPI，接下来就可能陷入局部最优的陷阱，出现沟通障碍。

综合以上问题，企业必须有一套流程，把所有的计划放在一起，包括销售计划、市场计划、新品开发计划、生产计划、采购计划、供应链计划、财务计划，达到需求和供应的平衡，销售和运营计划应运而生，并且在发展过程中不断完善，升级迭代。

销售和运营计划通过将以客户为中心的新产品和现有产品的营销计划与供应链管理相结合，战略性地指导整个业务，实现持续的竞争优势。它既是计划，又是创建、实现、监视和不断改进计划的过程。

1）销售和运营计划会议机制。

①数据收集：销售预测分析图包含上月实际销售情况、与预测的差异、库存情况、生产情况、未完成订单情况等，门类非常多，比较复杂。

②制订需求计划：销售人员和市场人员通过分析讨论上一步提出的报告，对原有预测进行调整或做出新的预测。在销售预测已完成的前提下，借助统计规律，并结合已收集的相关数据，制订新的需求计划。

需求计划制订的过程包括通过对在谈项目的梳理，确定小合同剩余、大合同剩余、即将签单的重大项目、销售预测（不含即将签单的重大项目）四项数据的要货分布。

③制订供应计划：运营部门的人员要分析上一步得出的结论，以决定是否有必要对现有的运营计划进行调整。如果销售预测、库存水平或者未完订单水平发生了变化，那么需相应地调整运营计划。调整后的运营计划要通过资源计划进行校验，以确保关键资源的可用性。调整后的运营计划将提交销售与运营计划预备会议进行讨论，即进行供需计划评审。

每月由市场计划部门召集由市场、生产和采购部门参加的要货计划评审会，会议主要审视需求计划变动和合理性，供应环节根据新的市场要货计划调整生产策略和制订新的采购到货计划。

④预备会议：对供需平衡问题做出决定，解决各个部门计划中存在的问题及差异，明确各个部门有异议的问题，分析各个可选方案的影响。

⑤正式执行会议。

2）销售和运营计划流程。指标回顾→评估需求等级→评估供应能力→使需求计划、供应计划、财政计划达成一致。销售和运营计划流程如图 8.3 所示。

3）销售和运营计划执行。

①协调计划：商业计划和战略之间的联系，明确短期至中期的计划，统一跨部门计划和流程，建立客户价值与供应链效率之间的桥梁，激励员工持续改进。

②强调各部门对销售和运营计划的贡献：产品和品牌管理、市场与销售部需要提供需求预测，需求计划的确认，需求计划数量、金额以及未来需求的假设、市场分析。

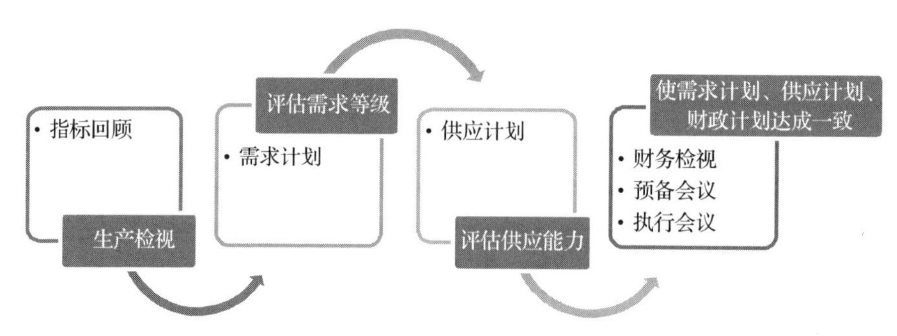

图 8.3 销售和运营计划流程

运营部需要提供产品组的分类、产出报告、生产中面临的问题。

财务部需要审查需求计划与生产计划的可行性、是否符合商业计划目标。

（6）资源管理计划

销售和运营计划与资源计划横向对应如图 8.4 所示。

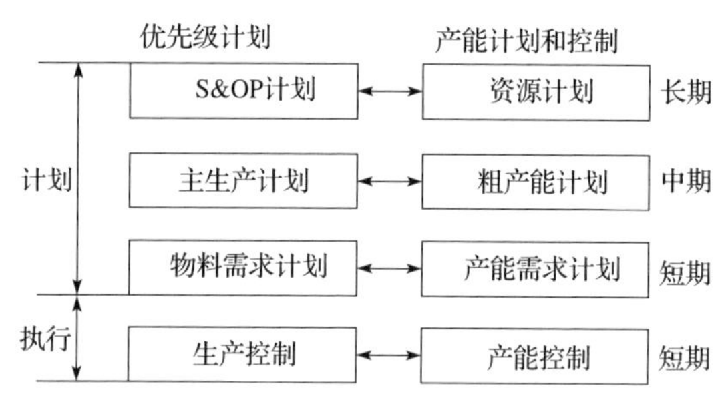

图 8.4 销售和运营计划与资源计划横向对应

资源计划是一个长期的产能规划过程，用于计算未来的工作负荷与现有资源的比较，主要从以下三个方面进行比较：工厂资源、设备资源、劳动力资源。

资源计划人员对现有可用资源评估。当发现有瓶颈时，必须制订一个行动计划，例如更改生产计划或协调获得额外的资源等。

当现有资源无法承载未来的产能时，需要进行分期产能投资：

①领先一步战略——在需求之前立即扩张。

②分步领先战略——在需求之前一步一步地扩张。

③逐步滞后战略——在需求之后逐步扩张，以赶上需求。

④逐步重叠战略——以有时超前、有时落后于需求的步骤进行扩张。

（7）主生产计划

销售和运营计划的下一步是主生产计划。主生产计划是一种计划格式，包括日期、预测、客户订单、预计可用库存、可用承诺数量等。主生产计划要考虑到预测、生产计划和其他重要因素，如未完成订单、材料的可用性、能力的可用性、管理政策和目标等。

基于产品组对每周的生产计划数量汇总，该汇总初稿用于评估初步产能的目标可行性。主生产计划负责人对主生产计划表进行修订，以达到产能与客户需求的平衡。

如图 8.4 所示，主生产计划横向对应了粗产能计划，该计划是将主生产计划转化成对关键资源需求的过程，通常包括人力、设备、仓储空间、供应能力，有时候也包含资金。粗产能计划的目标是保证每个时间段每种产品的瓶颈工位产能正常，利用现有资源，兑现对客户交货期的承诺。需要考虑到所有可能产生的额外成本，例如加班。

（8）物料需求计划

物料需求计划是一个技术设置，根据产品 BOM、库存数据和主生产计划来计算物料需求。

物料需求计划的输入：

1）主生产计划、固定的计划订单、开放订单、预计入库量。

2）物料库存情况。

3）计划因素，包含安全库存、交货期。

4）物料 BOM。

物料需求计划的输出：

1）计划订单入库量。

2）计划订单下达量。

3）异常报告。

物料需求计划配套的配送需求计划要产生拉动系统或推动系统或两者皆有的混合方式。精益生产的理念是拉动生产而不是推动生产，但实际情况是完全的拉动生产无法全部做到，比如新能源电池的生产就是采用两者皆有的混合方式。

新能源电池的销售方式是以产定销，属于计划经济、推动生产，工厂生产多少，就卖多少。企业能够在市场经济条件下实行计划经济，必然是市场上供不应求，该行业属于战略新兴行业，正如我国著名企业小米公司 CEO 雷军所说“只要在风口上，猪都会飞起来”。新能源电池的一线生产是标准化流水线生产，在生产执行上可以采用拉动生产方式。最后一个工位是物料需求的起点，当该工位需要物料时即提前向上一个工位索取；当该工位不需要物料时，上一个工位会得到不要生产的信息，新能源电池的拉动生产路径示例如图 8.5 所示。订单下到包装工位，包装工位的人员一级一级地向上索取物料。当工位之间在制品过多，上个工位的操作人员会得到暂停生产的信号，不会形成推动模式拼命生产。

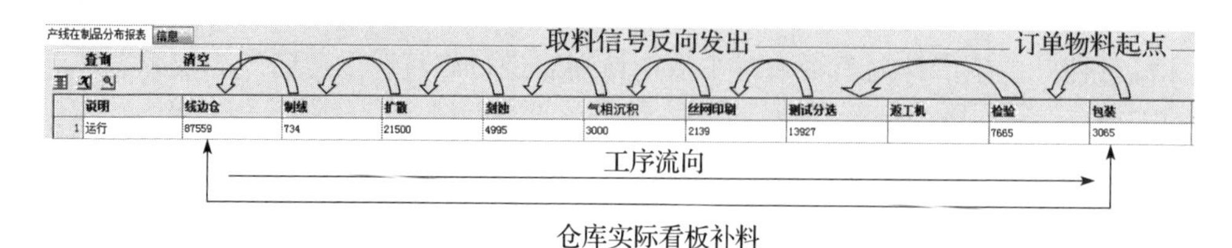

图 8.5　新能源电池的拉动生产路径示例

如图 8.4 所示，物料需求计划横向对应了产能需求计划，该计划详细地确认了指定生产任务所需的人力、物力，将订单转化为每个工作中心在每个时间段的工作小时数，是最详细的产能规划层级。

产能需求计划步骤：检查开放订单→检查计划订单下达情况→检查工艺路线→检查工作中心文件。

根据图 8.4，最终的步骤是进入实际控制阶段，计划和控制是两个阶段，故后面会专门讲生产控制。

2. 数字化时代的主生产计划

在数字化时代，以数字化手段倒逼提升销售预测的精准性，是好办法，将真正驱动达成无论是标准化产品还是非标定制化产品，都走向均衡化生产之路。

但是，现实是预测基本上不准，达成均衡化生产不是一时半会的事。有些行业干脆牺牲客户的部分满意度，让客户长时间等待交付，长时间等待产生的不满用商务手段解决，这也是一个平衡手段。比如当下的新能源汽车交付，一般要等待几个月，是彻底的有订单才生产，属于长周期的拉动生产，不是真正的拉动生产。拉动生产理应缩短交期，汽车厂家的生产周期长，大概率没有进行看板制和配料制的梳理。

我们要意识到，主生产计划是一个涉及各个部门的庞大门类、比较复杂，故数字化手段再好，还是要基于员工个人的素养来达成主生产计划的目标。数字化平台对主生产计划业务的协作程度就如第四章第三节的工程变更所述的那样，还是要以强线下为主导。

3. 主生产计划的负责方

生产计划的年度评估的主要责任部门是供应链的计划部门，第二责任部门是销售部门和采购部门。销售是源头，源头数据不准确，后端数据同样难以准确。

4. 主生产计划的年度总体目标

没有因为生产计划不合理导致的无法及时完成产成品入库。没有插单。

5. 主生产计划的年度数字化评估

（1）主生产计划及预测精度偏差 KPI 评定

1 分评定：部分执行了主生产计划流程。

2 分评定：全面执行了主生产计划流程。工厂总经理是主生产计划过程的领导者。

3 分评定：工厂人员理解销售和运营计划的流程，并参与该流程。

4 分评定：预测精度显示了持续改善。销售和运营计划流程全面执行，驱动改善主生产计划和预测精度偏差。

5 分评定：根据工厂的预测精度，通过有效部署销售和运营计划减少库存并改善客户服务。

（2）产能评定

1 分评定：知道每条生产线的设备瓶颈和人员瓶颈。

2 分评定：根据手工装配开两班，高投入的自动生产线开三班来确定内部制造能力。有方法确保瓶颈工位的生产稳定，比如午饭时间仍有员工在瓶颈工位生产产品、提前确保进入瓶颈工位的零部件都是合格的等。

3 分评定：有专用工具来分析当前的需求，并给出产能调整建议。有效管理瓶颈资源以确保正常生产。

4 分评定：有专门的提前计算来规避未来的产能不足，未来需要的生产装备投资已经提前一年准备好。

5 分评定：产能不足的情况很少见，对客户服务没有显著的负面影响。

（3）给供应商的预测评定

1 分评定：每月提供关键级供应商、监控级供应商（参阅第九章第二节可知道供应商等级定义）的滚动材料预测。关键级供应商、监控级供应商保证完成预测数量的交货。

2 分评定：对大部分供应商提供月度滚动材料预测。统计了供应商的预测误差，显示关键级供应商、监控级供应商的改善趋势。有 90% 以上的供应商对预测给出了确认。

3 分评定：统计了供应商的预测误差，并显示了关键级供应商、监控级供应商和常规供应商的改善趋势。对供应商的预测反馈进行审查，并在少数情况下采取纠正措施。

4分评定：在过去的3个月中，关键级供应商、监控级供应商的预测错误已经减少至低于30%。客户工厂常态化地检视供应商对预测的反馈，采取行动以降低风险。

5分评定：在过去的6个月里，关键级供应商、监控级供应商的预测错误已经减少至低于30%。供应商认可客户工厂给他们的预测的准确性是行业领先的。

6. 如何在“主生产计划”的年度数字化评估要求中找到数字化平台中的取数规则

从销售预测精度维度：本节展示了销售预测的过程极其复杂性，预测过程以线下居多，没有确定的规则。即使完全按照本节的各类公式进行计算，也很难达成准确的预测。数字化平台并不能帮助企业自动找出预测需求，所以简单直接的做法是采用第九章第三节讲述的销售预测准确率。当然，把本节讲到的预测办法开发入软件平台，并不是不可以，只是成本很大。

其他两个年度评估维度，以常态化的线下销售和运营计划会议为主，该会议是工厂总经理参加的高层会议，属于五级循环会议。会议上记录各类问题并给出解决对策。这些问题可以记录在供应链管理平台中，也可以和其他问题追踪平台集成在一起，比如问题库和快速响应平台就可以承载供应链的问题输入。以平台来驱动线下问题的快速处理。

主生产计划很复杂，不是一句话能说明白的。后续一系列事务都基于预测，而我国企业的预测大多不准确，即使是现在市面上销售的主计划软件，也只是把销售已经给出的需求，拆分到生产控制层而已，是对销售预测的结果的输入，并不会关注结果产生的过程。这也是当前数字化转型的现实。企业的具体业务在线下还没有执行到位的情况下就上各类数字化平台，似乎是拔苗助长了。

第二节　生产控制

1. 生产控制概述

执行阶段的生产控制含四大模块：采购、生产作业控制、最终装配排程和产能控制，如图8.6所示。

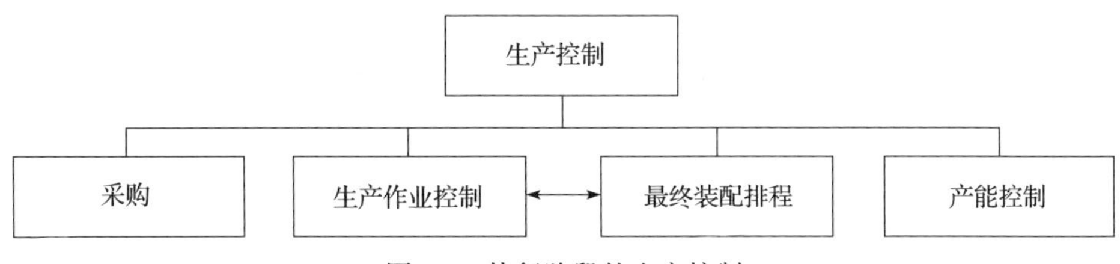

图 8.6 执行阶段的生产控制

生产控制的目的包括执行主生产计划和物料需求计划、产能最大化、减少在制品、维护客户服务水平。

生产控制的职能如下。

1）计划——确保现有资源的可用性，并安排工单开工和完工日期。

2）执行——收集现有订单的生产情况，以及将要下达订单的情况。

3）建立和维护订单的优先级。

4）跟踪实际的生产指标，比如效率。

5）监控在制品、交货期、运行时间和等待时间。

6）发布 KPI 报告。

计划人员需要衡量产能，产能所需的输入信息有 DT、OT、KE 等，需要确保这些数据处于最新且准确状态。在基本数据准确的基础上，计划人员需要统筹规划以便平衡产能。规划方法有：增加或减少工作时间、增加或减少工人、转移劳动力、更改工艺路线、改变批量大小、更改计划等。

持续改善不仅仅针对生产现场，计划人员同样要专注持续改善：专注于约束理论、看板管理、发展拉动生产、学会精益生产。

针对生产制造，《目标》一书讲述的约束理论有一套思考方法和持续改善程序，摘录如下。

1）找出系统的制约因素。

2）决定如何挖尽制约因素的潜能。

3）其他的一切迁就上述决定。

4）给制约因素松绑。

5）警告！！！假如步骤四打破了原有的制约因素，那么就回到步骤一，千万不要让惰性引发系统的制约因素（本书作者称之为瓶颈偏移）。

实际生产的节奏需匹配生产负荷要求和客户交期，生产是基于拉动系统来实现的，基于真实的客户需求而不是提前生产单。提前生产单是典型的推动生产，不可取，除非能如在风口上的新能源电池那样以产定销。

坚持使用生产计划根源分析以便改善计划所需的衡量指标，定制化工厂中先进先出是必须遵守的流程，和关键供应商要及时沟通以便达成供货计划，供应链每个环节都有正规的交期合同。

缺料不开线原则需要坚决贯彻，这是计划的关键KPI，以每月的发生次数来衡量。所有的制造企业都厌恶缺料生产，这种缺料生产导致的后果如下。

1）生产之后的半成品大量堆积。

2）现金流大量被占用。

3）挤占其他产品的生产空间。

4）长此以往给计划人员造成惰性，不积极获取物料，只是下完生产单即可，不再管后续进展，因为反正缺一部分料也能先生产一部分，等其他物料到了再全部完成。

5）若是流水线生产，摧毁了流水线的高效率，长此以往导致企业不愿意投入流水生产线，因为孤岛式生产一定程度上匹配了缺料生产，不像流水线需要上下两个工位互相衔接才可以。

6）极有可能发生更极端的缺料发货，一旦到客户处装上缺失的零部件，由于不在厂内，无法测试整个装备的好坏，极有可能发生问题，此时补救，是劳民伤财。

7）降低生产制造各个环节的效率，仓库不能一次发完物料、生产不能一次生产完、质量不能一次检验完、物料不能一次发货完等。

2. 数字化时代的生产控制

在数字化时代实现缺料不开线是核心的需求，其他的数字化手段如MES、安灯等都没有这个重要。缺料自然所有的数字化手段都无用武之地，即使你按一下安灯报警缺料，也是对既成事实的无奈反馈。我们要让缺料问题在开线前就解决，确保拆分到日生产订单中的物料是充足的。

无论是标准化产品还是定制化产品，缺料不开线是基本的要求。在最后要下发到生产线的日计划订单中检查物料的完整性，如果不完整，给生产线的日计划订单下不出去，这是简单直接的在最后关头卡控的做法。若我们反向层层追查下去，本质上还是物料供应的逻辑没有厘清楚，但是数字化平台大概率也只能做到这一层，要想彻底解决问题，还是要调用线下各类资源来处理。

3. 生产控制的负责方

生产控制的年度主责方是供应链的计划部门，第二责任部门是工艺部和采购部。工艺部要确保工时的准确性，采购部要保证采购订单按规定发出，不得滞后。

4. 生产控制的年度总体目标

现场的生产交付按照日生产计划按时入库，无插单、无提前生产单、无缺料生产。

5. 生产控制的年度数字化评估

（1）标准化生产控制评定

1 分评定：生产区域由产品模块和制程（部装、总装、测试）来定义。

2 分评定：由优先级规则来定义交期、可生产最大最小天数、最大最小库存。

3 分评定：有效控制生产，遵守优先级规则。

4 分评定：常态化地检视生产参数是否合理，每年要重新考虑生产控制模式。运用 MES 管理生产订单。

5 分评定：有证据显示生产周期降低且仍然在持续改善。

（2）定制化生产控制评定

1 分评定：有典型的部门设置如工程设计部、定制化验证部、多技能组等。

2 分评定：从客户需求日期倒排各个部门的协作周期，交货、生产、采购物料、工程设计等部门的时间无缝衔接。

3 分评定：生产订单开始之后产生的所有工程变更必须分类，有分类项占比的排行榜展示，采取改善行动以减少生产中的工程变更。记录了生产中的工程变更花费时间，有改善行动以便减少该时间。

4 分评定：有自动化或半自动化的系统用于展示生产负荷和产能。生产控制抓取生产信息和负荷水平，有效利用了员工的多技能。运用 MES 管理生产订单。

5 分评定：若是集团公司，当工厂遇到产能限制时，有标准的流程可以把生产从一个工厂切换到另一个工厂（要求员工多技能、设备适当通用、产品标准化程度较好）。

（3）均衡化评定

1 分评定：每日追踪生产负荷，有关键元器件和成品的需求波动分析。

2 分评定：分析客户需求的异常波动，以找到波动的根源。

3 分评定：均衡化理念运用于定制化产品的生产。

4 分评定：有改善行动以便推动均衡化需求，稳定生产负荷水平。

5 分评定：有证据显示生产控制效果持续优化。

6. 如何在“生产控制”的年度数字化评估要求中找到数字化平台中的取数规则

年度评估中的生产控制和均衡化生产线下管控更有效，都是最终达成按时入库。无论是定制化产品还是标准化产品，都要按时入库。因此以管控结果的方式倒逼前述线下事务的完整性，可以设定按时入库率，按时入库率 = 在系统中抓取当月按计划入库的订单行数 / 当月总计订单行数 ×100%（以月为基本单位，在月底计算）。

缺料生产要严格管控，尤其对定制化生产，在系统中要设定成如果计划的 BOM 不会，会导致无法下生产订单，软件要记录当月的制造 BOM 不全率，公式解释：以月为基本单位，月底时，在系统中抓取当月没有下出去生产订单的行数 / 当月总计订单行数。通常情况下，制造 BOM 不全率会是 0，但是这个 KPI 一定要有。当然，为了阻止线下手动下缺料生产订单，各个部门都要对线下手动订单说不，即使数字化平台摆在那里，平台也不能推动人去使用该平台，还是要管理层督促使用数字化平台下生产订单。

在数字化时代，要杜绝缺料生产，坚决不能把缺料生产的规则固化入数字化平台，即使是当下火热的 APS 也无法解决缺料问题，最多发出提醒。APS 是根据物料已经齐全或者即将齐全的前提来进行排产，但是不会解决缺料。若遇到能够解决缺料的 APS，就要警惕是否不诚实。

缺料不开线是制造业的常识，数字化时代，推动人回归常识，为常识而努力。

当把缺料生产的规则固化入数字化平台时，等于把错误的管理思路固化入了数字化平台，会永远地错下去，偏离了数字化转型的真谛——“数字化转型就是把优秀的管理思路固化入数字化平台”，根子上就错了。数字化平台只是规则的搬运工，会导致数字化手段拖生产的后腿。

第三节　库存管理

1. 库存管理概述

有效的库存管理使库存精确并最小化。通常库存管理有四大因素：库存参数、库存精度、安全库存、库存天数。这四大因素的互相协调，达成生产性物料的精确、最小化空间和高效流转。

库存参数已经在第四章详细阐述过，不再赘述，需要说明 ABC 分类法、FMR 分类法并非一成不变的，而是根据市场的预期和生产线内部精益体系的持续推动而不断变化。仓库设计根据初始版本的 ABC 分类法、FMR 分类法设定了仓库大小和结构，一旦量产后，ABC 分类法、FMR 分类法必须按季度进行更新，以达成更高效的运转。因为初始仓库无论理论上设计得多么完美，仍然抵不上实际量产后的波动，因此必将推动仓库的持续改进。

ABC 分类法、FMR 分类法存在的目的之一就是要定义清楚看板制和配料制的属性，以实现大量存在看板制物料、少量存在配料制物料。定制化工厂也要追求多看板少配料。配料制和看板制的互相转换并不是仅仅基于历史实际数据的，还有一个更重要的手段是从产品设计上考虑把配料制改成看板制，这是设计为制造服务（Design For Manufacture，DFM）的体现。作者要在本节重点展示如下例子，让广大读者开辟从设计上改变物料属性的新思路。企业在精益化、数字化实践中很少采用这种办法，但是这种办法非常实用。

选择定义看板制和配料制属性并无绝对的规则。若高价值物料移动频率高且有监控设备，也可以设定为看板制。若看板制物料突然大幅涨价，那么改为配料制也是合理的。一切基于工厂的实际情况而定，但是不能完全不作为，却说企业一直以来就是全部以订单配料制，不提供带物料属性的物料主数据清单。

以下为作者在做研发 / 工业化总监时践行的配料制改看板制的例子。

由于要同时负责研发和工业化（制造技术）工作，有权限更改产品结构来实现把配料制物料改为看板制物料。图 8.7 左边是充气柜的模拟面板运转车。充气柜的整体柜型由 C、F、V 子柜型排列组合而成，比如有 CCF、CV、CF、CCCCC、CCCV 等多种类型，需要设计三块独立的 C、F、V 模拟面板，该模拟面板的长、高、宽尺寸都一样，前提是已经把充气柜的每个气室宽度已经设计为一样。因此 C、F、V 面板车要各设计三台，一台在生产现场，一台在备料区，一台在仓库。当仓库人员看到有车空，立即通知钣金车间人员补满该车。这实现了高效补料，跨越了从计划下单到钣金车间生产的中间流程，永不断料，减少了计划的工作量。在改之前，面板根据充气柜的柜型单独设计成一体式，需要每台柜子单独设计模拟面板，增加了工作量，比如 CCF 柜型，必须设计一体式的 CCF 模拟面板，劳心劳力，且单独设计的物料只能配料制，改为独立三块可自由组合的模拟面板后，一下子减少了大量模拟面板的设计工作。

图 8.7 看板制配料车

图 8.7 右边也是把配料制改为看板制的方式，充气柜的左右侧板永远只有带不带扩展孔之分，那么设计专门的周转车让仓库人员看到车空即补，大大提升了物料周转率且完全不会造成库存积压。

以上案例是典型的改善，要求企业活学活用，不要机械照抄。产品无论怎样定制化，总有大部分物料可以设定为看板制，企业要看到工厂持续增长的看板比例，以及为此做出的改善文件。若是除了标准件，其他物料都是配料制，极其不合理。看板制和追求零库存不冲突，配料制也不一定能达到零库存。

针对库存精度，需要进行循环盘点工作。循环盘点基于一个会计年度内定期盘点物理库存。时间间隔根据 ABC 分类来定义。A 类盘点频次较高，B 和 C 类盘点频次较低。

物料主数据包含每个物料 ABC 分类的信息。用户或系统自动生成每周的循环盘点时间表，指明哪些物料将在一周内被盘点。盘点结束后必须提供每周或每月库存精度的汇总报告。

假如物理库存量与系统库存量不符，仓库管理系统就不能正常工作，因此循环盘点是强制性的。

循环盘点的好处如下。

1）与年度盘点所花费的精力和成本相比，循环盘点没有集中在某一天或某几天，而是分布在一年中，可以在空闲时间进行盘点。

2）循环盘点的物料不再需要年度盘点，除非是法律或地方税务上要求的。积极的循环盘点将快速提高库存的准确性。

循环盘点的步骤如下。

1）循环盘点由两个人来实施：检查者和盘点者。

2）检查者从控制中心领取空白的盘点表、不干胶盘点标签或打印的标签。

3）控制中心记录盘点表和标签。

4）盘点表显示库位和物料号信息，不含物料的数量信息，这就是所谓的盲盘。

5）根据库位信息的顺序进行排序和打印。

6）检查者和盘点者一起找到盘点表上的第一个库位。

7）盘点者读出库位上的物料号，并盘点出在本库位内这个物料的数量。

8）盘点者在物料上贴上盘点标签，表示该库物料已盘点。

9）检查者比较实际盘点到的这个物料号和盘点表中本库位上的物料号。

10）如果实际盘点到的物料号和盘点表中的物料号是匹配的，检查者在盘点表上记录实际盘点到的数量。

11）如果在库位上没有找到这个物料号，检查者记录数量为 0。

12）如果实际盘点到的物料号和盘点表的物料号不匹配，检查者在空白盘点表上记录实际盘点到的物料号、库位和数量。

13）检查者核对盘点表上的这个物料的库位和盘点者贴标签纸的位置。

14）检查者确认在这个库位上的盘点已完成。

15）检查者和盘点者接着到盘点表上的下一个库位。

16）直到盘点表上的所有盘点工作都已完成。

17）盘点者和检查者在所有的盘点表上签名。

18）将盘点表和剩余的标签贴纸交回控制中心。

注意：对于 A 类贵重物料，首选的是“双盲盘”方法。盲盘流程图如图 8.8 所示。

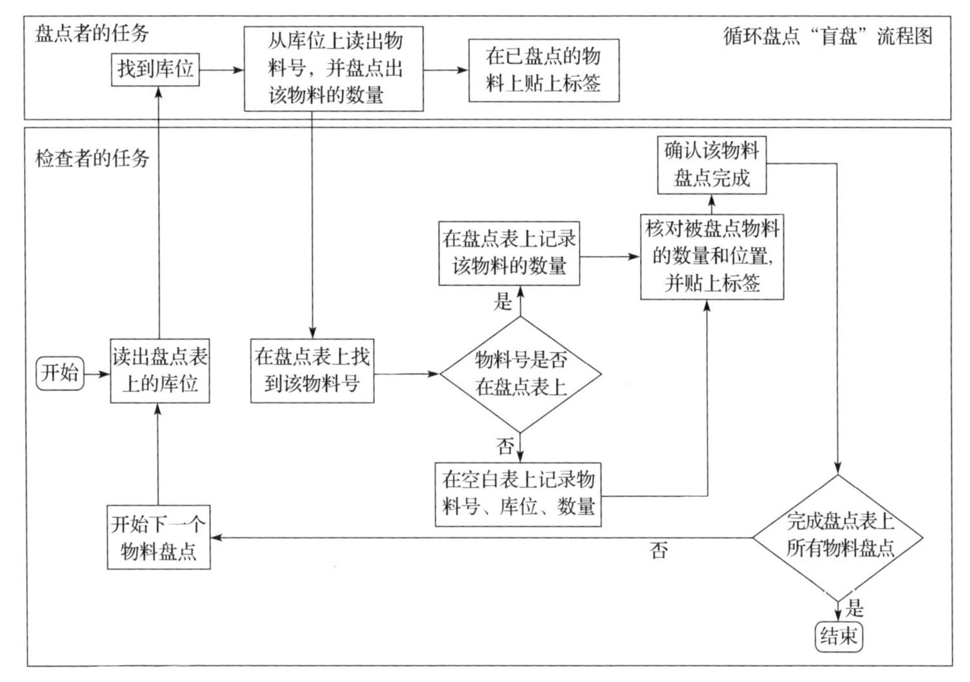

图 8.8 盲盘流程图

双盲盘流程图如图 8.9 所示。

本书建议盘点频次：A 类零部件每年 4 次，B 类零部件每年 2 次，C 零部件每年 1 次。

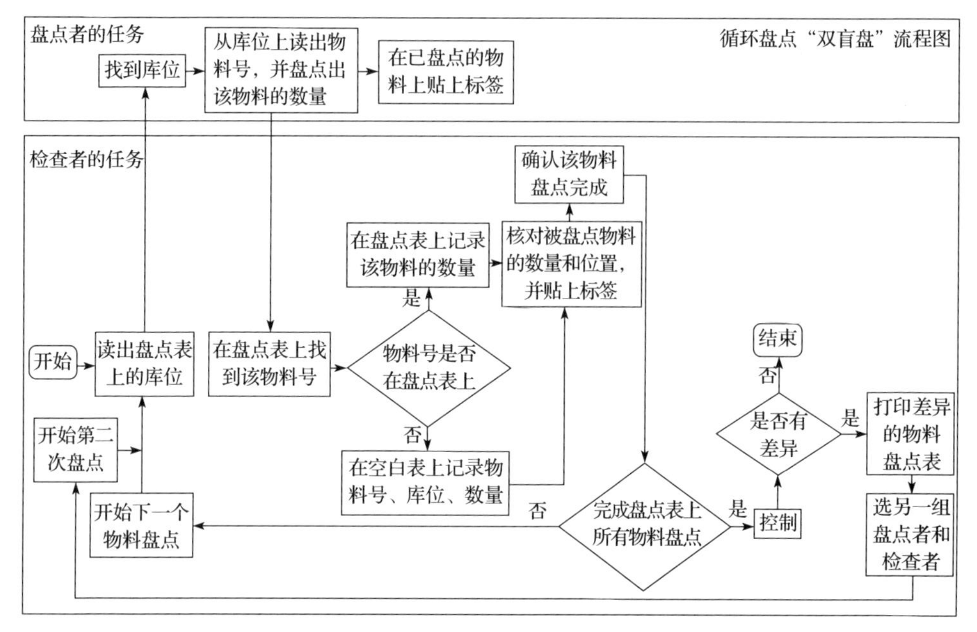

图 8.9　双盲盘流程图

盘点后的衡量如下：

1）库存绝对误差 =∑盘点亏盈总金额 / 库存实盘总金额（供应链部门以此评估库存控制水平，在一个存放区域的正差异可能被另外一个存放区域的负差异抵消，显示库存控制需要改善）。

2）库存绝对精度 =1– 绝对误差。

3）库存准确率相对误差 =∑盘点物料总价 / 账面库存总价（被会计部门使用）。

4）在手精度 =∑（实际盘点数量 – 在手数量）/ ∑实际盘点数量（供应链部门以此评估库存数量精度，和金额无关）。

安全库存也称安全存储量，又称保险库存，是指为了防止不确定性因素（如大量突发性订货、交货期突然提前、临时用量增加、交货误期等特殊原因）而预计的保险储备量（缓冲库存）。安全库存用于满足提前期的需求，因为每日需求量、交货时间、供应商的配合程度，存在较多的不确定因素。如果这些因素控制不好，企业很容易断货，从而影响生产，进而影响企业的交货，给企业造成损失。企业设定安全库存，可以避免因缺料造成停产。

安全库存越大，出现缺货的可能性越小；但库存越大，会导致剩余库存的出现。应根据不同物品的用途以及客户的要求，将缺货保持在适当水平，允许一定程度的缺货现象存在。安全库存的量化计算可根据顾客需求量固定、需求量变化、提前期固定、提前期发生变化等情况，利用正态分布图、标准差、期望服务水平等来求得。

安全库存设定的原则是在保证物流畅通的前提下，不缺料导致停产；在保证生产的基础上库存最少；不呆料。

安全库存应用到原材料、在制品、成品。

真实平均理论库存 = 安全库存 + 1/2 批量，计算理论绿色库存 = 安全库存 + 考虑了制程通过率的批量大小 / 2。

2. 数字化时代的库存管理

数字化时代，仓库管理系统如雨后春笋般出现，对库存精度管理起到了保驾护航的作用。自动化的无人仓库实时展示自动盘点结果，再也不要线下人工操作了，代替了仓库人员大量的体力劳动和脑力劳动。当然，若企业没有自动化无人仓库，还是要知道本节讲的盘点原理。

3. 库存管理的负责方

库存管理的年度主责部门是供应链的仓库部门，次责部门是设置物料主数据和物料 ABC、FMR 分类的工艺部。

4. 库存管理的年度总体目标

库存精度达标，没有呆滞品，因为安全库存不够导致的生产线停线次数符合目标。

5. 库存管理的年度数字化评估

（1）库存参数评定

1 分评定：ABC、FMR 分级规则在企业高层级别完成，用于驱动批量大小。安全库存基于年度检视的基本规则。关键的交期和批量大小至少年度检视 1 次。

2 分评定：有持续更新的流程和计算工具，以设定安全库存批量大小。有定制化产品的库存政策，该政策和客户物流相关联，每年检视该政策。

3 分评定：ABC、FMR 和库存参数至少季度化更新，有库存天数目标。仓库部门在危急时刻要快速反应，以更新参数。有关键元器件和成品的需求分析。

4 分评定：和销售、市场、供应链合作库存管理。采取行动以便推动市场需求平衡化，驱动库存降低。

5 分评定：工厂是行业内的标杆。

（2）库存精度评定

1 分评定：库存精度用绝对误差来计量。试跑了循环盘点程序。

2 分评定：有库存精度差异的根源分析，识别造成库存不精确的障碍。

3 分评定：改善年度库存精度，绝对误差小于 5%。循环盘点覆盖了全部类型的零部件。

4 分评定：库存精度在过去 18 个月有持续改善的趋势，绝对误差≤ 2%。

5 分评定：因为库存精度持续超常规，工厂无须进行年度库存盘点。

（3）安全库存评定

1 分评定：按月检查不健康库存（过剩品、呆滞品、陈旧存货）的价值和百分比。使用不健康库存处理办法识别改善机会和追踪结果。有库存不健康率目标，按月追踪。

2 分评定：用物料管理工具或 Excel 表格为至少 30% 的过量价值或备料价值做根源分析，按月更新。

3 分评定：至少有 6 个月的不健康率的持续改善。

4 分评定：过去 12 个月通过持续改善不健康率持续达到目标。

5 分评定：过去 24 个月通过持续改善不健康率持续达到目标。

（4）库存天数评定

1 分评定：库存天数和备料计算遵循企业规则。有库存天数和备料目标。通过月度报表将实际结果和目标分享给财务人员，能够解释差异。

2 分评定：定义并实践了库存天数、备料、理论绿色库存的价值目标。针对实际和目标的差异，有行动计划弥补差异，按月追踪。

3 分评定：库存天数显示稳定的改善。有专门的指标用于驱动识别改善机会和追踪结果，如交期、交期缩短的波动、用量 / 需求的波动等。

4 分评定：过去 12 个月有库存天数的改善趋势。库存降低方案没有产生降低客户的满意度。

5 分评定：过去 24 个月有库存天数持续改善，企业被认为是库存天数控制的标杆。

6. 如何在“库存管理”的年度数字化评估要求中找到数字化平台中的取数规则

ABC 分类法、FMR 分类法这两类信息在 ERP 中本来就可以自动展示，我们要知道基于该信息，如何设定看板制、配料制，进而设定库存水平，因此最终呈现的还是库存精度、库存天数、安全库存数量等。再往前一步，是要达成前述的年度目标：库存精度达标、没有呆滞品，因为安全库存不够导致的停产次数符合目标。

那么，以结果为导向，我们要在数字化平台中抓取因库存不够导致的年度停产次数，这是 KPI，目标值不为 0，因为一定程度的缺料对促进库存的精准大有裨益。世界先进企业的精益专家做过对比，缺料对生产线造成的停产损失有可能小于为了保证不缺料而备的呆滞库存的价值，因为备的安全库存会因市场变化而被迫成为呆滞库存。

至于库存精度的计算和展示，按本书讲的公式即可。无人化自动仓库的库存管理系统可以实时展示，不是难事。传统仓库配库存管理系统的效果差一些，因为还是要有人手动输入盘点数量，依赖人工操作的诚实性、准确性。

其他年度衡量指标，需要庞大的手工计算，灵活性大，没有明确的计算规则，在线下发挥人的主观能动性即可，把表格在线化没有意义。

在数字化平台里，有些事务可以精准承载，有些事务还是要手工达成，因为很难找到确定的规则，比如我们要定义呆滞品、过剩品、陈旧存货规则，实际的情况非常复杂，软件很难一一结构化拆解。仅仅是把线下表格在线化，是没有意义的。数字化转型部门千万不要被仓库部门提出的表格在线化迷惑了，需要询问在线化后和哪个数据联通了，这才是重要点。如果联通不了，还是安心地在线下用 Excel 表格处理。

第九章 Chapter 9

工厂外部供应

第一节　供应商质量

1. 供应商质量概述

没有哪家企业可以将从获取基础的原材料到制作成产品出货的全产业链垂直整合。即使垂直整合到了非常高的程度的大型制造工厂，需要的塑料粒子原材料还是需要从专门的塑料粒子供应商处采购。

社会化大生产必然导致整个工业社会分工协助，制造一款产品出来，必须产业链上的各个企业相互配合，由此便产生了客户和供应商的关系。供应商的产品质量的优劣，对客户整体产品的质量有关键的影响。客户端无论多么高端的设计，如果没有好的供应商来制造，必然导致失败。由此可见需要有专门的供应商质量管理职能部门，即供应商质量保证（Supplier Quality Assurances，SQA）部门，该部门的员工是供应商质量工程师（Supplier Quality Engineer，SQE）。

若没有这个部门，当资材部门（供应商开发及管理部门）在寻找供应商时，由于需要三家比价，必将导致价低者得到客户订单，而不会考虑质量的好坏。有了 SQA 部门，当资材部门对该供应商有意向时，SQA 部门就必须去该意向供应商处进行质量审核，检查是否达到期望的准入标准，只有提交了该供应商的审核通过报告后，资材部门才可以进一步接触供应商，否则不得随意使用该供应商的原料。大多数企业没有设立专门的供应商质量管理部门，通常由质量部的其他工程师兼职而不是专职。不设立这个部门的理由是成本高，企业中的质量工程师就可以管供应商；供应商能不能用，是技术部说了算的事，因为供应商的试生产零部件要给技术部确认等。术业有专攻，在兼职的情况下，不可能把业务做到位。

供应商质量是重中之重，因为当你做好了各种主计划、生产计划、客户交付安排、拉动补料数量等，看起来一切都尽在掌控，万事俱备只欠物料到厂这个东风时，如果到厂的物料经入料检验是不合格的，需要退货，那么此退货就会导致之前一切的安排都白做，厂内各个生产辅助部门都是“巧妇难为无米之炊”。作者一直说数字化转型的第一优先级是产品层面，就是这个道理。

SQE 的核心工作职责是审核供应商到可用标准，提供供应商零部件的认可报告，当供应商零部件发生质量问题时联系供应商高效处理，辅导供应商达成客户的要求，领导供应商针对客户的持续改善项目等。

某先进企业的 SQE 对供应商的审核清单见表 9.1。通过表 9.1 读者可知道该职位的工作内容复杂，千万不可兼职。

表 9.1　某先进企业的 SQE 对供应商的审核清单

序号	审核内容
1	对来自客户的技术要求的承诺
1.1	所有的图纸及技术要求是否为最新版本
1.2	供应商了解所有关键特性要求
1.3	线体布局符合工艺要求
1.4	车间布局符合生产质量要求
1.5	在量产前供应商需要获得所有客户要求的输出资料
2	制程失效模式分析（PFMEA）
2.1	是否策划了流程或方法对工艺参数进行了充分的论证和验证
2.2	在生产初始阶段和流程更改后，是否进行了有效的产品生产能力研究
2.3	工厂 PFMEA 是否为最新并反映了当前的加工状况
2.4	是否采用了 PFMEA 方法来识别潜在的过程风险
2.5	PFMEA 中是否识别出了客户对零部件所定义的关键特性
2.6	针对严重度不小于 9 分或 RPN 超过定义分值的项目，是否制定了改进行动，并重新评定分数
2.7	是否基于流程变更、客户反馈以及生产或质量问题来更新 PFMEA
2.8	PFMEA 和控制计划文件是否采用了版本管控
3	过程控制计划及作业指导书（PCP & WI）
3.1	是否针对分析出的失效模式采取了相应的控制计划？对于关键特性是否有标示
3.2	改善或工艺变更后对相关的质量和技术控制文件进行了更新
3.3	在现场每一具体站点都可以获得作业指导

（续）

序号	审核内容
3.4	上料、下料，生产换型都有相应的作业指导
3.5	半成品、成品的出入库有相应的作业指导
3.6	作业指导书有版本控制
3.7	客户最初批准后，生产部门如何处理控制参数的变更，过程是否受控
3.8	非批量生产产品，应有临时工艺文件管理
3.9	工艺文件应包含安全注意要点
4	物料管控
4.1	对生产性物料是否有明确的流程和接收标准进行来料验证，并记录和定期分析
4.2	对辅助性物料（如包材等）有明确的流程和方法进行来料管控，并定期检查
4.3	定期盘点是否进行？对储存周期有要求的物料是否进行周期管理？临期物料是否重新评估？超期物料是否报废
4.4	是否有效隔离了报废和不良材料
4.5	有效的先入先出管理
4.6	有过程质量控制手段确保使用了正确的物料
4.7	过程（包括仓储、生产和转运）中不可能造成原料损坏
4.8	在存储区域和生产线，清楚地标识、识别材料
4.9	采购订单和生产订单匹配管理
4.10	外箱和成品上有清楚的标识
5	设备、治具、模具管理
5.1	量产治具是完好的，有能力确保连续、稳定的生产
5.2	有维护保养计划，现场记录完善
5.3	治具通过料号或供应商内部号识别管理，正确粘贴带有效期的标签
5.4	每一台设备都有作业指导书
5.5	关于测量设备、工具有及时完成的校验计划
5.6	扭力枪的扭力和有效期准确地在标贴中表明
5.7	用于校验设备的缺陷样块有效
5.8	有缺陷样块的管理程序文件（如何选择、更替、报废、存储等）
5.9	有备件清单，有备件安全库存管理
5.10	治具、量具要有组装控制图（机械图纸、接受标准）
5.11	设备文件管理（接受标准、设备描述、校验维保）
5.12	是否有日常点检确保设备能力
6	现场环境管理
6.1	设施是否满足当前进行操作的条件和工艺要求？供电量是否充分？照明条件是否充足
6.2	对环境温湿度有要求的操作过程，是否有温度控制并满足条件

（续）

序号	审核内容
6.3	在整个生产流程中，产品是否清楚地加以标识并摆放
6.4	在所有流程中，是否维护了批次的可跟踪性和完整性
6.5	是否建立了分区管理和目视管理，对不良品进行隔离并明确标示
6.6	工厂的洁净程度、内务管理、环境，以及工作条件是否有利于控制和提高质量
6.7	搬运、存储和包装流程是否足以保证产品质量
7	过程参数管理和过程质量控制
7.1	过程质量控制、终检质量控制要求符合客户来料检验要求
7.2	每一站都有明确的拒收或接收标准
7.3	有证据表明首件有效
7.4	有过程巡检或终检记录且有效
7.5	对于成品有有效的追溯系统
7.6	不良品使用不良代码管理
7.7	非批量产品，在生产前必须对关键特性做工程验证，生产后做无损终检
7.8	对产品不良率、一次合格率进行有效管理
7.9	对设备利用率、生产效率进行有效管理
7.10	对非质量问题的成本进行有效管理
7.11	对产能、库存进行有效管理
8	人员培训、考评，资质和能力管理
8.1	有培训计划，有完善的培训体系
8.2	有培训材料
8.3	根据学习曲线做培训记录，有效管理员工的学习曲线
8.4	培训人员、操作人员的评价结果有记录且符合要求
8.5	要有客户认证的培训人员
8.6	操作人员按照作业指导书的要求进行操作
8.7	操作人员有明显自检动作，以确保零部件的加工质量
8.8	人员流动率有监控管理（例如流动率月报）
8.9	所有操作人员都清楚自己的作业步骤或产品质量缺陷对客户的影响
9	包装、发货
9.1	在包装工位有作业指导书
9.2	外箱标签内容符合客户要求
9.3	包装方式能确保产品不被损坏
9.4	包装方式符合客户要求（在批量试制之前应该定义完成）
10	测量系统分析（MSA）及统计过程控制（SPC）应用
10.1	过程的变量能够量化管理，并具有统计能力

（续）

序号	审核内容
10.2	针对批量产品的关键特性，进行统计过程控制
10.3	特性需要破坏性验证的，是否定义频次和数量进行周期性验证并记录
10.4	是否针对测量系统做周期性分析
10.5	对零部件的关键特性的测试方法和标准是否和客户一致？有无对比或确认
11	不良分析和持续改进
11.1	质量部门如何记录质量事故、不符合情况、顾客投诉并做出反应，是否满足客户的要求
11.2	工厂是否会时不时地对生产和质量进行监测和分析，并对这些数据做出反应
11.3	管理层是否按照控制计划规定的频率审查生产控制系统
11.4	是否会结合客户的检查表，每年至少进行 1 次内部评估
11.5	对客户以及部门内部关注的问题，质量部门是否会审核、处理并用文件记录在案
11.6	是否有适用于评估范围规定的各流程的持续改进计划

表 9.1 中的每一行都是一个专业度很强的门类，甚至因此，在数字化时代，SQE 工作的数字化将更加重视结果的结构化并取数 KPI。

供应商质量管理是一个体系化生态链：供应商审核→审核通过→零部件承认（认证）→承认通过→不良问题 8D 处理→形成体系化问题库，生态链上的每个模块不孤立存在，企业必须遵循该流程的先后顺序，不能跳跃流程，不能把未经认可的零部件流入生产线。未经认可的零部件一旦流入生产线，代表该企业对零部件质量的管控非常弱。流入生产线的不良零部件再流入客户端，将产生极大的恶劣影响。

2. 数字化时代的供应商质量

企业的 SQE 是面对供应商的技术、管理的多面手，经常和供应商斗智斗勇，也有供应商采取“逃跑”的方式，试图把不良品流到客户生产线上。供应商的想法是：即使是不良零部件，也不会 100% 在客户的生产线上出现成品质量问题。所以，当不良零部件“逃跑”到生产线上后，即使被发现，客户也不可能把装好的整机全部拆掉，通常情况下会放行。这样不良零部件就会大部分被客户接受，只报废了少部分，比全部报废好多了。

数字化时代，将让这些不正规的做法无处藏匿。因为在数字化平台的帮助下，再也无法签放行单了。数字化平台强控技术人员若签放行单，就要提供尺寸链计算，以证明该尺寸不影响产品性能。尺寸链计算是极其复杂的事，技术人员为了不给自己找麻烦，必然不签字放行了。

这种强控的方式在生产件批准程序（Production Part Approval Process，PPAP）

结构化开发中得到了实现。下面是一个先进企业的实践例子，实现了强控尺寸链计算，是制造业唯一做到位的零部件承认的彻底结构化，不是仅仅上传文档。

一份典型的样品承认报告（PPAP 的简化版），包含封面、全尺寸报告、制程能力指数、材质证明、物性表、绿色产品检测报告、绿色产品承诺书、工艺作业指导书、会签样品信息、试装合格信息、包装运输规范、性能测试报告、零部件控制计划、系统达成一键生成样品承认书。把样品承认结构化，该报告的每一页都要在系统中实现结构化，最后整份报告是以报表输出的方式来达成的。

封面有结构化的要求，样品承认书封面如图 9.1 所示。

样品承认书

量产零件样品标签			
型号		日期	
图号		图号版本	
料号			
变更单号		样品承认	□是 □否
技术/研发		工艺	
质量		生产	

No.：________________

零件名称：________________

零件号：________________

生产者：________________

送样日期：________________

结论　通过或限量允收待限时整改到位

技术/研发部__________　质量部__________

工艺部__________　采购部__________

生产部__________

图 9.1　样品承认书封面

1）报告结论是通过或限量允收待限时整改到位。该结论传递到入料，用于判断是否可以入料，非限量允收和非通过的不能入料。限时整改到位需要在软件里设定时间，允许改动一次。

2）软件开发成封面上有各个部门签字的样品图片，鼠标放置到图片上，转动鼠标滚轮可以缩放大小查看细节。

3）样品承认书签字方是技术 / 研发部人员、工艺部人员、生产部人员、质量部人员、采购部的工程师，不需要主管签字。只有在工程师不愿意承担责任时，才让主管签字。

4）软件区分外购零部件和自制零部件，外购签字方是技术 / 研发部人员、质量部人员、采购部人员；自制签字方是技术 / 研发、工艺部、生产部、质量部。

全尺寸报告也有结构化的要求，全尺寸报告模板见表 9.2。

1）把模板固化在系统中，需要仔细研究模板的逻辑关系。

2）从图纸上抓取所有尺寸信息，尺寸有位置编码，含公差自动生成，允许一定程度的手工改动，改动由技术 / 研发人员来执行。

3）图纸技术要求同样抓取，能够抓取进入全尺寸报告最好。若不能实现，那么另外生成一张表单。

4）在结构化后的全尺寸报告中，非关键尺寸超差若单击可接受，需要提交试装报告和尺寸链分析，联动到后端控制计划中是放公差之后的控制要求，无须更新图纸。注意：想要从前端数据一路打通到后端质控计划是不现实的，绕过实物零部件的情况，从图纸上抠出控制点是伪控制。如何让实物零部件的超差尺寸和理论尺寸产生关联是难点。难点不解除，不能从图纸开始做样品承认，只能以控制计划为起点。

5）放宽公差的非关键尺寸默认进入量产零部件控制计划的第一版本中。

6）关键尺寸若不合格，需要软件设定不能放公差。如果都已经是关键尺寸了，还能放宽公差，那么证明不是关键尺寸，除非技术 / 研发人员更新图纸。

7）在系统中有基本的确认按钮，有检验员、质量审核员、尺寸确认员，尺寸是否允收由研发 / 技术人员来确认。

8）图纸尺寸必须只有关键尺寸和非关键尺寸，不再标注检验尺寸（标注检验尺寸是定制化产品的做法），以免顾问把图纸检验尺寸当成质控计划中的检验尺寸。

9）全尺寸必须默认 5 套样品零件，不得缩水，否则报告无法完成。

该结构化的模板必须在系统中结构化，不能把数字化项目做成一个上传文档的工具。

表 9.2　全尺寸报告模板

产品型号：	样品承认单号：
零件名称：	材料：
零件料号：	颜色：
厂家：	日期：

测量工具：

卡尺	厚度规	量块
千分尺	高度规	通止规
投影仪	千分表	显微镜
销规	卷尺	三坐标

发放

技术	
质量	
采购	
厂家	

输入　　低　　高　　如果标准差大于总公差带的 50%，显示红色

序号	尺寸位置	实际位置	量具编码	穴号	基本尺寸	+ 偏差	− 偏差	+ 极限	− 极限		样品 1	样品 2	样品 3	样品 4	样品 5	平均值	状态	标准差	接收	备注
1	T3	T3	C	1	10	0.1	0.1	10.1	9.9		10.000	10.020	9.980	10.040	9.920	9.99	OK	0.041		
								0	0							0.00		0.000		
								0	0							0.00		0.000		
								0	0							0.00		0.000		
								0	0							0.00		0.000		
								0	0							0.00		0.000		
								0	0							0.00		0.000		
								0	0							0.00		0.000		
								0	0							0.00		0.000		
								0	0							0.00		0.000		
								0	0							0.00		0.000		

发布：　　　　审查：　　　　批准：

在很多不开展样品承认工作的企业中，研发部会随意提数字化要求，因为他们实在不知道自己想在数字化项目中提升什么，上级又催得紧，于是赶紧想一个出来交差，只好提出了要把图纸上所有信息提取出来，传递到后端。这样也可以说研发的技术信息往后传递了，研发的任务就完成了。至于数据源出来之后要往哪里跑，此时研发人员会说已经不是研发范畴的事情了，这是信息部和工厂端要考虑的事情。若此时后端要执行样品承认这个流程，数据一路贯通到形成质控计划，那是管用的。若此时后端不执行样品承认，那么提取出来的最大的价值，仅在于质量部做尺寸检验的时候不用对着图纸手动输入尺寸表，往后的传递链条是断裂的。投资几百万元达成这个功能，收益到底在哪里呢？所以各个部门在执行提交数字化需求的时候，要充分考虑这个数据从哪里来到哪里去。就算没有数字化项目，这也是基本的工业逻辑常识。

制程能力指数结构化要求的全尺寸报告模板见表 9.3。

表 9.3 制程能力指数结构化要求的全尺寸报告模板

Caliper（卡尺）C	Thickness Gauge（厚度规）T	Gauge Block（量块）B
Micrometer（千分尺）M	Height Gauge（高度规）H	Go. No-Go（通止规）G
Opto-Comparator（投影仪）O	Dial Indicator（千分表）D	Microscope（显微镜）S
Pin Gauge（销规）P	Flexible Rule（卷尺）F	CMM（三坐标）E

测量设备	C												
公差类型	1	1	1	1	1	1							
维度类型	线性的												
尺寸序号	1	2	3	4	5	6	7	8	9	10	11	12	13
标称	10.000												
上偏差	0.100												
下偏差	0.100												
上极限	10.100	0.000	0.000	0.000	0.000	0.000							
下极限	9.900	0.000	0.000	0.000	0.000	0.000							
1	9.9900												
2	10.0000												
3	10.0100												
4	10.0200												
5	9.9900												
6	9.9900												
7	9.9900												
8	9.9900												

（续）

尺寸序号	1	2	3	4	5	6	7	8	9	10	11	12	13
9	9.9900												
10	10.0500												
11	9.9800												
12	9.9900												
13	9.9700												
14	10.0100												
15	10.0300												
16	10.0300												
17	10.0300												
18	10.0300												
19	10.0200												
20	10.0200												
21	10.0200												
22	10.0200												
23	10.0200												
24	10.0500												
25	9.9800												
26	9.9900												
27	9.9900												
28	9.9700												
29	10.0100												
30	10.0200												
31	10.0300												
32	10.0400												
平均值	10.0084												
最小值	9.9700												
最大值	10.0500												
极差	0.0800												
样本量	32												
目标 CPK	1.3	1.3	1.3	1.3	1.3	1.3	1.3	1.3	1.3	1.3	1.3	1.3	1.3
实际 CPK	1.3684												

1）利用现成质量模块中的制程能力指数（Complex Process Capability，CPK）模块来计算制程能力指数。

2）抓取图纸上的关键尺寸来计算制程能力指数。

3）行业中的标杆企业及质量技能管理均要求关键尺寸做制程能力指数来衡量该特征的稳定性，为避免推行样品承认被质量部缩水成可选，可选必须有制约机制，不能变成全部不选择，故在系统中要实现关键尺寸默认抓取。若要减少数量，就要提交技术 / 研发人员允许的证据，否则不得减少，做制程能力指数是为了把质量检查升级成质量保证。

4）计算 CPK 所需的样品零件数量默认是 32，若实在想减少数量，最多减少到 25 模，软件设定不能少于 25 模。

5）尺寸在公差范围内，但是 CPK 小于 1.33，理论上就是 CPK 不合格，即制程不稳定，但是研发 / 技术人员由于项目进度要求，可以暂时限量允收，只是在释放后的样品承认书上要有显著标识：限量允收，待整改到位。软件强管控需要限期整改到位，倒逼提升制程的稳定性。

材质证明的结构化要求如下。

1）以图片形式上传，输入图纸规定的材质、实际使用的材质。若有不一致同时还不想改图纸，那么可提交材质的等效证明，通过软件强制管控。

2）不仅是两种材质的等效证明，软件还需要强制输入以下缺一不可的信息：2.1. 该新材料的功能验证合格报告；2.2. 理论材料的功能验证合格报告；2.3. 两种材料的功能验证对比报告和结论；2.4. 签审到总工的材料可替代证明。

3）有多种替代材料需要提交各自的证明。

物性表的结构化要求如下。

1）以图片形式上传，若是替代材料，提交替代材料的物性表。

2）针对塑料材料，软件强制要求输入厂家牌号、该牌号对应的缩水率、熔融指数，因为后续量产模具的型腔大小和成型难易度由两者决定。

3）想要更换原材料，软件驱动生成工程变更，杜绝随意更换原材料。

绿色产品检测报告的结构化要求：以图片形式上传，上传该物料对应材质的绿色产品检测报告。若是替代物料，那么输入替代物料的检测报告（替代物料已经在材质证明模块中输入）。

工艺指导书的嵌入：以物料、焊接组件、铆接组件的料号为出发点来调取结构化的工艺作业指导书。

会签样品信息有结构化的要求，零部件签样单模板，如图 9.2 所示。

1）软件控制需要上传已由技术 / 研发部人员、质量部人员、工艺部人员、生产部人员签字的样品照片。

2）工程变更的样品关联工程变更单号，新产品的样品联动试跑单号。试跑单号来自新产品开发的新品试跑。

3）样品有效期 1 年。

4）有内部的小签审流程来保证签样单完成。

5）样品库位号联动现场的样品柜子，可以迅速找寻到封样。

试装合格信息有结构化的需求，零部件试装报告模板如图 9.3 所示。

零部件签样单			REV：01
样品类型	□首次量产样品 试跑单号：______	□工程变更样品 变更单号：______	□常态轮换样品
签样日期			
样品到期日			
样品柜库位号			
签样人员	技术部：______	工艺部：______	质量部：______
样品保管人联系方式			
签样图			
说明：签样仅对上图样品负责，后续量产期间需要确保零部件和样品一致。			

量产零件样品标签			
型号		日期	
图号		图号版本	
料号			
变更单号		样品承认	□是 □否
技术 / 研发部		工艺部	
质量部		生产部	

图 9.2　零部件签样单模板

零部件试装报告 编号：			
样品类型	□首次量产样品 试跑单号：______	□工程变更样品 试跑单号：______	□常态轮换样品
确认	□自制件 工艺部：	□采购件 采购部：	
试装人员	□合格 □不合格 试装人：______		
试装问题记录（如有则记录）：			
试装图			

图 9.3　零部件试装报告模板

1）工程变更的样品试装关联工程变更单号，新产品的样品试装联动试跑单号，试跑单号来自新产品开发的新品试跑。

2）试装人是技术 / 研发部人员。

包装运输规范有结构化的要求，零部件包装运输规范模板如图 9.4 所示。

零部件包装运输规范　编号：			
样品类型	□首次量产样品	□工程变更样品	□常态轮换样品
	试跑单号：________	试跑单号：________	
确认	□自制件	□采购件	
	工艺部：	采购部：	
包装图			

图 9.4　零部件包装运输规范模板

性能测试报告的结构化：按技术 / 研发的模板样式开发进入数字化平台。

零部件质控计划有结构化的要求，零部件质控计划模板如图 9.5 所示。

料号		描述	
物料等级		产品型号	
版本			
序号	技术规范	测量工具	抽样方案
图示详细要求			
工艺工程师		质量工程师	
研发工程师		生产主管	

图 9.5　零部件质控计划模板

注：第一版本的质控计划同审核计划。

1）前述事务完成后，软件驱动线下会议，召开样品承认会议，会议上商讨定案零部件质控计划。

2）质控计划的更新基于量产后的第一版本，经过长期＋量产数量追踪实际控制状态，再更新版本。

3）在零部件结构工艺性评审中，理论上已经鉴定到哪些特征需要快速检具（迅速检查出产品是否合格的工具），快速检具可以自动带入质控计划中，若先前没有考虑到快速检具，软件设定质控计划没有完成，驱动快速检具完成后，再次创建质控计划鉴定会议。

4）质控计划是样品承认书的最后一页，只有在质控计划完成后，才能生成完整的样品承认书，软件需要控制。

5）质控计划的模板按照质量部的质控计划模板来开发。

一键生成样品承认书的结构化要求如下。

1）完成后的样品承认书，软件自动发给承认书中涉及的人员。零部件分ABC重要度等级，等级在研发PLM端已经分级完成。A类零部件抄送到总经理、总工、部门经理、主管；B类零部件抄送到总工、部门经理、主管；C类零部件抄送到部门经理、主管。

2）被抄送的各级领导在审核成品文稿时有异议，经双方沟通确实有问题的，软件可以单击更新样品承认书，再次签审，完成新的循环。

3）自制零部件生产时需要在系统里查询该零部件是否有样品承认书。A类零部件在量产前需要完成，若没有，不得量产；B、C类零部件在量产后半年或一年若还是没有样品承认书，不得量产。每家企业的时间上可能不一样，需要定义清楚。

4）关联到PLM端，在交付时刻必须检视样品承认是否按规则完成，否则释放量产交付节点不通过。

在数字化平台可有效管理零部件承认，不会发生随意签放行单的现象，达成了零部件的极大稳定性，确保了后续量产的零部件质量和释放量产时刻是一致的。零部件的稳定性得到了极大的提高，即使后续再出现异常，也可以在一个有规则的前提下反向追溯到问题根源。

这方面做得优秀的企业，在自身的供应商管理模块中，把零部件承认后的封样都用数字化平台管理起来了，该零部件即使在本年度没有任何设计变更，系统平台也会按设定的更新频率驱动更新样品，重新做一遍零部件承认，以确保零部件状态时刻可控，控制范围不偏移。

3. 供应商质量的负责方

供应商质量的年度评估的主责方是企业的质量部，由企业质量部门下辖SQE

职能部门具体执行。

4. 供应商质量的年度总体目标

没有因供应商零部件不良导致的生产线停产，因供应商零部件不良导致的转嫁费用有逐年降低的趋势。趋势目标根据历史数据由企业自行定义。

5. 供应商质量的年度数字化评估

（1）供应商承认评定

1 分评定：企业有供应商质量管理政策，有供应商认可流程，审核通过的供应商清单已经归档。

2 分评定：知晓供应商审核中的橙色代表待改进、红色代表不合格，审核出来的关键问题有相应的改进行动。

3 分评定：企业高层传递供应商审核优先级的需求给采购管理部门，高风险供应商优先审核。

4 分评定：供应商质量审核有效管理。企业负责产品质量的人员在供应商审核专员的领导下，参与了供应商审核。

5 分评定：关键零部件的供应商在过去 12 个月中审核结果是绿色的，代表合格。对于不合格和待改进的供应商，企业要么给供应商制订改进计划，要么开发新供应商。

（2）供应商改进评定

1 分评定：供应商管理工程师通过了 8D 方法的培训。有记录不合格品的归档流程，工厂已经开始和供应商一起实践问题预防法。有特定的流程来验证 8D 结束。

2 分评定：供应商管理工程师精通问题预防法。供应商 8D 报告充分应用了问题预防法。在快速响应会议中讨论了 8D 报告。

3 分评定：被重点关注的供应商培训过 8D。SQE 主导了供应商问题的解决。SQE 管理一个专门针对供应商 8D 的快速响应系统，有看板显示未结束的 8D 状态和行动计划。

4 分评定：工厂和被重点关注的供应商使用问题预防方法。80% 的问题通过体系化的问题根源分析，给出了防止再发生措施。

5 分评定：至少每年检查 1 次 8D 分析过的问题会不会因系统上的缺失，导致重复发生。被 8D 分析过的不合格情况不会再发生。

（3）零部件承认 PPAP 评定

1 分评定：SQE 培训完成了零部件承认计划。有已经完成的 PPAP 清单。当供应商生产线转移，有证据显示工厂已经完成了转移后的产品的 PPAP。

2 分评定：工厂技术部给出了需要完成零部件承认的清单。各种零部件所需的各种检测方法，工厂都有相应的检验能力。

3 分评定：工厂定义了 PPAP 优先级范围，由于质量问题的解决而升级了 PPAP。PPAP 的流程由 IT 工作流工具来支撑，软件驱动常态化地检讨报告。PPAP 的签审和承认存储在系统中。

4 分评定：所有新的关键零部件都有 PPAP 报告。除了关键零部件，多次发生不良的非关键零部件都有 PPAP 报告。监控和改善 PPAP 的效果。对不合格品重新进行 PFMEA 检查。

5 分评定：所有关键零部件 100% 部署了 PPAP。有证据显示为避免质量风险，PPAP 有常态化更新（年度更新）。

（4）内外部每百万件产品的不良率评定

1 分评定：SQE 培训了供应商能力衡量标准。不合格品需要追踪到生产线、入料检、客户方面的问题，格式包含发生日期、问题描述、影响、供应商名称、问题根源。针对重要供应商，每月要检讨追踪数据。

2 分评定：不良率需要按月统计和汇报，通知到供应商。行动计划确定了对不良率影响最大的 5 家供应商。

3 分评定：有过去 6 个月的持续改善趋势。总经理检查了影响较大的 3 ～ 5 家供应商，以确保供应商的改善行动真实有效。采购人员、质量人员、供应链人员每月开会检讨外部不良率。前 3 ～ 5 家供应商必须有质量目标。

4 分评定：持续改善趋势优于 6 个月内的目标。

5 分评定：持续改善趋势优于 12 个月内的目标。过去 12 个月没有因供应商问题导致的客户投诉或业务受损。和供应商一起开展了最佳实践。

6. 如何在“供应商质量”的年度数字化评估要求中找到数字化平台中的取数规则

1）从供应商承认维度：供应商线下审核是极其复杂的事务，把复杂事务结构化并发入系统中意义不大，因此供应商审核工程师把前述分项审核项目结果手动输入系统。这是一个在线手工过程，也是必需的。在系统中输入后，由于计算公式已经在软件后台设定完成，软件自动评定该供应商是绿色、橙色还是红色。在系统里抓取供应商合格率，供应商合格率 = 当前时刻系统中绿色供应商总数 / 当前时刻供应商总数 ×100%，待改善率 = 当前时刻系统中橙色供应商总数 / 当前时刻供应商总数 ×100%，不合格率 = 当前时刻系统中红色供应商总数 / 当前时刻供应商总数 ×100%。目标值根据历史数据由企业管理层设定。基于已经建好的数据，软件常态化地驱动工程师进行橙色和红色供应商改进，到年底可以看到合格率上升的趋势。

2）从供应商改进维度：8D 报告的模板可以开发进数字化平台，仅仅实现这个模板功能，属于停留在在线手工阶段。我们需要基于 8D 报告，生成问题库。问题库通过供应商管理平台，发送至供应商。供应商得到和客户一样的历史问题记录，常态化地展示在出问题的工位上，以警示操作人员不要有同样的错误。供应商的巡检常态化地传输现场警示照片进入平台，供客户 SQE 远程检查。在数字化平台中可以取的指标是历史问题警示率，历史问题警示率 = 当前时刻通过供应商平台传递给供应商的历史问题得到了供应商周期性的反馈照片的数量 / 总计应反馈的数量 ×100%。

3）从零部件承认维度：PPAP 的完整覆盖率是 KPI。PPAP 的完整覆盖率 = 当前时刻已经完成零部件承认的数量 / 总计需要完成零部件承认的数量 ×100%。每月放行单的减少率 =（上月签的让步放行单数量 – 当月签的让步放行单数量）/ 上月签的让步放行单数量 ×100%，目标是 100%。

4）从内外部每百万件产品的不良率维度：参考年度评估 3 分的标准，不良率由软件统计，统计的数据既可以手动输入（不建议），又可以由机器自动输入，也可以由安灯输入。手动输入需要输入人员诚实可靠。软件平台以 6 个月为一个周期展示不良率，若期间有不良率上升，软件自动发出警示给相关部门，同时体现在数字化驾驶舱中。不良率下降的目标值，由企业根据历史数据自行设定。

供应商管理最经典的核心事务是零部件承认。零部件稳定了，客户生产端也就稳定了。一旦零部件出现问题，企业管理层就会设定各种指标来驱动改正，没有哪个员工喜欢这种指标。在数字化时代，用好数字化平台这个工具，更好地达成零部件稳定，是刻不容缓的事情。

这个重要的事情，必须由 SQE 去开展。作者严肃地向广大企业呼吁，设置正规的 SQE 职位，开展专业和管理严格的供应商质量业务，是一本万利的投资行为，不要等到出了一次又一次零部件质量事故，花费了大量金钱去善后，才想到 SQE 的重要性，现在就开始行动吧。

第二节　零部件交付管理

1. 零部件交付管理概述

在本章第一节，通过供应商管理，达成了零部件的合格。零部件合格之后，自然是要高效交付到工厂。这就涉及零部件如何高效交付到工厂这个主题。本节和第七章第二节的在制品管理是配合章节，不管供应商有没有备货在制品，都要把零部件高效地制造出来并高效地交付到工厂。

零部件交付管理确保了物料的及时采购供给，确保了企业可以与行业内的其他竞争对手进行价值流程的竞争。高效的零部件交付是整个价值流程的前端环节，客户的交期是一定的，在客户规定的交期内，缩短工厂对外购买零部件的交期，留给工厂内部生产和发货的时间自然增长，那么工厂的灵活程度就可以提升，供货压力明显减小，企业的员工满意度上升。

工厂需要定义供应商的等级，通常分三种。

1）关键级供应商：这些供应商的特征是生产全球独家的零部件、工厂在国外、交期长等，该类供应商要通过持续改善占到供应商总数的 1% 以下。

2）监管级供应商：该类供应商，企业通常要重点关注其是否可以按时交货，要通过持续改善占到供应商总数的 8% ～ 9%。

3）常规级供应商：通常物料的供应商，比如铜排、喷塑、标准件、线缆等的供应商，占到供应商总数的 88% ～ 90%。

存在于系统中的供货合同定义了价格、交期、最小起订量。工厂领导了供应商的各种供应链改善项目，最终优化了供货合同定义的价格、交期、最小起订量、包装费用等。

从供应商处发货至客户工厂的物流条款是供应链改善的重要部分，尤其要识别出空运快递，作为不可控项，进行重点改善。

供应商处的质量主管通过了客户企业对其要求的 8D 培训。针对零部件质量原因导致的缺料，供应商使用 8D 报告解决影响最大的问题；针对不可控制因素导致的缺料，客户工厂和供应商一起把影响降到最低。

2. 数字化时代的零部件交付管理

数字化时代的采购管理平台可以瞬时把采购订单发送给供应商，供应商发出货之后，还可以追踪运输过程。某些先进的平台，还可以借助 AR 实时查看到订单在供应商处的生产过程，整个过程都是全追踪、全透明的。比如现在的新能源汽车交付，消费者就可以看到自己的车在工厂内的生产情况及所处交付节点。

消费领域的过程追踪已经相当完善，但工业制造领域的过程追踪还不够。工业制造领域的零件制造过程在数字化时代仍然要追求全过程掌控，掌控不局限于可以看得到，还要在看不到的地方洞察运作规则。因为即使你可以看到全过程，也不代表零部件可以按时交付到工厂。所以在数字化平台中，设定按时交付率是重点。基于系统中设定的按时交付率目标，以数字化平台来推动线下和线上的持续改进。

3. 零部件交付管理的负责方

零部件交付管理的年度评估的主要责任部门是供应链部门，第二责任部门是采购部。

4. 零部件交付管理的年度总体目标

所有零部件都按时交付到客户工厂，没有因缺料导致的不良费用转嫁给供应商。

5. 零部件交付管理的年度数字化评估

（1）采购订单管理评定

1 分评定：采购订单流程受控，已经完成供应商信息和产品信息维护，并且是最新的。基于流程来更新供货合同。采购订单签审流程清晰可见。

2 分评定：评估了补单对生产可行性的影响。基于供应商信息，供应商的补单和重新排程每日录入系统中。采购订单跟踪到位，有证据显示关键 / 监管级供应商流程的改进以减少补单。

3 分评定：基于库存和供应商交期，有流程自动把采购需求转化为采购订单。标准化工厂有 75% 以上的采购订单是自动生成的，定制化工厂有 45% 以上的采购订单是自动生成的。以周为单位追踪延期订单，有改善行动以消除延期。

4 分评定：标准化工厂有 90% 以上的采购订单是自动生成的，定制化工厂有 75% 以上的采购订单是自动生成的。

5 分评定：标准化工厂的自动化采购订单的误差率小于 1%，定制化工厂有 90% 以上的采购订单是自动生成的。

（2）快递运输管理评定

1 分评定：物流部门识别了合同里的快递运输方式，按计划商讨了运输方式的合理性。

2 分评定：万一发生缺料报警，基于规则，可以采用空运。

3 分评定：有专门的分析工具来辅助选择最优的运输方式。某些关键物料可以设定为空运方式，有空运物料的比例目标值。空运的效果是真实有效的，即有明确的数据证据展示了空运大幅缩短了客户交期或紧急情况下避免了延后客户交期。

4 分评定：每月追踪快递费用，显示了逐年的改善优化。

5 分评定：每月追踪快递费用，显示了过去 12 个月有持续优化。

（3）缺料管理评定

1 分评定：跟踪入料发票数量的差异。与供应商一起对订单缺料和预期缺料实施有效的管理流程。

2 分评定：发票数量不符的改正行动必须在一个月内执行完毕。持续追踪采购订单缺料和预期缺料。

3 分评定：有缺料的根源问题分析柏拉图，改善行动分享给客户工厂和供应商。识别了重复采购缺料。市场原因导致的缺料要清楚地识别出来并给予有效的改善。

4 分评定：针对市场造成的缺料，建立了一套管理制度。在过去 12 个月中消除了非市场原因导致的缺料。

5 分评定：过去 18 个月中消除了非市场原因导致的缺料，根源分析和行动计划完全一致，效果良好。

（4）零部件按时交付评定

1 分评定：按月追踪和记录按时交付率，以符合企业的目标。工厂管理层知道监管级供应商和关键级供应商。每月和监管级供应商、关键级供应商沟通交付数据。

2 分评定：基于标准，每月要识别出对交付零部件有较大隐患的供应商进行辅导，工厂总经理知道该类供应商清单。供应链主管和采购部门一起主导了监管级供应商、关键级供应商的供应链改善项目。

3 分评定：按时交付率显示了持续改善的趋势，好于过去 6 个月的目标。过去一年度中，供应链主管领导并完成了一些关键供应商特定的供应链改善项目。定义了改善目标并分享给采购部。

4 分评定：实际的供应商交期评估 VS 合同交期。提前交货不是缩短交货周期的好办法，需要实行 JIT。按时交付率的持续改善趋势好于过去 6 个月的目标。有证据显示工厂有显著的库存降低，此改善匹配了部署在供应商端的供应链改善项目。供应链改善项目覆盖了所有关键级供应商。

5 分评定：按时交付率的持续改善趋势好于过去 12 个月的目标。供应链改善项目覆盖了所有关键级供应商和监管级供应商。过去 12 个月的库存降低显示了持续改善的供应商处的供应链改善项目的执行效果。减产与任何形式的供应链中断无关。

6. 如何在“零部件交付管理”的年度数字化评估要求中找到数字化平台中的取数规则

1）从采购订单管理维度：以订单自动化率为 KPI，订单自动化率 = 现有 ERP 平台里抓取当前时刻自动生成的采购订单的数量 / 当前时刻所有采购订单数量 ×

100%，前提是采购需求已经输入 ERP 中。采购需求和销售预测相关联，本章第三节讲的销售预测是手动输入的，以该信息为源头，可以通过计算规则转换成自动采购订单的数量，企业在实施数字化转型项目的时候要有这个意识。

2）从快递运输管理维度：在供应链平台中设定快递费用的年度优化比例，年度降低率是 KPI，快递费用的年度降低率 =（上一年度所有快递费 – 当年度所有快递费）/ 上一年度所有快递费 ×100%，需要看到有下降的趋势，目标值基于企业历史数据自行设定。高价格运输的比例是子项，例如选定空运后，即展示空运费的年度降低率。

3）从缺料管理维度：缺料是已经造成了的事实，追查该事实背后的真相极其烦琐，人因占比多，灵活性大，没有固定的导致缺料的规则。所以，要在供应链平台中输入缺料导致的客户金钱损失，损失会转嫁给供应商。设定缺料损失降低率是 KPI，缺料损失率 =（上一年度的缺料损失 – 本年度缺料损失）/ 上一年度缺料损失 ×100%，目标值由企业根据历史数据自行设定。

4）从零部件按时交付率维度：在供应链管理平台中，可以实现各等级的供应商零部件的按时交付率，只要在软件平台中把线下的取数规则固化即可。供应商零件的按时交付率 = 软件取数按时交货的订单行数 / 总订单行数（以 6 个月为一个计算周期）×100%。按时交付率数据天然准确，因为双方都要根据订单行数来付款和收款，没有按时交货，自然没有金钱往来。

本节讲了在数字化时代，零部件获得承认后，如何高效交付到工厂。这里的前提是零部件入料检验都是合格的。若不合格的零部件迅速地被退回，合格的零部件迅速送至工厂，没超过截止收货时间，按时收货率当然还是合格的。这就涉及本节讲的零部件按时交付评定中的 4 分评定：提前送料并不是缩短交期的好办法。这恰恰证明了之前的交期有水分，工厂和供应商追求的是 JIT 送料。

第三节　成品交付管理

1. 成品交付管理概述

零部件交付到工厂，在工厂内完成产品的高效制造，下一步自然就是把成品发货到客户端。这就涉及成品如何高效交付到客户这个主题。

成品交付管理是指针对客户的强制要求如按时交货，企业必须基于客户的真实需求推行拉动生产体系，而不是推动生产体系。

成品交付管理聚焦如何减少客户需求波动，改善按时交货，缩短生产周期，最终改善客户体验。

理想的拉动生产目标是成品一旦完成，立即出货给客户，实际上这并无法达成。作者建议践行工程思维，即从理想目标退一步，找到可以实现的那一步，因为理想目标很难实现。以装备制造为例，要达成产成品必须在两周之内发货，以提升现金周转率，就必须要求前端市场部知道准确的客户需求日，不能在工厂生产完成后又临时通知暂停发货，厂内计划也不能下提前生产单。再次强调要拉动生产而非推动生产。

产品发货后，物流流向图要填写完整，类似网购物品的物流追踪。

所有传递到外部客户的流向要有物流方案 / 协议，包含物理订单流程（包装、运输、运输大小）和行政性订单流程（国际贸易、交期、排程、海关）。

关键术语的解释如下。

1）按期交付（On Time Delivery，OTD）。

2）延期交货：没有满足客户订单或承诺。延期交货（超过承诺日期）反映了库存不足无法满足需求。为每个延期交货划定了警戒线：① 1 ～ 7 天内解决；② 8 ～ 14 天内解决；③ 15 ～ 30 天内解决；④大于 30 天解决。工厂积极监控延期交货警戒线。

3）回归正常（Back To Normal，BTN）：什么时候清零延期订单，客户交货服务就回归正常。

4）重新排程数量（Number Of Reschedules，NOR）：发运时间二次承诺达成率。在一段时间内，重新确认发货时间的合同中，已发运合同数占重新确认的总合同数的比例。

5）延期交货警戒线（Backorder Line aging，BOL）：延期交货警戒线 = 当前日期 - 企业按时发货参考日期。延期交货警戒线是一个可视化展示延期交货情况的内部衡量方法。

6）警戒线：用于一次承诺，基于物流标准周期得出，不能满足客户需求发货日。

2. 数字化时代的成品交付管理

运用数字化手段，通常可以看到成品到出货至客户的运输过程。这个可视化是基本操作，我们要看到数字化的背后，仍然是本质的工业逻辑在运行。好的成品交付，不仅是按时交货给客户，还包含了验收异常应该如何处理、如何让客户均衡化地发出订单以便减少工厂内的波动、客户收货的体验是否足以支撑其成为长期客户等各类需要深耕的业务。数字化时代，必将以专门的数字化管理平台来承载这些业务，市场上的客户关系管理（Customer Relationship Management，

CRM）平台已经有了这些业务的雏形，企业在对实施商提出 CRM 需求时，不能仅仅是个监控交货至客户和商机录入的平台，还应有上面提到的功能。

3. 成品交付管理的负责方

成品交付管理的年度评估的主责方是供应链部门，第二责任方是销售部、生产部。

4. 成品交付管理的年度总体目标

所有的订单按照承诺给客户的交期，在截止日期前交付至客户并经客户验收合格，可以进入下一个回款流程。

5. 成品交付管理的年度数字化评估

（1）成品交付机制评定

1 分评定：每月追踪销售目的地，覆盖了 80% 的产品流向图。

2 分评定：物流协议定义清楚，匹配库存策略。

3 分评定：有流程处理产品如何使用和（或）物流相关的客户问题，对问题采取了纠正措施。

4 分评定：有证据显示主要销售区域的需求统计员和工厂计划部的人员充分沟通了订单需求量。

5 分评定：有证据显示有客户交货服务优化的方案。

（2）销售预测评定

1 分评定：80% 以上的营业额基于每月的销售预测和需求计划。

2 分评定：当没有销售预测时，工厂根据历史经验预告需求（如设计生产线时根据历史产量选取典型产品）。有弥补销售预测偏差的处理办法。

3 分评定：销售部每月要确定需求计划的可行性给到计划部、供应链计划人员。各部门一起检视需求精度。有证据显示和客户常态化沟通以获得均衡化的客户需求。

4 分评定：客户交付分析已经完成，已经采取行动以便逐年降低合同交付周期。

5 分评定：过去一年企业的合同交付时间在行业内属于标杆。

（3）客户体验评定

1 分评定：客户服务衡量标准已经定义，团队合作以便改善客户交期衡量标准。关键衡量标准张贴在信息交流板上，全厂可见。有证据显示了改善项目和改善行动。

2 分评定：常态化地分析客户服务的延期。可视化地追踪客户服务衡量现状和标准的差异。

3 分评定：工厂团队承诺并专注于改善客户体验。过去平均 6 个月的衡量指标满足了目标，张贴在信息交流板上，全厂可见。有证据显示客户服务的改进行动有效。

4 分评定：工厂团队聚焦于改善客户体验。有用于如何提升客户体验的知识积累，有客户体验提升改善行动，有可视化的客户体验，衡量指标，有充足的证据显示了改善行动的效果，有为客户服务的一对一窗口。

5 分评定：工厂团队聚焦于改善客户体验，使客户有明显的长期合作的意愿，没有同一问题的客户重复抱怨。

（4）按期交付评定

1 分评定：有按期交货的考核指标，自行定义了目标值。让步放行单每月不能超过 3 个。

2 分评定：改善 OTD，满足了目标值。任何发货订单延迟 15 天以上将触发红色警报流程，清零延期发货需要 30 天以上。让步放行单每月不能超过 2 个。

3 分评定：OTD 在 6 个月内持续向好，优于目标。延期大于 5 天的订单数量正在减少。二次承诺日期可得，重复排程的数量正在减少，无让步放行单。

4 分评定：OTD 在 6 个月内持续向好，优于目标。对于定制化产品，延期大于 15 天的订单数量占延迟总订单数量的比例小于 10%。

5 分评定：OTD 在 6 个月内持续向好，优于目标。对于定制化产品，延期大于 15 天的订单数量占延迟总订单数量的比例小于 5%。

6. 如何在“成品交付管理”的年度数字化评估要求中找到数字化平台中的取数规则

对客户来说，自然希望按时收到合格的产品，因此在数字化平台中设定核心的按时交付率指标是合理的。在数字化平台的取数规则是：基于在交货截止日期前这个约束条件，当前时刻客户已经验收合格的订单行数 / 在交货日期前应该交付给客户的订单行数。客户的验收合格记录要传回工厂，在系统平台中输入。在线手动输入的数据是准确的，因为客户验收后，下一步即进入回款流程，必然各方都谨慎。

针对厂内，订单的延期交货需要在数字化平台中设定规则，把本节简述的规则固化入平台即可，企业根据实际情况，可以自行定义规则。在成品下线就扫二维码记录时间后，系统中自动加上一定的天数，日期一到还未出货就会报警，有延期率这个 KPI。在已经入库的成品被记录了入库时间的约束条件下，延期率 = 当前时刻已经延期的成品订单行数 / 当前时刻成品库中总计订单行数 ×100%。

一些企业的销售预测不准，甚至体现在生产线设计上。由于预测被夸大，基于销售预测数量进行设计的生产线的产能也相对大，而实际产能很小，导致先进的生产线长期停产，浪费了大量资金。那么销售预测到底还要不要做呢？年度评估已经说明了需要，要有预测准确率来衡量，即使第一次给出的准确率极低，也不代表无用，而是应该持续寻找偏低的原因，坚持改进一段时间后，准确率就上升了。预测准确率以每个月为循环周期，以某个订单为牵引。预测准确率 = 计划部当月实际下达并完成的该订单中的数量 / 销售部分派给计划部当月应生产的该订单里的数量 ×100%。若生产周期长，无法在当月完成，可以以下达到生产部的数量为计数起点。把所有订单的准确率计算平均值，就是当前的总计准确率。

客户体验评定，线下的方式是主要的，因为主观因素太多，无法清晰定义规则。

成品交付给客户不能仅仅停留在“脱货求财”的低层次满足上，为企业的永续经营考虑，交货给客户是下一次合作的起点。在交货后，更好地开展后续服务才是产生客户黏性的好办法，不能仅仅靠前端市场部、销售部拉订单，要加上优秀的后端服务，才是一个完整的闭环。在数字化时代，企业要想清楚为实现满意的成品交付，客户所需要的内外部 KPI，各种 CRM 平台都可以轻松承载 KPI，在 CRM 平台的帮助下，促进良性循环。

以上三章是从供应链角度来阐述数字化平台中如何设定 KPI 取数规则。对于供应链，市面上已经有各种各样的平台。A 厂商把供应链边界扩大到研发，B 厂商把售后服务加入供应链模块，C 厂商把精益生产移出供应链，导致客户在数字化转型时不知道选取哪家厂商的数字化平台。以上三章告诉读者供应是围绕着直接价值最大的生产一线来供应的，不应把离生产一线很远的业务也划入供应链。企业在采购市场上的供应链平台时，关注本篇幅，就是关注了供应链的核心。数字化转型本来就要抓住核心，进而设定核心业务在数字化平台里的 KPI 取数规则。若选择的厂家是大而全的，切记剔除价值不大的软件模块，有限的资金要花在刀刃上。

Appendix 附　录

卓越工业平台

古语说“工欲善其事，必先利其器”，这个器，在我看来分两种：①实物工具；②方法论。一名高级工匠在有了实物“利器”后必然不会贸然下手，而是充分构思工作的前后顺序，思考从哪里下第一“刀”最合理，如何防止功亏一篑的错误发生等。这种三思而后行，谋定而后动的行为就是方法论这个“器”。在本书的结尾，展示作者持续自行开发的卓越工业平台主页面，如附图 1 所示。读者可以借鉴该逻辑开发适用于企业的平台。

附图 1　卓越工业平台主界面

完全自主知识产权的卓越工业平台用于卓越研发和制造，该平台用于技术管理，以便使技术管理达到用数据来衡量。该平台优势如下。

1）卓越工业平台（Apex Industrialization Platform，AIP）整合了客户关系管理、产品设计管理、制造运营管理，真正达成从接收订单到出货至客户的整个生命周期的数字化管理。整合企业运营全链条的卓越工业平台如附图 2 所示。

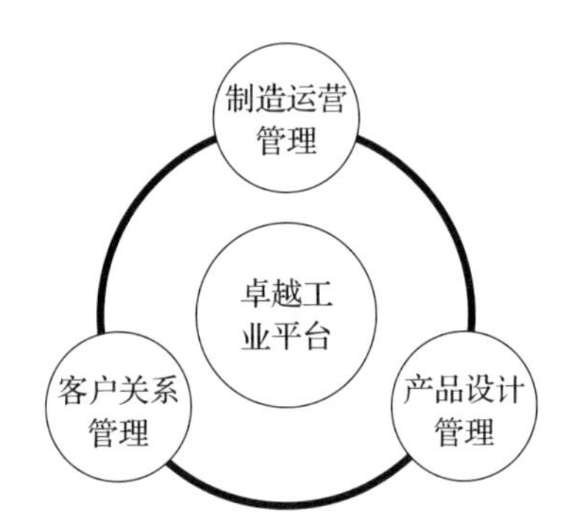

附图 2　整合企业运营全链条的卓越工业平台

2）使用数据库软件，底层数据同源、模块互联等。

3）在公共内网平台上统一管理，各级经理根据权限查看进度。最高层可以根据权限查看到最基层员工的工作状态，实现信息传递的扁平化。

4）制造行业内无此软件平台，暂时属于行业唯一，基本上只能内部自己开发。软件需求方必须有体系化的工业能力，才能提出软件达成的效果要求，否则无法开发，而市场上拥有体系化工业能力的人才极少。

5）践行数字中国战略。

6）该软件属于技能人才的工作互联，针对人的技能和管理。相比市场上的工业云，该平台更体现以人为本。技能人才本质上属于最高端“装备”。

7）内置学习模块：可在线学习评估效果，有专业的学习资料，有技术学习资料可以上传以共享，下载需要付出自身激励点数，自身激励点数由部门经理根据员工绩效发放电子激励点数。

该平台中的某些模块已经在其他章中展示，故不重复展示，如下是一些其他重要模块的展示。

1. 年度工业能力审核专家平台的优势

基于世界先进企业的年度工业能力审核方法和《智能制造能力成熟度模型》（GB/T 39116—2020），该软件模块打造了数字化的工业能力评价体系。年度工业能力审核专家平台如附图 3 所示。

1）践行 PDCA 流程，年度审核达成了检查要求。

2）以数字来衡量业务能力的高低，把导言中的国标 1 分 = 规划级（概念级）、2 分 = 规范级（基本级）、3 分 = 集成级（标准级）、4 分 = 优化级（高级）、5 分 = 引领级（专家级）和评估方法开发进了数字化平台，输入评估分数，即显示年度工业能力总分。

3）创建了具体的、科学的、可执行的审核条款。

4）以分项审核分和总计审核分来给予各级管理层年度绩效考核参考。

5）设定审核团队成员各自的权重以达成公平的最终审核结果。

6）卓越工业平台中的每一个模块产生的数据都可以被抓取到该模块进行计算。

2. 客户关系平台的优势

该客户关系平台属于短小精悍型 CRM，支持了销售额几十亿元的企业的市场开发。客户关系管理平台示意图如附图 4 所示。

1）各类商机录入，有效管理。

2）简单直接的商机查询。

3）投资分析。

4）高效管理市场人员。

5）基于数据分析取数各类 KPI，比如丢单率。

3. 产品全生命周期管理平台的优势

该产品生命周期管理平台属于短小精悍型 PLM，包含了设计信息管理（Product Data Management，PDM），支持了销售额几十亿元企业的研发。PLM 平台如附图 5 所示。

1）以简单直接的节点管理来驱动项目管理。

2）定制化设计所需研发资料的全方位陪伴，实现了基本的知识找人，无须在浩瀚的资料库里找知识，节约了大量设计时间。

3）有设计工程师能力鉴定图谱。

4）保护设计图纸不外传，配置水印设定并禁止截屏。

5）支持设计图纸一键传达至制造 MES 端。

6）在线签审、高效模糊查询、权限设定等。

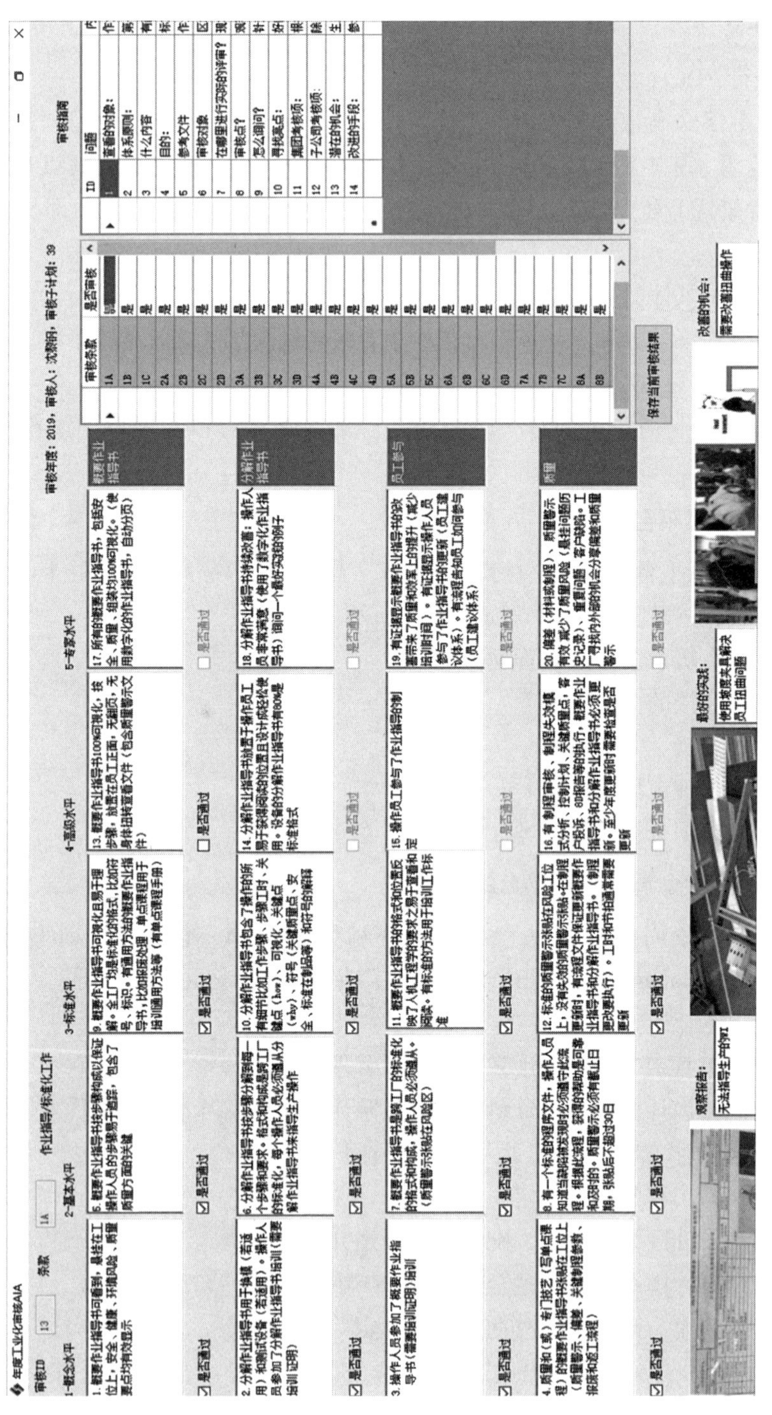

附图 3　年度工业能力审核专家平台

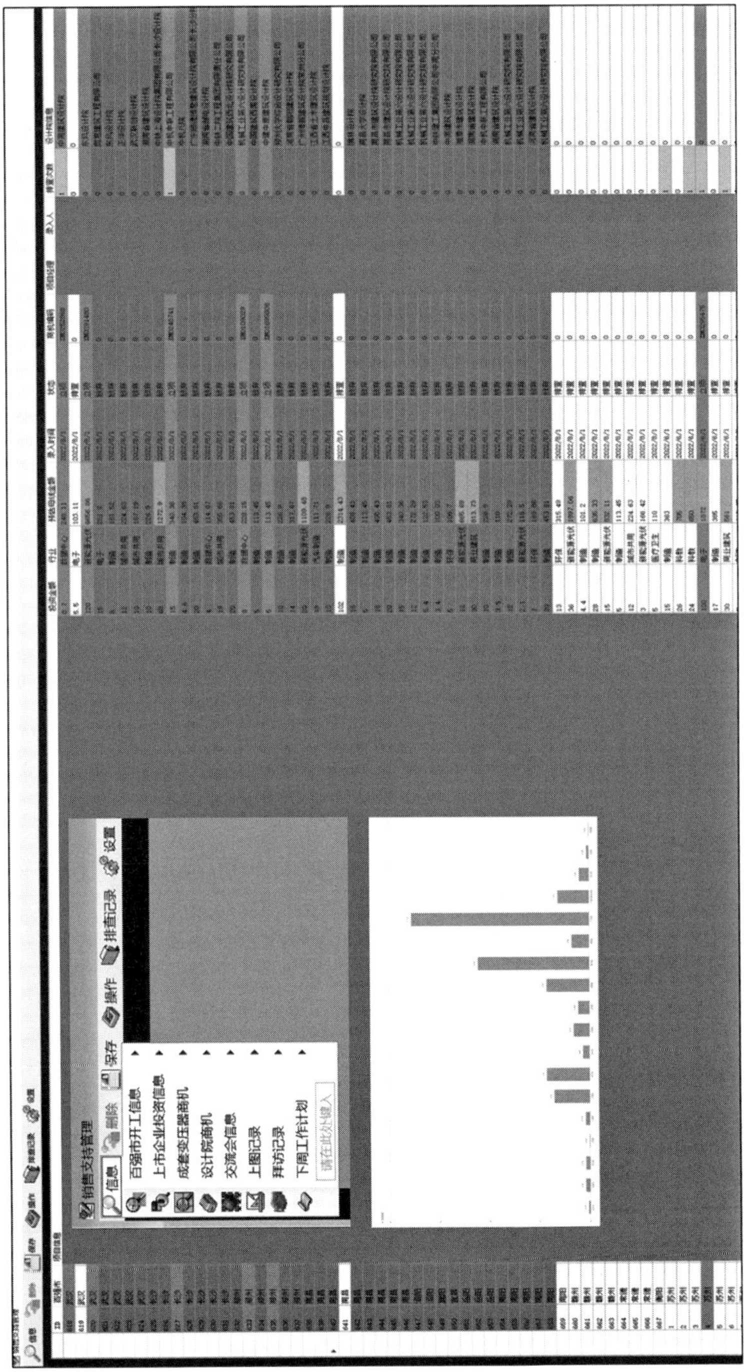

附图 4 客户关系管理平台示意图

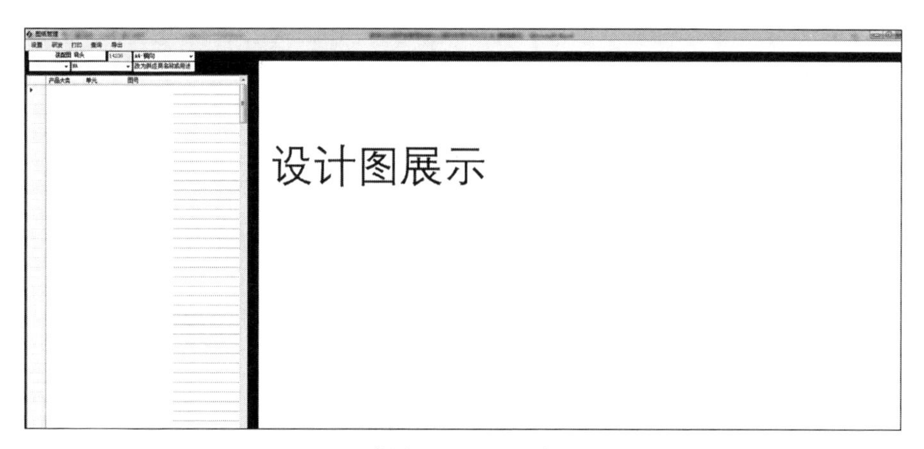

附图 5　PLM 平台

参考文献

［1］沈黎钢．数字化转型底层思维故事［M］．北京：企业管理出版社，2023．

［2］沈黎钢．变革的力量：制造业数字化转型实战［M］．北京：中国铁道出版社，2023．

［3］高德拉特．目标［M］．3版．齐若兰，译．北京：电子工业出版社，2012．

［4］周国元．麦肯锡结构化战略思维［M］．北京：人民邮电出版社，2021．

［5］卓弘毅．供应链管理［M］．北京：中国铁道出版社，2022．

［6］关田铁洪．精益落地之道［M］．北京：机械工业出版社，2018．

［7］伯乐M，伯乐F．金矿Ⅱ［M］．周健，刘健，译．北京：机械工业出版社，2015．

后　记

本书与作者的其他几本书形成了一个系列，该系列包含了制造业数字化转型的思辨篇、落地篇、衡量篇、约束篇、灯塔篇，本书定位为衡量篇，力求全方位阐述制造业数字化转型的真谛。

企业有干练高效有 KPI 衡量的业务流，业务流由运营体系来有效支撑，比如制造业的 TPS、SPS、MBS、DBS 等，即使没有数字化平台，仍然不影响它们几十年来霸屏世界 500 强和中国 500 强排行榜，究其原因，是优秀的管理制度保障各级员工都充分忠实执行一个运营体系，就算是一张朴素的 Excel 表格都可以有效执行优秀的管理思路。所以不见得没有数字化平台，这家企业就没有数字化转型成功。从业务的年度线下评估办法转换到如何在数字化平台中取数 KPI 规则，这是本书独一无二的核心竞争力，也是和同类图书最大的差异化竞争力。

有些喜欢刨根问底的读者在阅读了本书后，会再深入一层问道：这个线下的 1 ～ 5 分的评估表是怎么来的呢？那是作者经历了长期的制造业实践，结合第一性原理把制造业务拆分成多个核心业务模块，每个模块再拆分一层，形成的二维年度评估表。每一个评估分支基于跨部门层层递进，从制度到最佳实践路线等原则来建立。当然，二维表格的模式参考了《智能制造能力成熟度模型》，本书充分借鉴该方法并创造性地深度延伸。

如果读者所在的企业没有一个部门精通企业端到端的业务逻辑体系，而且在阅读了本书后还是没有自信可以自行设定年度评估模型，那么作者建议你的企业采购市场上专业咨询公司的服务。需要注意的是，该专业咨询公司必须精通制造业的工业逻辑，有体系化思维而不是断裂的思维。在该专业咨询公司的带领下，经过大概半年，基本上可以制定出符合企业跳一跳够得着的年度线下评估模型。在该线下评估模型执行到位的情况下，思考好未来在数字化平台中的取数规则后，再行开启数字化转型项目，把该评估模型开发进数字化平台，就可以在后续工作中简单直接地取数并展示 KPI，更好地驱动制造业务发展。

本书所谓的 KPI 其实都是管理的呈现。技术类软件，比如人机工程测评、生产线设计技术、工时测定技术等，在数字化平台中作为一个结果输出点。数字化平台取得了技术类软件的结果，把该结果放入整个管理体系中检视提质、降本、增效的效果。数字化转型转的是管理，不是纯技术，这在作者的其他书中也充分阐述了。

综合以上阐述，我们再次论证当前时期数字化转型的真谛就是"把优秀的管理思路固化入数字化平台"。

深厚的工业逻辑（体系化的业务底层运行规则）是建立该评估模型的地基，没有体系化的思维，建立的体系都经不住推敲。在数字化时代，作者曾专门基于拆分原则建立了工艺人员的和工资挂钩的工艺晋升二维评估模型，见后记表 1，以两个维度简单直接地说明达到什么评估标准，工资就涨到什么等级。

除非和业务极度弱相关，否则所有的数字化转型项目都应由业务部门立项。在一开始立项，就要想清楚未来数字化平台中的 KPI，这是项目成功的关键先决条件，也是数字化转型之道，已有大型数字化转型实施商在践行该路径，如后记图 1 所示。

问题是没有哪个部门愿意自我革命，在自己的头上加 KPI，但是数字化转型项目必须要这么做。两难之下，只好由企业一把手来推动该事务了，这就印证了数字化转型项目是"一把手工程"。在企业"一把手"的强力推动下，才有可能建立线下评估模型和线上 KPI 取数规则。

纯粹的软件开发不是难题，相比较于软件编程，想清楚 KPI 在软件平台中的取数规则才极其艰难，来不得半点懈怠。

在本书收尾之际，再说明一次，本书中讲的评估模型不针对研发创新阶段，研发创新的 KPI 要有，但是一定要精简。研发人员是高智商人群，管理者若想管控到研发人员的每一步，永远没有可能达成；若要强行管控，也只会适得其反，故研发基本以结果为导向设定 KPI，无须类似制造端，过程和结果都要有 KPI。在作者的这套数字化转型系列书中，已经论证了研发的数字化转型其实大部分是以文档管控为主，而不是也不可能把大量的文档结构化，这注定了研发端的数字化转型难度并没有制造端大。在数字化转型的道路上，破除固有思维很重要。

再次申明，本书的写作基于世界先进企业的制造常识和作者的经验，年度评估规则和 KPI 取数规则不一定有普适性，本书的逻辑思维只做推荐，起抛砖引玉之效。企业一定要根据自己的实际来研究年度评估规则和 KPI 取数规则。

2023 年 11 月 8 日

后记表 1　和工资挂钩的工艺晋升二维评估模型

事务类型	岗位类别	助理工艺工程师	工艺工程师		高级工艺工程师			
		3620	4280	4870	5550	6370	7340	8510
		E1	E2	E3	E4	E5	E6	E7
作业指导	产品工程师	可以在工程师指导下完成作业指导书的编制	可以独立完成作业指导书的编制，内容水平达到概念级	可以独立完成作业指导书的编制，内容水平达到基本级	1. 可以独立完成作业指导书的编制，内容水平达到标准级 2. 可以制作PLM中的样机作业指导书，参与同步工程	1. 可以独立完成作业指导书的编制，内容水平达到标准级 2. 可以制作PLM中的样机作业指导书，参与同步工程	有各类问题联动到作业指导书的素养和实操	1. 有能力指导各级工程师开展作业指导书的编制 2. 自身编制作业指导书的水平达到高级 3. 有能力基于现状设定各种作业指导书模
工时体系	精益工程师	知道工时概念，能够在工程师指导下完成工时录制	知道工时拆分原理，可以拆分出增值工时、设计工时、运行工时	1. 知道单独零部件的工时拆分，懂得计算生产效率，工业效率、生产线设计效率、辅助效率 2. 有基本的概念基于效率分析，能提出低层次的自动化手段	能够对处于研发阶段的零部件进行制造工时预估	1. 能够建立产品的工时矩阵表，可以根据工时平衡自创产品模块 2. 及时完成PLM中的工时任务	能够常态化提出工时降低方案给自动化组	可以分项完成年度工时降低 5%

精益物流周转工装	工装工程师	知道精益拉动概念，在工程师辅导下可以完成基本的周转小车设计	能够识别被转运零部件的关键防护要求，并给出初步的防护对策	1. 周转车的方案充分考虑了生产节拍 2. 按时完成PLM中的物流工装任务	1. 周转车的方案充分考虑了人机工程 2. 周转车达成了明显的效率提升	周转车的方案充分考虑了低成本自动化	有能力自行发起工装的设计并推动投入使用	有能力应用行业内先进的自动化
产线规划研究	精益工程师	不涉及	不涉及	不涉及	1. 懂得把产品生产节拍提供给生产线制作商 2. 只能依靠供应商提出的方案来进行生产线设计 3. 前端设计期间的的规划研究	1. 有能力编制生产线技术协议，能够和生产线制作商进行技术交底 2. 有线平衡的理念 3. 及时完成PLM中的生产线规划任务	1. 知道如何设定看板制物料和配料制物料 2. 有生产线平衡理念 3. 有生产线布局的全局观	1. 有初步的生产线设计方法能力 2. 年度生产线设计审核达到概念级
失效模式分析	产品工程师	不涉及	不涉及	1. 懂得制程失效模式的来源，有设计失效模式和装配步骤 2. 在高级工程师或经理的指导下，可以开展制程失效模式分析	按时完成PLM中的制程失效模式分析任务	1. 有能力驱动每半年一次的制程失效模式会议 2. 能够驱动防呆或自动化方案的定论	驱动防呆或自动化手段的按时导入	1. 驱动逐年增加的防呆地图 2. 年度制程失效模式达到概念级

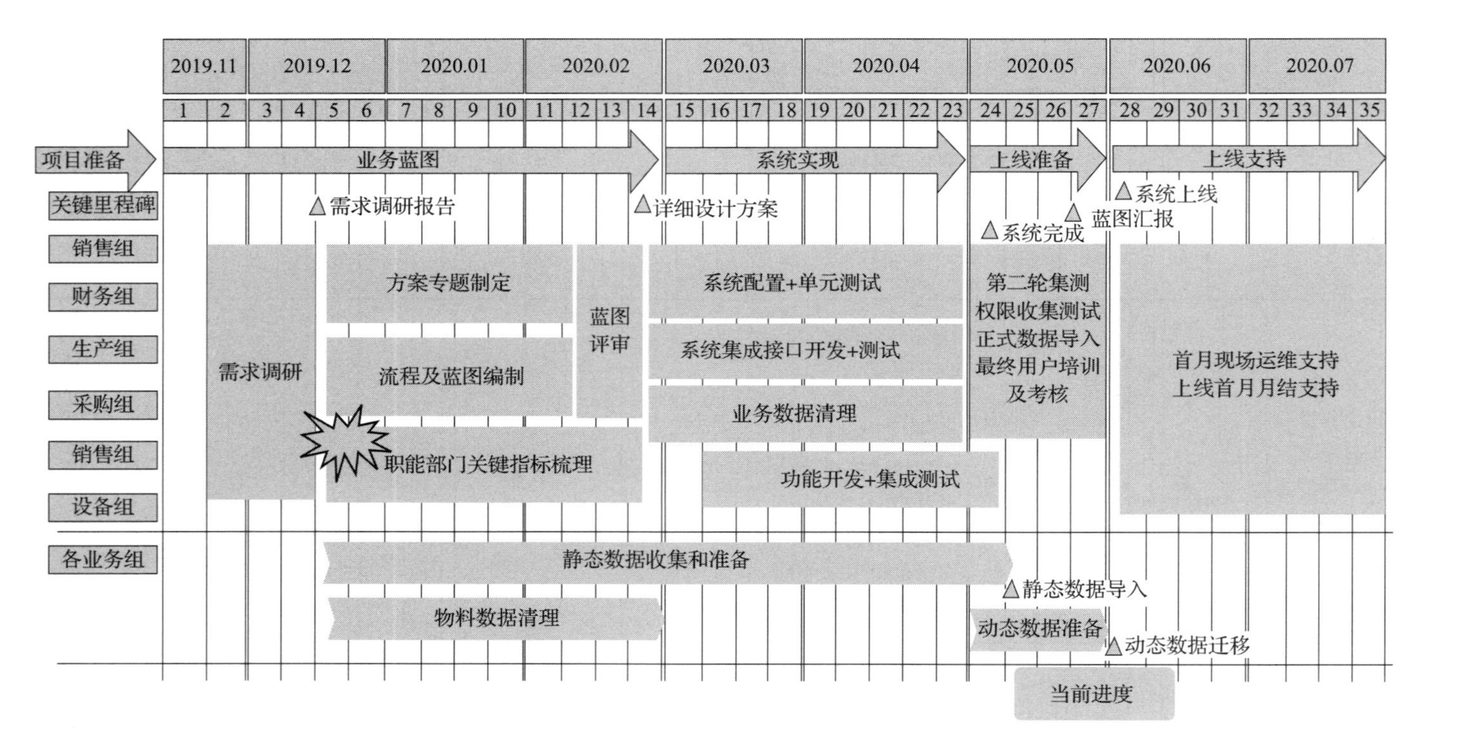

后记图1　某领先的数字化转型实施商一开始就梳理KPI指标